Christian Schlieder

Autodesk® Inventor® 2017
Einsteiger-Tutorial

Viele praktische Übungen am
Konstruktionsobjekt HOLZRÜCKMASCHINE

Christian Schlieder

Autodesk® Inventor® 2017
Einsteiger-Tutorial

Viele praktische Übungen am
Konstruktionsobjekt HOLZRÜCKMASCHINE

Weiterführende Literatur

**Autodesk Inventor 2017
Grundlagen in Theorie ...**
ISBN: 978-3-7412-2515-4
316 Seiten - 24,95 Eur

**Autodesk Inventor 2017
Dynamische Simulation**
ISBN: 978-3-7412-5027-9
188 Seiten - 18,95 Eur

**Autodesk Inventor 2017
KONSTRUKTION**
ISBN: 978-3-7412-2710-3
132 Seiten - 18,95 Eur

**Autodesk Inventor 2016
HYBRIDJACHT**
ISBN: 978-3-7347-7655-7
144 Seiten - 16,95 Eur

**Autodesk Inventor 2016
HUBSCHRAUBER**
ISBN: 978-3-7386-2941-5
160 Seiten - 16,95 Eur

**Autodesk AutoCAD 2015
Grundlagen in Theorie ...**
ISBN: 978-3-7347-7475-1
120 - Seiten - 18,95 Eur

http://www.cad-trainings.de/html/Literatur.html

Da Fehler nicht ausgeschlossen werden können, übernehmen Autor und Verlag weder Verantwortungen, Verpflichtungen oder Garantien jeglicher Art, noch Haftung für die Benutzung der bereitgestellten Informationen. Autor und Verlag übernehmen keine Gewähr dafür, dass die beschriebenen Vorgehensweisen oder Verfahren frei von Rechten Dritter sind.

Das Werk ist urheberrechtlich geschützt. Übersetzung, Nachdruck, Vervielfältigung, sonstige Verarbeitung des Buches oder von Teilen daraus sind ohne Genehmigung des Autors nicht erlaubt.

Autodesk® Inventor® 2017 ist ein eingetragenes Markenzeichen von Autodesk, Inc. und/oder seiner Tochtergesellschaften und/oder der Tochterunternehmen in den USA und anderen Ländern.

© 2016 Christian Schlieder

ISBN

978-3-7412-5237-2

IMPRESSUM

Dipl.-Ing. Christian Schlieder
www.cad-trainings.de
Fax: +49 (0) 3212 - 1122290

HERSTELLUNG UND VERLAG

BoD - Books on Demand, Norderstedt
www.BoD.de

INHALTSVERZEICHNIS

1	**Grundlegendes zum Buch**		**8**
	1.1	Zielgruppe und Aufbau des Buches	8
	1.2	Erzeugen des Projektordners	8
2	**Installation von Autodesk® Inventor® 2017**		**9**
	2.1	Systemanforderungen	9
	2.2	Anforderungen an das Betriebssystem	10
	2.3	Download des Programms	10
	2.4	Installationsvoraussetzungen	11
	2.5	Installation von Autodesk® Inventor® 2017	12
	2.6	Aktivierung von Autodesk® Inventor® 2017	12
3	**Programmaufbau und Programmoberfläche**		**14**
	3.1	Programmaufbau	14
	3.2	Hauptmenü	15
	3.3	Schnellzugriff-Werkzeuge	16
	3.4	Multifunktionsleiste	16
	3.5	Browser	17
	3.6	Arbeitsbereich	18
	3.6.1	Startbildschirm	18
4	**Die ersten Schritte**		**19**
	4.1	Programmhilfe und neue Funktionen	19
	4.2	Videos und Lernprogramme	20
	4.3	Zusatzmodule (empfohlene Einstellungen)	21
	4.4	Anwendungsoptionen (empfohlene Einstellungen)	22
5	**Erstellen eines Einzelbenutzerprojektes**		**32**
6	**Aufbau einer Holzrückmaschine**		**34**

7 Bauteil: Oberwagen — 35

- 7.1 Bauteil „01-Oberwagen" erstellen — 36
- 7.2 2D-Skizze auf XY-Ebene öffnen — 37
- 7.3 Achsen projizieren und als Konstruktionsobjekte definieren — 37
- 7.4 Zeichnen der ersten Linien — 38
- 7.5 Abhängigkeiten setzen — 39
- 7.6 Horizontale und vertikale Bemaßungen setzen — 40
- 7.7 Ausgerichtete Bemaßungen erzeugen — 41
- 7.8 Winkelmaße erzeugen — 42
- 7.9 Bogen aus drei Punkten — 43
- 7.10 Extrudieren der Basiskontur — 44
- 7.11 Erzeugen einer neuen 2D-Skizze auf der XZ-Ebene — 44
- 7.12 Achsen projizieren und als Konstruktionsobjekte definieren — 45
- 7.13 Zeichnen und Bemaßen der Skizzenkontur — 45
- 7.14 Differenzkörper extrudieren — 47
- 7.15 Vollständiges Abrunden der Fahrerkabine — 47
- 7.16 Fasen des unteren Fahrerkabinenbereiches — 48
- 7.17 Erzeugen eines Hohlkörpers — 49
- 7.18 Erstellen einer neuen 2D-Skizze — 50
- 7.19 Achsen und Linienkonturen projizieren — 50
- 7.20 Zeichnen der Basiskonturen für die Fensteraussparungen — 51
- 7.21 Bemaßen der Bogenabstände — 52
- 7.22 Rechteck zeichnen und bemaßen — 52
- 7.23 Stutzen der Kontur und Schließen der Skizze — 53
- 7.24 Extrudieren der Fenster (Differenz) — 54
- 7.25 Erzeugen einer neuen Ebene — 55
- 7.26 Basiskontur des Schutzblechs zeichnen — 55
- 7.27 Extrudieren des Schutzblechs — 57

	7.28	Schutzblech abrunden	57
	7.29	2D-Skizze für den Lüftungsbereich (Maschinenraum) zeichnen	58
	7.30	Erstellen der Lüftungsöffnung	60
	7.31	Eine um eine Kante geneigte Ebene erzeugen	62
	7.32	2D-Skizze auf der neuen Ebene erzeugen	63
	7.33	Oberen Bereich der Aufstiegsleiter zeichnen	64
	7.34	Extrudieren des oberen Leiterbereiches	65
	7.35	Oberen Leiterbereich mittels rechteckiger Anordnung kopieren	66
	7.36	Trennen des Volumenkörpers	67
	7.37	Spiegeln des Volumenkörpers	68
8	**Bauteil: Unterwagen**		**69**
	8.1	Bauteil „02-Unterwagen" erstellen	70
	8.2	2D-Skizze auf XY-Ebene öffnen	71
	8.3	Achsen projizieren und als Konstruktionsobjekte definieren	71
	8.4	Zeichnen der Basiskontur	72
	8.5	Setzen der Abhängigkeiten	72
	8.6	Bemaßen der Linienabstände	74
	8.7	Extrudieren der Basiskontur	75
	8.8	2D-Skizze auf XZ-Ebene erzeugen	76
	8.9	Achsen projizieren und als Konstruktionsobjekte definieren	76
	8.10	Zeichnen der Schnittmengenkontur	77
	8.11	Extrudieren der Schnittmengenkontur	78
	8.12	Fasen des vorderen Bereiches	78
	8.13	Runden des hinteren Bereiches	79
	8.14	Erzeugen einer Ebene mit Versatz	80
	8.15	Erzeugen einer Achse als Schnittlinie zweier Ebenen	80
	8.16	Bohren der hinteren Antriebswellenlagerung	81

9 Bauteil: Hubgestell — 82

- 9.1 Bauteil „03-Hubgestell" erstellen — 83
- 9.2 2D-Skizze auf XY-Ebene öffnen — 84
- 9.3 Achsen projizieren und als Konstruktionsobjekte definieren — 84
- 9.4 Zeichnen der Basiskontur — 85
- 9.5 Extrudieren der Basiskontur — 86
- 9.6 2D-Skizze auf XZ-Ebene erzeugen — 86
- 9.7 Achsen projizieren und als Konstruktionsobjekte definieren — 87
- 9.8 Zeichnen der Schnittmengengeometrie — 87
- 9.9 Extrudieren der Schnittmengenkontur — 90
- 9.10 Befestigungsbohrungen für die Zylinderbolzen einfügen — 90
- 9.11 Erzeugen einer versetzten Ebene — 92
- 9.12 2D-Skizze auf neuer Ebene erstellen — 92
- 9.13 Kanten projizieren, Basiskontur des Schutzblechs zeichnen — 93
- 9.14 Erzeugen einer Arbeitsachse — 94
- 9.15 Drehen der Skizzenkontur um die neu erzeugte Arbeitsachse — 94
- 9.16 Runden des Schutzblechs — 95
- 9.17 Schutzblech spiegeln — 96

10 Bauteil: Ausleger — 97

- 10.1 Bauteil „04-Ausleger" erstellen — 98
- 10.2 2D-Skizze auf XY-Ebene öffnen — 99
- 10.3 Achsen projizieren und als Konstruktionsobjekte definieren — 99
- 10.4 Zeichnen der Basiskontur — 100
- 10.5 Extrudieren der beiden äußeren Kreisringe — 102
- 10.6 Skizze wieder verwenden — 102
- 10.7 Extrudieren der Zwischenbereiche — 103
- 10.8 Runden der inneren Kante — 103
- 10.9 2D-Skizze auf der XZ-Ebene erzeugen — 104

10.10	Achsen projizieren und als Konstruktionsobjekte definieren	104
10.11	Zeichnen der Subtraktionsgeometrie	105
10.12	Extrudieren der Differenzkontur	106

11 Bauteil: Greiferstiel — 107

11.1	Bauteil „05-Greiferstiel" erstellen	108
11.2	2D-Skizze auf XY-Ebene öffnen	109
11.3	Achsen projizieren und als Konstruktionsobjekte definieren	109
11.4	Zeichnen der Basiskontur	110
11.5	Extrudieren der Basiskontur	112
11.6	Runden der inneren Kante	113
11.7	2D-Skizze auf der XZ-Ebene erzeugen	113
11.8	Zeichnen der Subtraktionsgeometrie	114
11.9	Extrudieren der Subtraktionsgeometrie	115

12 Bauteil: Greifer — 116

12.1	Bauteil „06-Greifer" erstellen	117
12.2	Basiskontur mittels Zylinder erzeugen	118
12.3	Erzeugen einer Ebene mit Versatz	120
12.4	2D-Skizze auf neuer Ebene erzeugen	120
12.5	Achsen projizieren und als Konstruktionsobjekte definieren	120
12.6	Zeichnen der Basiskontur	121
12.7	Extrudieren der Skizzengeometrie	122
12.8	Deaktivieren der Arbeitsebene	122
12.9	unden der letzten Extrusion	123
12.10	Bohren der Greiferführung	124
12.11	Erzeugen einer Erhebung	125
12.12	Erstellen einer weiteren 2D-Skizze	126
12.13	Extrudieren des ersten Greiferfingers	127
12.14	Spiegeln des ersten Greiferfingers	128

13 Unterbaugruppe: Rad — 129

- 13.1 Bauteil „07-1-Rad-Basisskizze" erstellen — 130
- 13.2 2D-Skizze auf XY-Ebene öffnen — 131
- 13.3 Achsen projizieren und als Konstruktionsobjekte definieren — 131
- 13.4 Zeichnen der Basiskontur — 131
- 13.5 Bauteile aus der Skizze heraus exportieren — 133
- 13.6 Felge und Reifen in Volumenkörper konvertieren — 135
- 13.7 Ebene und Skizze für Reifenprofil erzeugen — 136
- 13.8 Basisskizze für Reifenprofil zeichnen — 137
- 13.9 Prägen des Reifenprofils — 138
- 13.10 Prägung mittels runder Anordnung kopieren — 139

14 Unterbaugruppe: Hydraulikzylinder — 140

- 14.1 Bauteil „08-Hydraulikzylinder-Basisskizze" erstellen — 141
- 14.2 2D-Skizze auf XY-Ebene öffnen — 142
- 14.3 Achsen projizieren und als Konstruktionsobjekte definieren — 142
- 14.4 Zeichnen der Basisskizze — 142
- 14.5 Bauteile aus der Skizze heraus exportieren — 144
- 14.6 Bearbeiten des Zylinders — 146
- 14.7 Bearbeiten des Kolbens — 147
- 14.8 Setzen der Abhängigkeiten zwischen Kolben und Zylinder — 149

15 Hauptbaugruppe: Holzrückmaschine — 151

- 15.1 Baugruppe „00-Holzrueckmaschine" erstellen — 152
- 15.2 Platzieren der ersten Bauteile — 153
- 15.3 Weitere Bauteile in die Baugruppe einfügen — 154
- 15.4 Bauteil „03-Hubgestell" mit Abhängigkeiten versehen — 155
- 15.5 Schraubenverbindungen einfügen — 156
- 15.6 Bauteil „04-Ausleger" mit Abhängigkeiten versehen — 158
- 15.7 Bauteil „05-Greiferstiel" mit Abhängigkeiten versehen — 159

15.8	Bauteil „06-Greifer" mit Abhängigkeiten versehen	160
15.9	Unterbaugruppen „08-Hydraulikzylinder" einfügen	161
15.10	Befestigen der unteren beiden Hydraulikzylinder	162
15.11	Befestigen des oberen Hydraulikzylinders	163
15.12	Alle drei Zylinder flexibel machen	164
15.13	Platzieren und Positionieren der Räder	165
15.14	Radachsen aus der Baugruppe heraus erzeugen	167
15.15	Bolzen für Greifersystem aus der Baugruppe heraus erstellen	170
15.16	Bauteil „01-Oberwagen" aus der Baugruppe heraus bearbeiten	172
15.17	Farben zuweisen und Browser strukturieren	174
15.18	Rendern der Hauptbaugruppe	175
16	**Schlusswort**	**176**
17	**Index**	**177**

1 Grundlegendes zum Buch

1.1 Zielgruppe und Aufbau des Buches

Dieses Übungsbuch für **Autodesk® Inventor® 2017** richtet sich an alle interessierten Personen, die den Umgang mit dieser Software von Grund auf erlernen möchten.

Viele wichtige Befehle des Programmes werden erläutert und in kleinen Schritten praktisch gefestigt. Als Übungsbeispiel dient eine Holzrückmaschine, deren Bauteile schrittweise erzeugt und später in zwei Hauptbaugruppen miteinander verbunden werden.

1.2 Erzeugen des Projektordners

Bevor Sie mit der Umsetzung des Projektes beginnen, sollten die folgenden Arbeiten erledigt werden:

Erzeugen eines neuen Projektordners

Erstellen Sie auf Ihrem PC an geeigneter Stelle einen neuen Ordner:

➢ *Inventor-2017-HRM*

Dieser Ordner soll als Speicherort des gesamten Projektes dienen.

2 Installation von Autodesk® Inventor® 2017

2.1 Systemanforderungen

Die folgenden von Autodesk® empfohlenen Systemanforderungen gelten für Bauteile und Baugruppen mit weniger als 1000 Bauteilen:

Betriebssystem	64-Bit-Version von Microsoft® Windows® 10 64-Bit-Version von Microsoft Windows 8.1 mit Update KB2919355 64-Bit-Version von Microsoft Windows 7 SP1
CPU-Typ	Mindestens: 64-Bit Intel oder AMD, 2 GHz oder schneller Empfohlen: Intel® Xeon® E3 oder Core i7 3,0 GHz oder höher
Arbeitsspeicher	Mindestens: 8 GB RAM Empfohlen: 20 GB Ram oder mehr
Festplatte	Installationsprogramm sowie vollständige Installation: 40 GB
Grafikkarte	Mindestens: Microsoft Direct3D 10®-fähige Grafikkarte oder höher Empfohlen: Microsoft Direct3D 11®-fähige Grafikkarte oder höher
Sonstiges	DVD-ROM oder USB, 1280 x 1024 oder höhere Bildschirmauflösung, Internetverbindung für Autodesk® 360-Funktionalität, Web-Downloads und Zugriff auf die Subskriptionsüberprüfung, Adobe® Flash® Player 15, Microsoft® Internet Explorer® 11 oder höher, Microsoft® Excel® 2010, 2013, 2016 für iFeatures, iParts, iAssemblies, Gewindeanpassungen, globale Stückliste, Teilelisten, Revisionstabellen und tabellenbasierte Konstruktionen (Excel Starter®, Online Office 365® und OpenOffice® werden nicht unterstützt), 64-Bit-Microsoft® Office® Access® 2007, -dBase IV, Text und CSV-Format, Microsoft® .NET Framework 4. 5, Virtualisierung unterstützt auf Citrix® XenApp™ 7.7 und 7.8; Citrix XenDesktop™ 7.7 und 7.8 (erfordert Inventor-Netzwerklizenzierung)

2.2 Anforderungen an das Betriebssystem

Die Installation von Autodesk® Inventor® 2017 erfordert ein Windows® Betriebssystem. Nutzer eines Apple® Betriebssystems, können das Programm mithilfe von Boot Camp® oder Parallels Desktop® unter Beachtung der folgenden Systemvoraussetzungen installieren:

Betriebssystem	Mindestens: Mac OS® X 10.9.x
	Empfohlen: Mac OS® X 10. 10.x
CPU-Typ	Mindestens: Intel® Core 2 Duo (3 GHz oder höher)
Arbeitsspeicher	Mindestens: 8 GB RAM
	Empfohlen: 16 GB Ram oder mehr
Partitionsgröße	Mindestens: 200 GB freier Festplattenspeicher
Partitionsgröße	Empfohlen: 500 GB freier Festplattenspeicher oder mehr
Betriebssystem	64-Bit-Version von Microsoft Windows 10
	64-Bit-Version von Microsoft Windows 8.1 mit Update KB2919355
	64-Bit-Version von Microsoft Windows 7 SP1

2.3 Download des Programms

Sollten Sie die Software nicht bereits besitzen, haben Sie die folgenden Möglichkeiten, Autodesk®-Produkte unter den folgenden Links herunterzuladen:

Autodesk® Store	Wenn Sie die Programmversion kaufen möchten:
	➢ http://www.autodesk.com/store/storeselect.htm
Autodesk®-Konto	Als Subscription-Kunde bei Ihrem Autodesk® Konto:
	➢ https://accounts.autodesk.com/
Education Community	Als Mitglied der Education Community:
	➢ http://www.autodesk.com/education/free-software/all
Kostenlose Testversionen	Als kostenlose Testversion mit 30 Tagen Laufzeit:
	➢ http://www.autodesk.com/free-trials

Unter dem folgenden Link finden Sie weitere Informationen zu kostenlosen Programmversionen von Autodesk® für Studenten und Lehrkräfte:

➢ *http://help.autodesk.com/view/INVNTOR/2017/DEU/?guid=GUID-32F591DA-32BF-42F2-8FAC-DF215412D1C3*

2.4 Installationsvoraussetzungen

Zugriffsrechte

Sie müssen über lokale Benutzer-Administratorrechte verfügen.

> *Systemsteuerung > Benutzerkonten > Benutzerkonten verwalten*

System-Updates/ Antivirenprogramm

Vor der Installation von Autodesk® Inventor® 2017 sollten eventuell noch ausstehende Updates von Windows® durchgeführt werden. Starten Sie den Rechner danach neu. Antivirenprogramme müssen während der Installation eventuell vorübergehend deaktiviert werden.

Language Packs

Prüfen Sie vor der Installation von Autodesk® Inventor® 2017, ob die heruntergeladene Programmversion in der richtigen Sprache vorhanden ist. Eventuell muss vorab ein Sprachpaket heruntergeladen und installiert werden.

Seriennummer/ Produktschlüssel

Vor der Installation sollten Seriennummer und Produktschlüssel in Erfahrung gebracht werden. Diese werden bereits während der Installation benötigt (Ausnahme: kostenlose Testversion). Weitere Informationen zum Thema finden Sie unter dem Link:

> *https://knowledge.autodesk.com/customer-service/installation-activation-licensing/get-ready/find-serial-number-product-key/product-key-look/2017-product-keys*

Beenden anderer Programme

Beenden Sie alle anderen Programme vor der Installation von Autodesk® Inventor® 2017.

2.5 Installation von Autodesk® Inventor® 2017

Stellen Sie vor der Installation von Autodesk® Inventor® 2017 sicher, dass alle Teile des Programms vollständig vorhanden sind. Wurden diese vollständig heruntergeladen (Schritt entfällt, wenn die Software auf DVD vorhanden ist), kann mit der Installation begonnen werden. Sollte das Installationsprogramm noch nicht geöffnet sein, starten Sie dieses. Sie finden es für gewöhnlich im Pfad:

> *C:\Autodesk\Inventor_2017_...\Setup.exe*

Nachdem Sie die Lizenzvereinbarung gelesen und akzeptiert haben, muss im Dropdown-Menü mit den Produktsprachen einer der folgenden Schritte durchgeführt werden:

1) Wählen Sie eine Sprache aus.
2) Wählen Sie unter Lizenztyp die Option *Einzelplatz*.
3) Geben Sie Seriennummer und Produktschlüssel ein (falls erforderlich).
4) Bestimmen Sie den Installationspfad (dieser Pfad darf maximal 260 Zeichen lang sein).
5) Übernehmen Sie die vorgegebene Konfiguration oder passen Sie die Installation an (weitere Informationen zur Konfiguration finden Sie in der Produktdokumentation).
6) Klicken Sie auf *Installieren*.
7) Nach der Installation: Klicken Sie auf *Fertigstellen*.

2.6 Aktivierung von Autodesk® Inventor® 2017

Online aktivieren und registrieren

Sobald Autodesk® Inventor® 2017 das erste Mal gestartet wurden, startet auch automatisch der Aktivierungsvorgang. Sollte der PC über eine bestehende Internetverbindung verfügen, führen Sie die folgenden Schritte aus:

1) Achten Sie darauf, dass Ihre Firewall den Datenaustausch zwischen Autodesk® Inventor® 2017 und dem Server von Autodesk® nicht unterbricht.
2) Starten Sie Autodesk® Inventor® 2017.
3) Stimmen Sie den Datenschutzrichtlinien zu.
4) Klicken Sie auf *Aktivieren*.
5) Geben Sie den Produktschlüssel ein, wenn Sie dazu aufgefordert werden sollten. Melden Sie sich an und registrieren Sie das Produkt.

Autodesk® überprüft jetzt die Berechtigungsinformationen, wie z. B. Ihre Seriennummer. Wenn Sie die Aktivierungsaufforderung sehen und keine Verbindung mit dem Internet herstellen können, ist die Aktivierung manuell vorzunehmen.

Manuelles Aktivieren und Registrieren (offline)

Sollte der PC über keine bestehende Internetverbindung verfügen, führen Sie die folgenden Schritte aus:

1) Starten Sie Autodesk® Inventor® 2017.
2) Stimmen Sie den Datenschutzrichtlinien zu.
3) Klicken Sie auf **Aktivieren**.
4) Wählen Sie Aktivierungscode **Mit einer Offlinemethode anfordern**.
5) Klicken Sie auf **Weiter**.
6) Notieren Sie die Aktivierungsinformationen, die auf dem Bildschirm angezeigt werden, einschließlich der URL.
7) Starten Sie ein Gerät mit einer bestehenden Internetverbindung.
8) Öffnen Sie die URL aus Punkt (6). Melden Sie sich an und registrieren Sie das Produkt.
9) Notieren Sie den Aktivierungscode.
10) Starten Sie Autodesk® Inventor® 2017.
11) Klicken Sie auf **Aktivieren**.
12) Wählen Sie die Option **Ich habe einen Aktivierungscode von Autodesk**.
13) Kopieren Sie den Aktivierungscode, und fügen Sie ihn in das erste Feld ein, um automatisch die anderen Felder auszufüllen.
14) Klicken Sie auf **Weiter**.

Weitere Informationen zu Installation und Aktivierung erhalten Sie unter dem folgenden Link:

> *http://knowledge.autodesk.com/customer-service/installation-activation-licensing*

3 Programmaufbau und Programmoberfläche

3.1 Programmaufbau

Nach dem Start von Autodesk[®] Inventor[®] 2017 öffnet sich das Programm mit der folgenden **Benutzeroberfläche**:

1) Hauptmenü
2) Schnellzugriff-Werkzeuge
3) Multifunktionsleiste
4) InfoCenter
5) Neue Datei erstellen
6) Projektverwaltung
7) Zuletzt verwendete Dateien

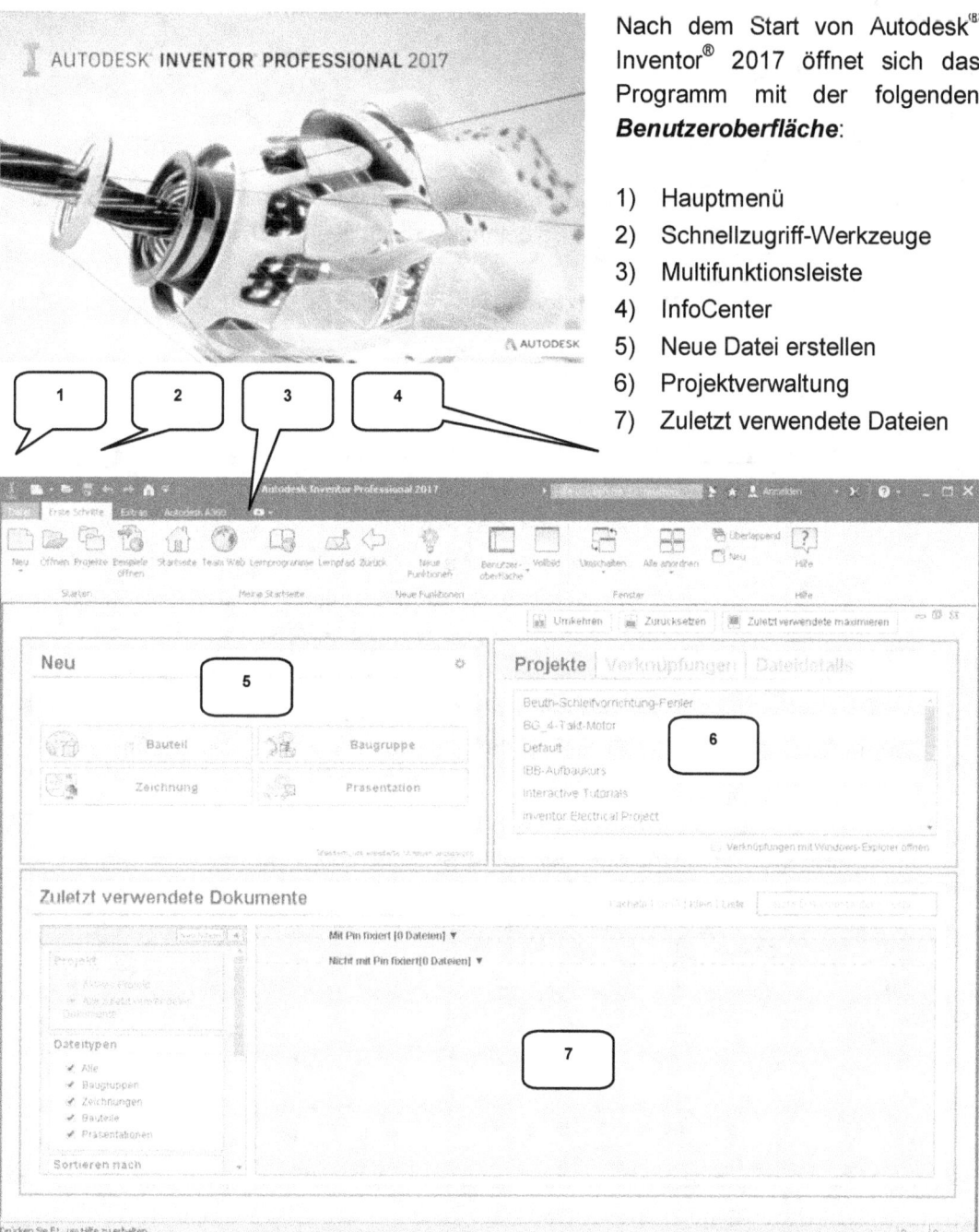

3.2 Hauptmenü

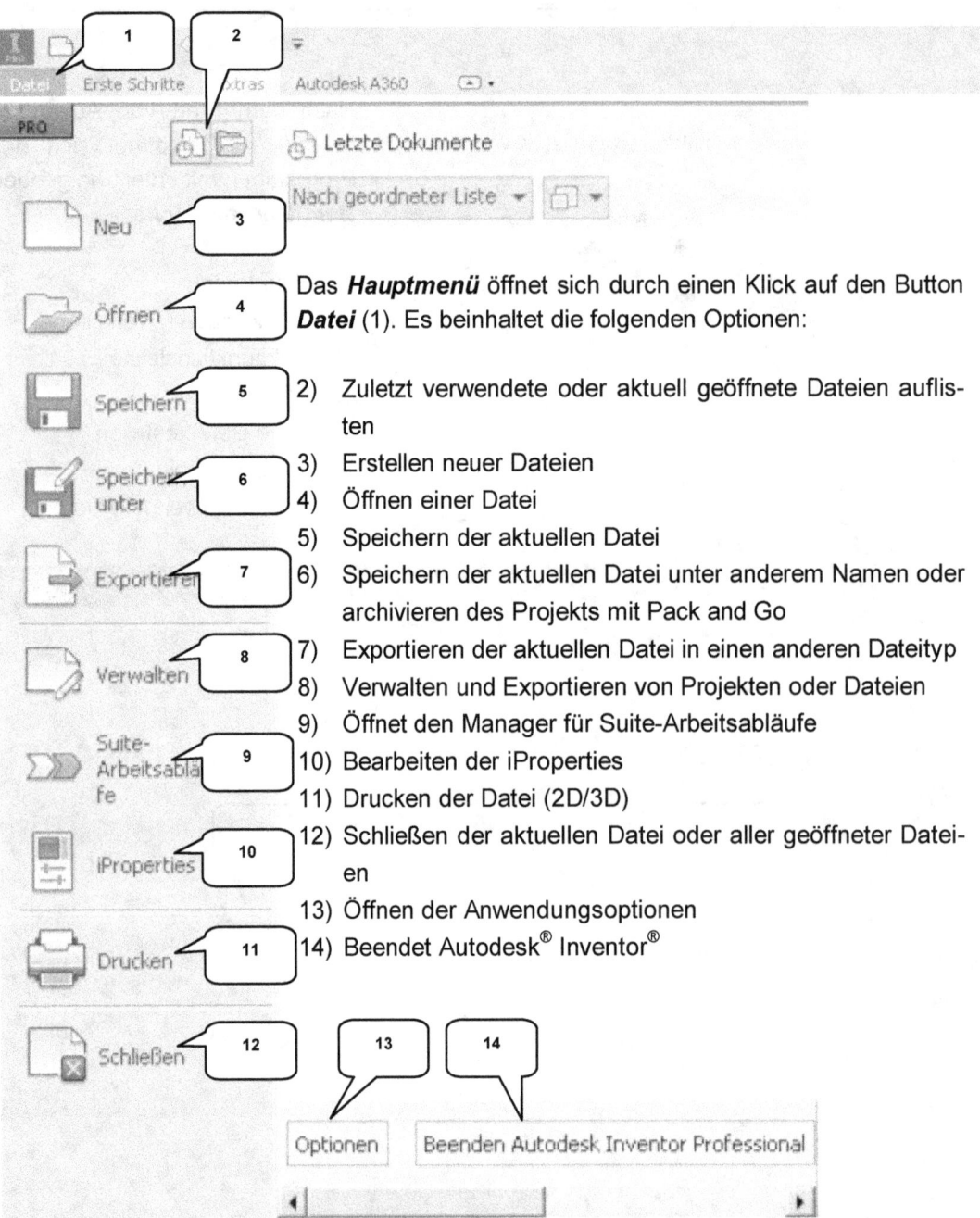

Das **Hauptmenü** öffnet sich durch einen Klick auf den Button **Datei** (1). Es beinhaltet die folgenden Optionen:

2) Zuletzt verwendete oder aktuell geöffnete Dateien auflisten
3) Erstellen neuer Dateien
4) Öffnen einer Datei
5) Speichern der aktuellen Datei
6) Speichern der aktuellen Datei unter anderem Namen oder archivieren des Projekts mit Pack and Go
7) Exportieren der aktuellen Datei in einen anderen Dateityp
8) Verwalten und Exportieren von Projekten oder Dateien
9) Öffnet den Manager für Suite-Arbeitsabläufe
10) Bearbeiten der iProperties
11) Drucken der Datei (2D/3D)
12) Schließen der aktuellen Datei oder aller geöffneter Dateien
13) Öffnen der Anwendungsoptionen
14) Beendet Autodesk® Inventor®

HINWEIS: Die jeweiligen Befehle können mit einem Klick der linken Maustaste auf die nebenstehenden Dreiecke noch erweitert werden.

3.3 Schnellzugriff-Werkzeuge

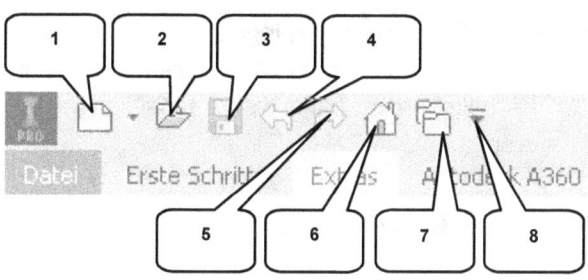

Die **Schnellzugriff-Werkzeuge** sind einige häufig verwendete Befehle, die einzeln ein- oder ausgeblendet werden können. Die folgenden Befehle befinden sich darin:

1) Erstellen einer neuen Datei
2) Öffnen einer vorhandenen Datei
3) Speichern der aktuell geöffneten Datei
4) Einen Arbeitsschritt zurück

5) Einen Arbeitsschritt vorwärts
6) Aktiviert die Startseite
7) Öffnet die Projektverwaltung
8) Schnellzugriff-Werkzeuge anpassen

3.4 Multifunktionsleiste

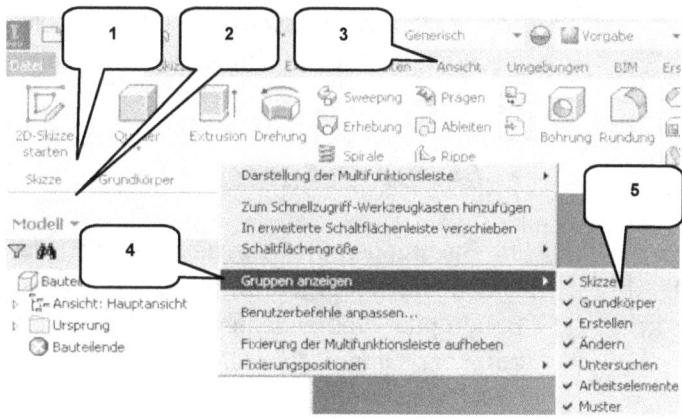

Die **Multifunktionsleiste** (1) befindet sich im oberen Bereich des Programms und enthält verschiedene Befehlsgruppen (2), deren Inhalt entsprechend der Auswahl einer der verfügbaren Registerkarten (3) variiert. Jede Registerkarte enthält diverse Befehlsgruppen, welche beliebig ein- oder ausgeblendet werden können.

Um Befehlsgruppen ein- oder auszublenden, muss mit der **rechten Maustaste** auf einen beliebigen Punkt im Bereich der Multifunktionsleiste (1) geklickt und die Option **Gruppen anzeigen** (4) gewählt werden. In der erweiterten Auswahl (5), können die einzelnen Befehlsgruppen danach aktiviert/deaktiviert werden.

HINWEIS: Sollten in diesem Buch Befehle verwendet werden, die Sie in Ihrer Multifunktionsleiste im entsprechenden Arbeitsbereich nicht finden können, kontrollieren Sie bitte, ob die entsprechende Befehlsgruppe aktiviert ist.

3.5 Browser

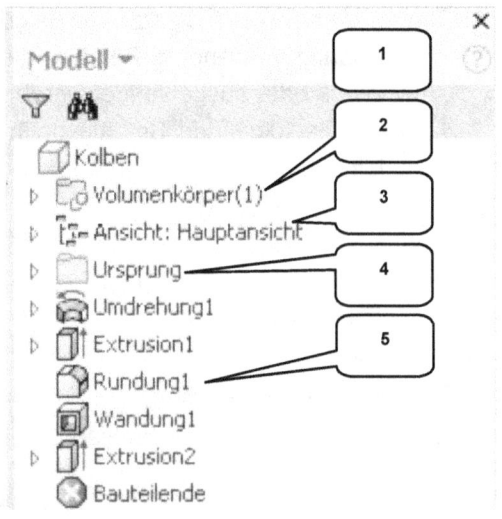

Der **Browser** (1) spiegelt den grundlegenden Aufbau eines Objektes wieder. Je nach Arbeitsbereich kann dieser inhaltlich variieren:

> **Bauteil-Browser**

Im Bauteil-Browser befinden sich der Ordner **Volumenkörper** (2) (listet die Anzahl der einzelnen Volumenkörper eines Bauteils auf), der Ordner **Ansicht** (3) (speichert verschiedene Ansichten eines Bauteils) und der Ordner **Ursprung** (4) (beinhaltet die Achsen und Ebenen des Bauteils). Außerdem werden alle bereits am Bauteil vorgenommenen **Arbeitsschritte** (5) chronologisch aufgelistet und können hier bearbeitet werden.

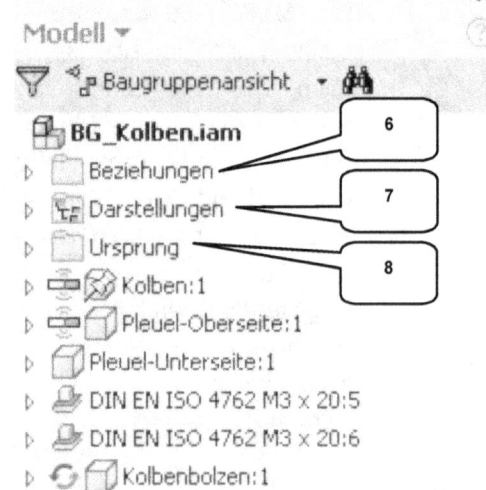

> **Baugruppen-Browser**

Im Baugruppen-Browser befinden sich der Ordner **Beziehungen** (6) (listet alle in einer Baugruppe vorhandenen Abhängigkeiten auf), der Ordner **Darstellungen** (7) (beinhaltet Ansichten, Positionen und Detailgenauigkeiten) und der Ordner **Ursprung** (8). Außerdem werden alle in der Baugruppe vorhandenen Komponenten aufgelistet.

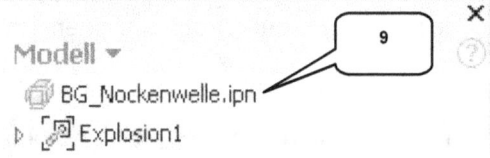

> **Präsentations-Browser**

Im Präsentations-Browser ist die dargestellte Baugruppe (9) aufgelistet. Jedes in der Präsentation animierte Bauteil wird zusätzlich um die hinzugefügten Animationspfade ergänzt.

Zeichnungs-Browser

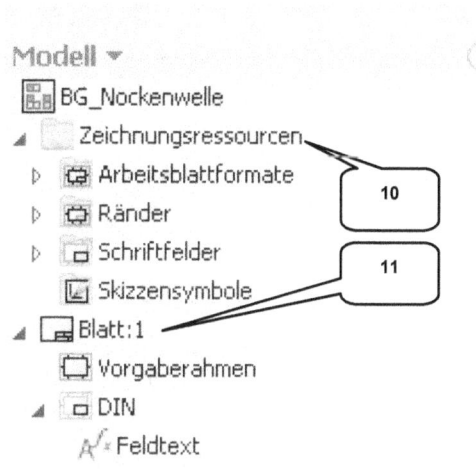

Der Zeichnungs-Browser enthält den Ordner **Zeichnungsressorcen** (10) (beinhaltet Arbeitsblattformate, Ränder, Schriftfelder und vordefinierte Symbole) und alle, in der Datei vorhandenen **Blätter** (11). Jedes Zeichnungsblatt beinhaltet die dem Blatt zugeordneten Arbeitsblattformate, Ränder, Schriftfelder und Symbole sowie dargestellten Ansichten mit den darin abgebildeten Komponenten.

3.6 Arbeitsbereich
3.6.1 Startbildschirm

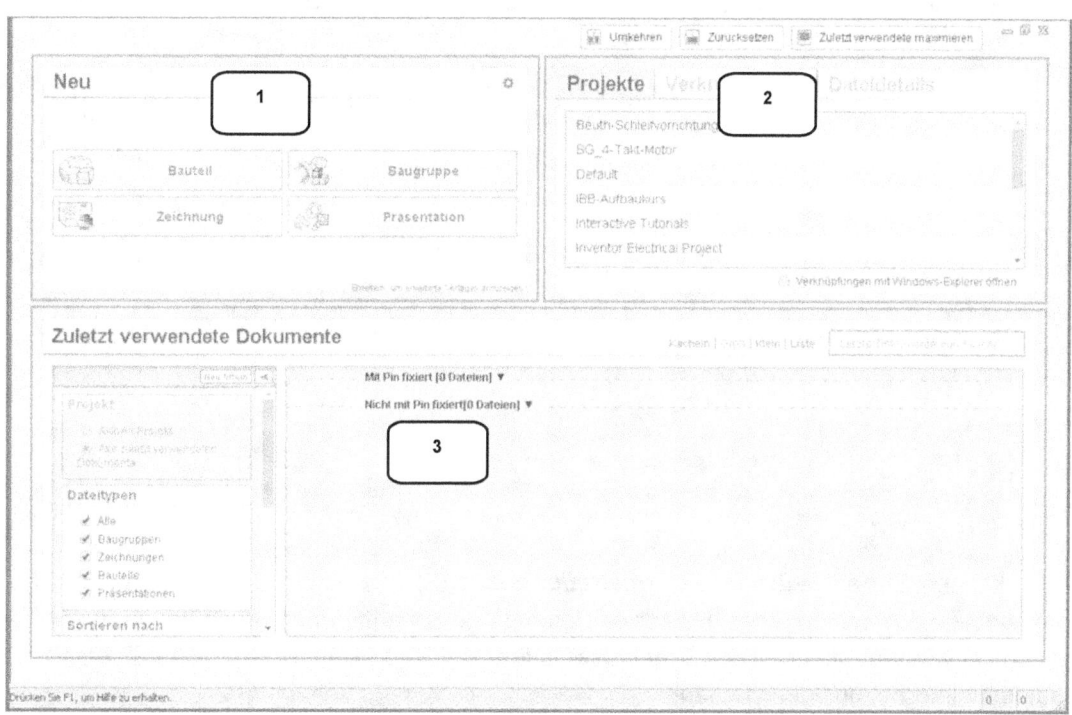

Nach dem Start von Autodesk® Inventor® 2017 wird dem Benutzer ein **Startbildschirm** mit den folgenden Inhalten angeboten: 1) Erstellen einer neuen Datei, 2) Aktivieren vorhandener Projekte und Darstellen zugehöriger Verknüpfungen und Details, 3) Darstellen zuletzt verwendeter Dateien mit erweiterten Filteroptionen

4 Die ersten Schritte

4.1 Programmhilfe und neue Funktionen

Im Register **Erste Schritte** (Befehlsgruppe **Meine Startseite**) befindet sich der Befehl **Hilfe** (1). Ein Klick darauf öffnet im Arbeitsbereich die Autodesk® Inventor® 2017 Online-Hilfe (Internetzugang erforderlich).

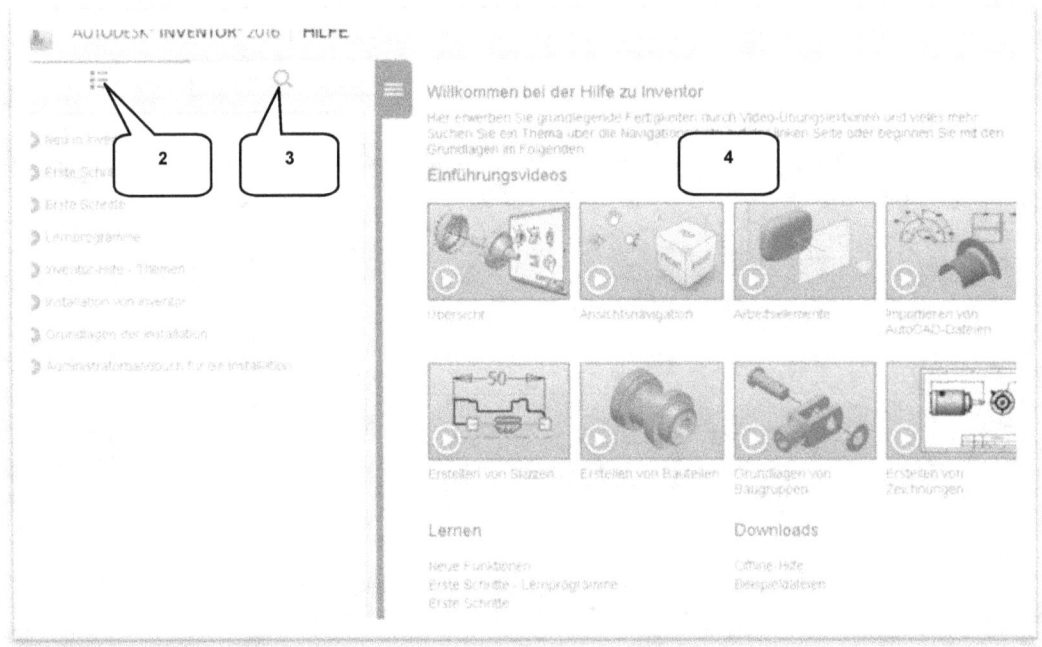

Hier können Sie entweder in der **Inhaltsübersicht** (2) aus einem der angebotenen Themengebiete auswählen, oder bestimmte Befehle oder Begriffe **suchen** (3). Im **Ausgabebereich** (4) werden die jeweiligen Ergebnisse angezeigt. Die lokale Hilfedatei kann zusätzlich aus dem Internet geladen werden:

> https://knowledge.autodesk.com/de/support/inventor-products/downloads/caas/downloads/downloads/DEU/content/inventor-2017-online-help-and-local-help-page.html

4.2 Videos und Lernprogramme

Im Register **Erste Schritte** (Befehlsgruppe **Meine Startseite**) befindet sich der Lernpfad (1). Ein Klick darauf öffnet eine interaktive Lernumgebung (2), in der Sie schrittweise den Umgang mit der Software erlernen und verschiedene Lernprogramme starten können.

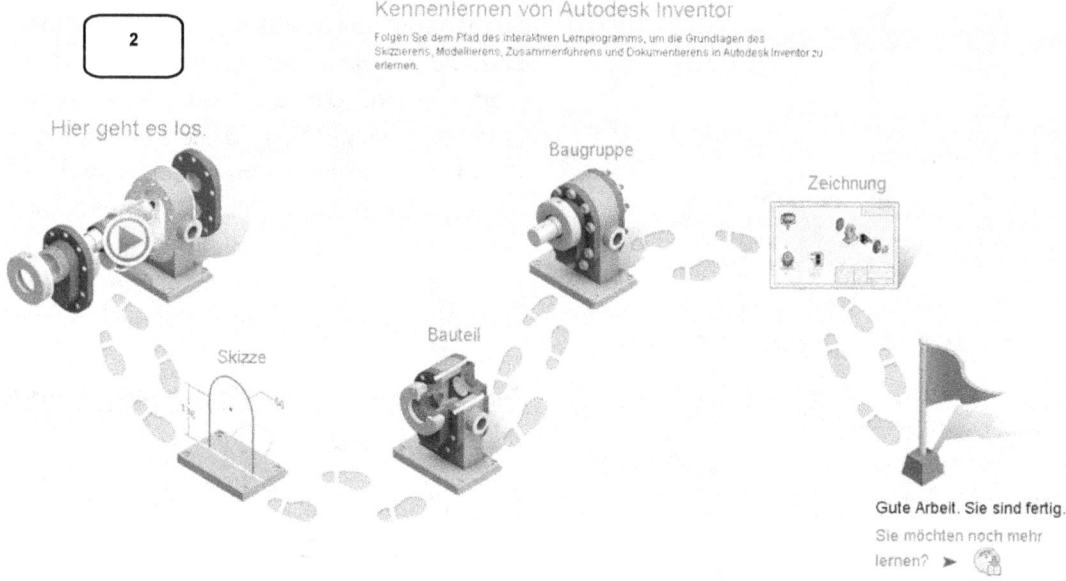

Mit dem Befehl Lernprogramme (3) öffnet sich im Arbeitsbereich eine Übersicht, weiterer verfügbarer Lernprogramme (4), welche zusätzlich heruntergeladen werden können.

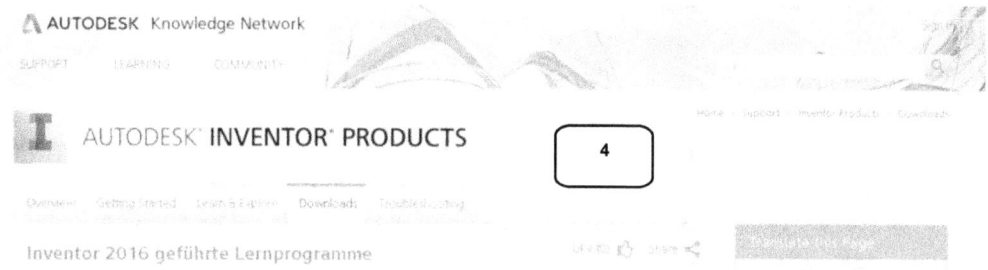

4.3 Zusatzmodule (empfohlene Einstellungen)

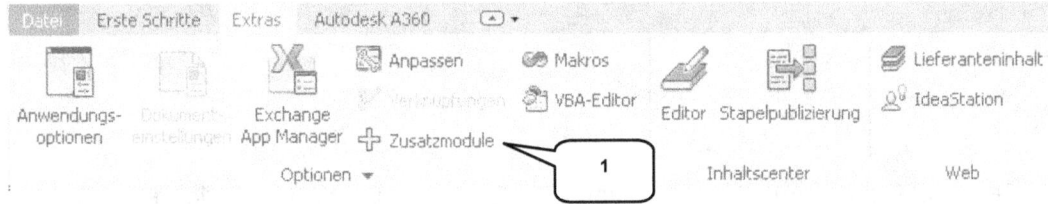

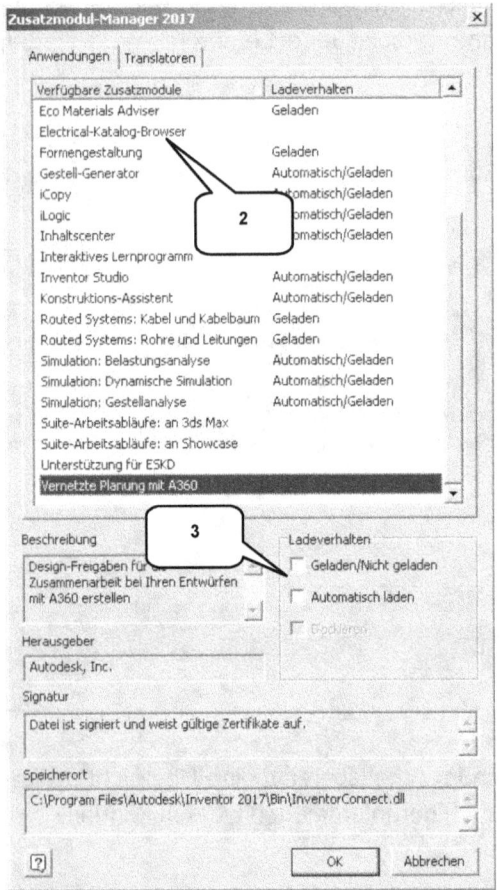

Im Register **Extras** (Befehlsgruppe **Optionen**) befindet sich der Befehl ⊕ **Zusatzmodule** (1). Ein Klick darauf öffnet den **Zusatzmodul-Manager**. Mit diesem Befehl können die automatisch beim Programmstart zu aktivierenden Programmteile definiert werden. Um ein Modul automatisch laden zu lassen, muss dieses in der **Liste** (2) aktiviert werden, um anschließend die beiden Haken im Bereich **Ladeverhalten** (3) zu setzen. Um ein Modul nicht automatisch bei Programmstart laden zu lassen, sind die beiden Haken zu entfernen.

Die Aktivierung der folgenden Module wird empfohlen:

- Additive Herstellung
- Automatische Begrenzungen
- Baugruppe - Bonuswerkzeuge
- BIM-Austausch
- BIM-Vereinfachen
- Gestell-Generator
- iCopy
- iLogic
- Inhaltscenter
- Inventor Studio
- Konstruktions-Assistent
- Simulation: Belastungsanalyse
- Simulation: Dynamische Simulation
- Simulation: Gestellanalyse

HINWEIS: Je nach Programmversion (Inventor® 2017 oder Inventor® Professional 2017) können einige der Module unter Umständen nicht verwendet werden. Bitte beachten Sie, dass eine generelle Aktivierung aller Module die Leistungsfähigkeit Ihres PCs negativ beeinträchtigen kann.

4.4 Anwendungsoptionen (empfohlene Einstellungen)

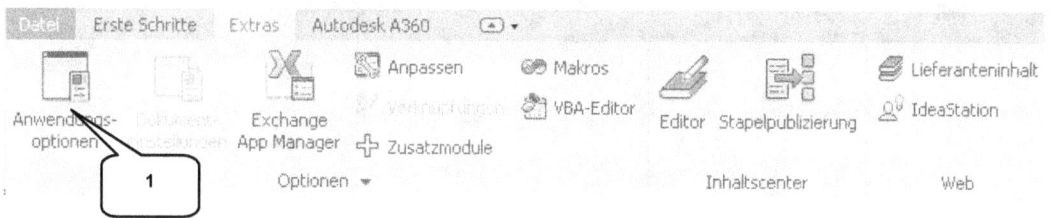

Im Register **Extras** (Befehlsgruppe **Optionen**) befindet sich der Befehl **Anwendungsoptionen** (1). Hier können die Grundeinstellungen am Programm vorgenommen werden. Folgende Einstellungen werden für die Arbeit mit diesem Buch empfohlen:

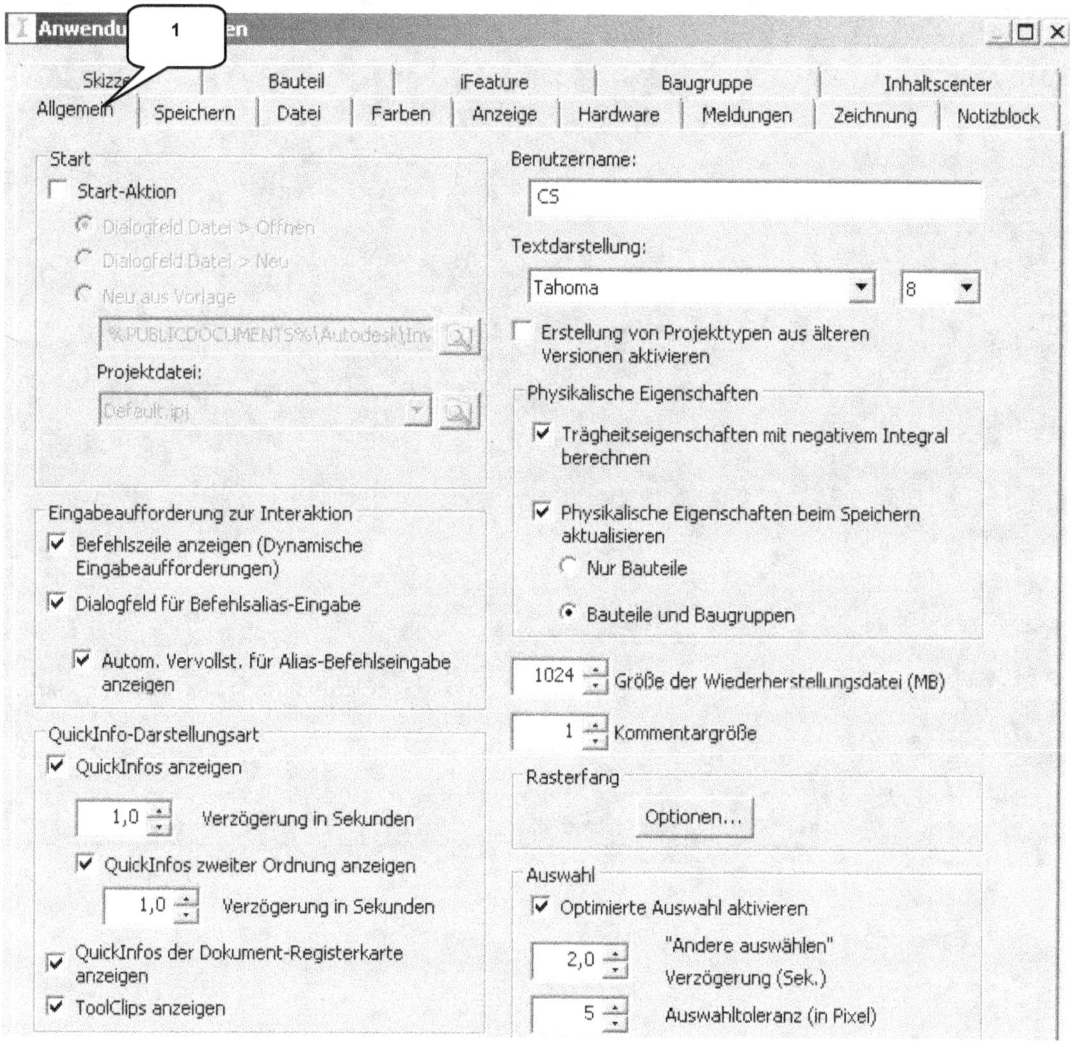

Anwendungsoptionen

2

Register: Skizze | Bauteil | iFeature | Baugruppe | Inhaltscenter
Allgemein | **Speichern** | Datei | Farben | Anzeige | Hardware | Meldungen | Zeichnung | Notizblock

- ☐ Aufforderung zum Speichern von neu zu berechnenden Aktualisierungen
- ☐ Aufforderung zum Speichern der Migration
- ☐ Referenzierte Dateien mit Vorgabe "Nein" im Speichern-Dialogfeld nicht auflisten
- ☑ Timer für Speichererinnerung: 30 Minuten

Translationsbericht in Dokument einbetten ▼

[?] | Importieren... ▼ | Exportieren... | OK | Abbrechen | Anwenden

- Die ersten Schritte -

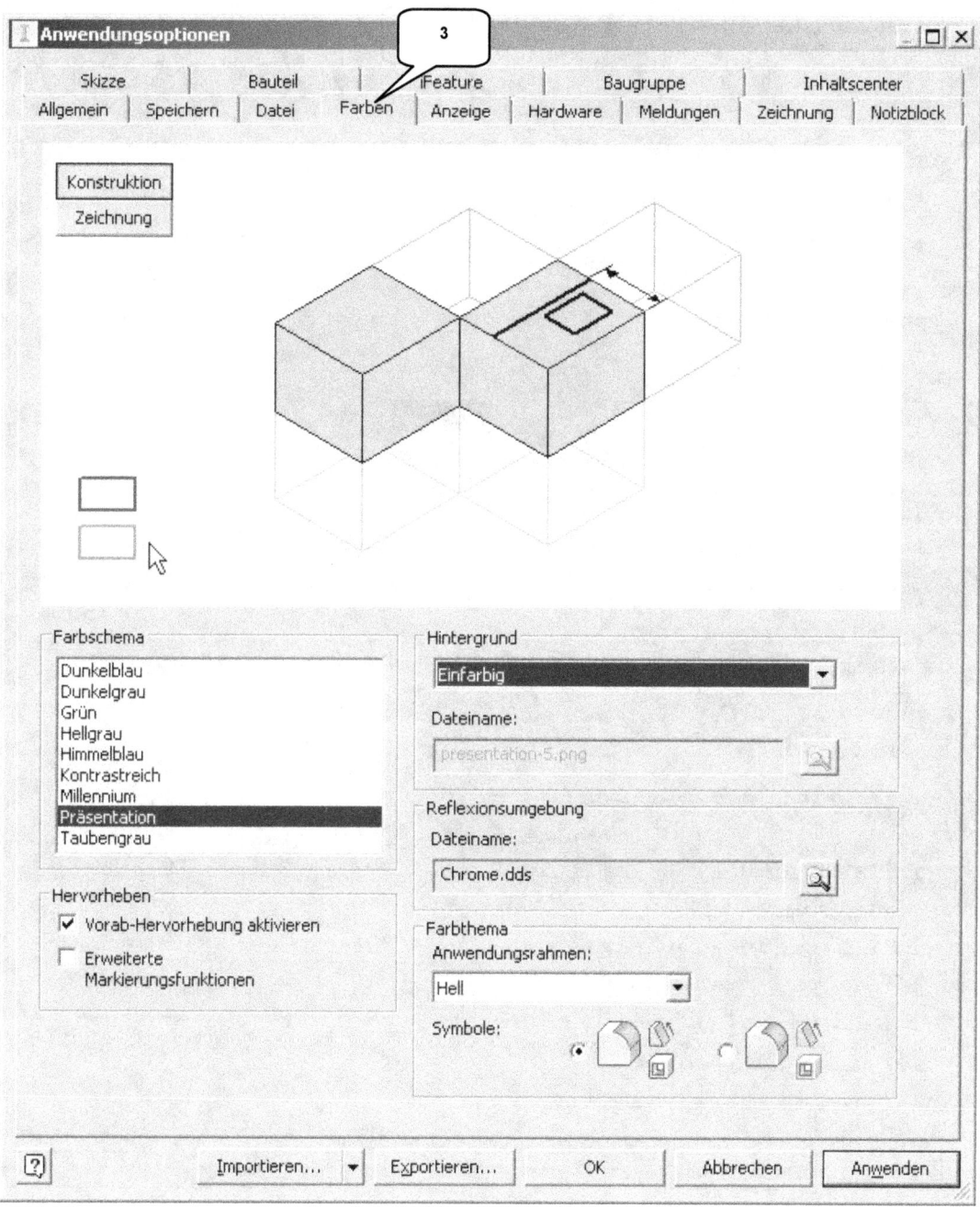

Anwendungsoptionen

Register-Reiter: Skizze | Bauteil | iFeature | Baugruppe | Inhaltscenter | Allgemein | Speichern | Datei | Farben | **Anzeige** | Hardware | Meldungen | Zeichnung | Notizblock

(4)

Darstellung

- ○ Dokumenteinstellungen verwenden
- ● Anwendungseinstellungen verwenden   [Einstellungen...]

Inaktive Komponentendarstellung

- ☑ Schattiert
- ☐ Kanten anzeigen
- 25 % deckend
- Farbe

Anzeige

Übergangszeit für Ansichten (in Sekunden): 0 ... 3

Minimale Frame-Rate (Hz): 0 ... 20

Anzeigequalität: Grob

☑ Automatische Verfeinerung deaktivieren

3D-Navigation

Vorgabeorbit
- ● Frei
- ○ Mit Abhängigkeiten

Zoom-Verhalten
- ☐ Richtung umkehren
- ☑ Zoom auf Cursor

[ViewCube...]   [SteeringWheels...]

Ursprungs-3D-Anzeige
- ☑ Ursprungs-3D-Anzeige einblenden
- ☑ Ursprungs-XYZ-Achsenbezeichnungen anzeigen

Verhalten von Ausrichten nach
- ● Minimale Drehung durchführen
- ○ An lokalem Koordinatensystem ausrichten

[?]   [Importieren... ▼]   [Exportieren...]   [OK]   [Abbrechen]   [Anwenden]

- Die ersten Schritte -

Anwendungsoptionen

Tabs: Skizze | Bauteil | iFeature | Baugruppe | Inhaltscenter
Allgemein | Speichern | Datei | Farben | Anzeige | **Hardware** | Meldungen | Zeichnung | Notizblock

(5)

Grafikeinstellungen

Anmerkung: Die Änderung der Grafikeinstellungen tritt erst in Kraft, wenn Inventor neu gestartet wird.

○ Qualität

Verwenden Sie diese Einstellung für eine qualitativ hochwertige realistische Visualisierung.

● Leistung

Verwenden Sie diese Einstellung, wenn Sie Leistung einer realistischen Visualisierung (z.B. bei der Modellierung) vorziehen.

○ Konservativ

Verwenden Sie diese Einstellung für konservative Grafikhardwareverwendung mit Inventor.

☐ Softwaregrafik

Verwenden Sie diese Einstellung nur für Systeme mit nicht erkannter Grafikhardware oder bei keiner Unterstützung der gewünschten Funktion durch die Grafikhardware.

[Analyse]

[?] Importieren... ▼ Exportieren... OK Abbrechen Anwenden

- Die ersten Schritte -

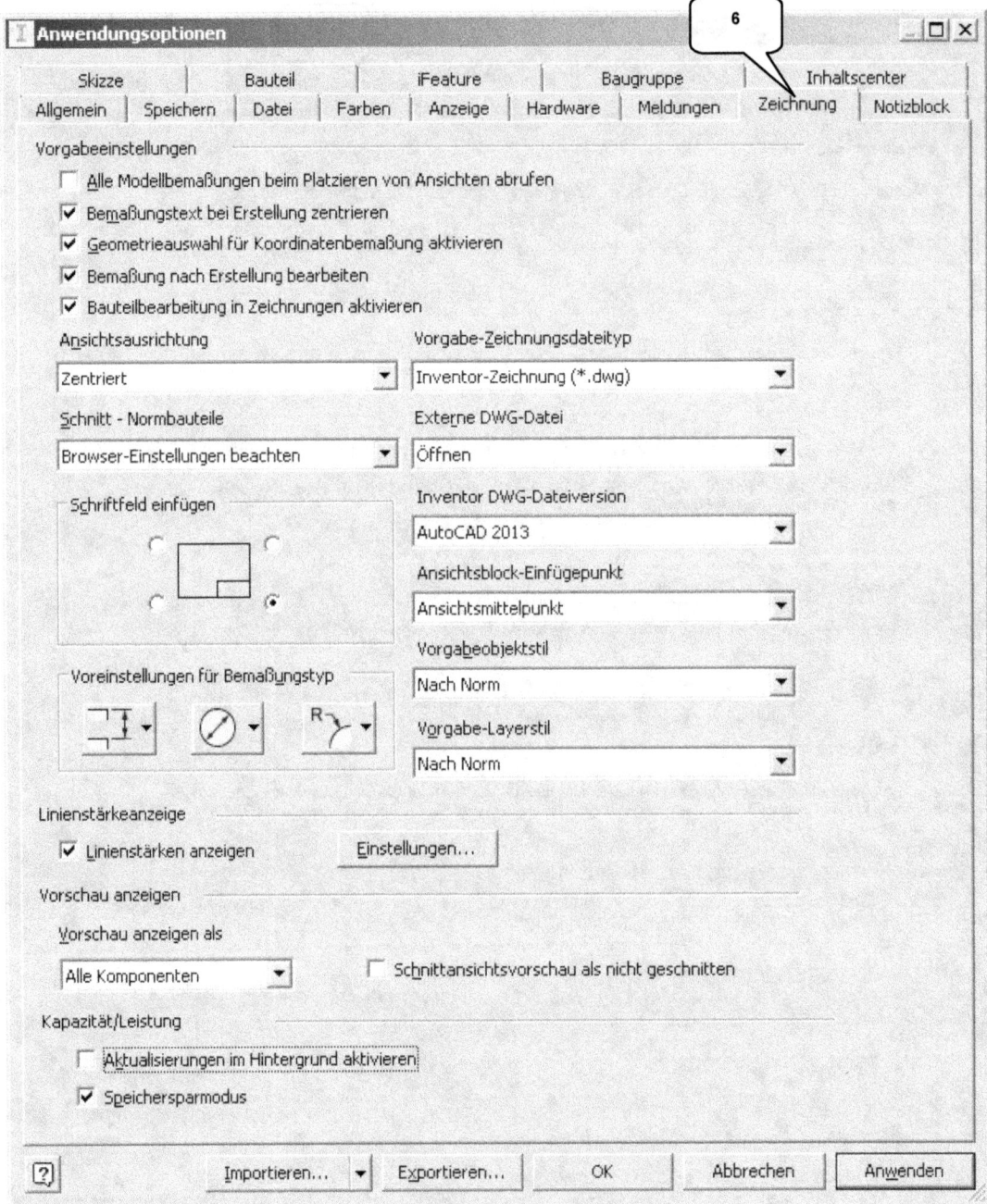

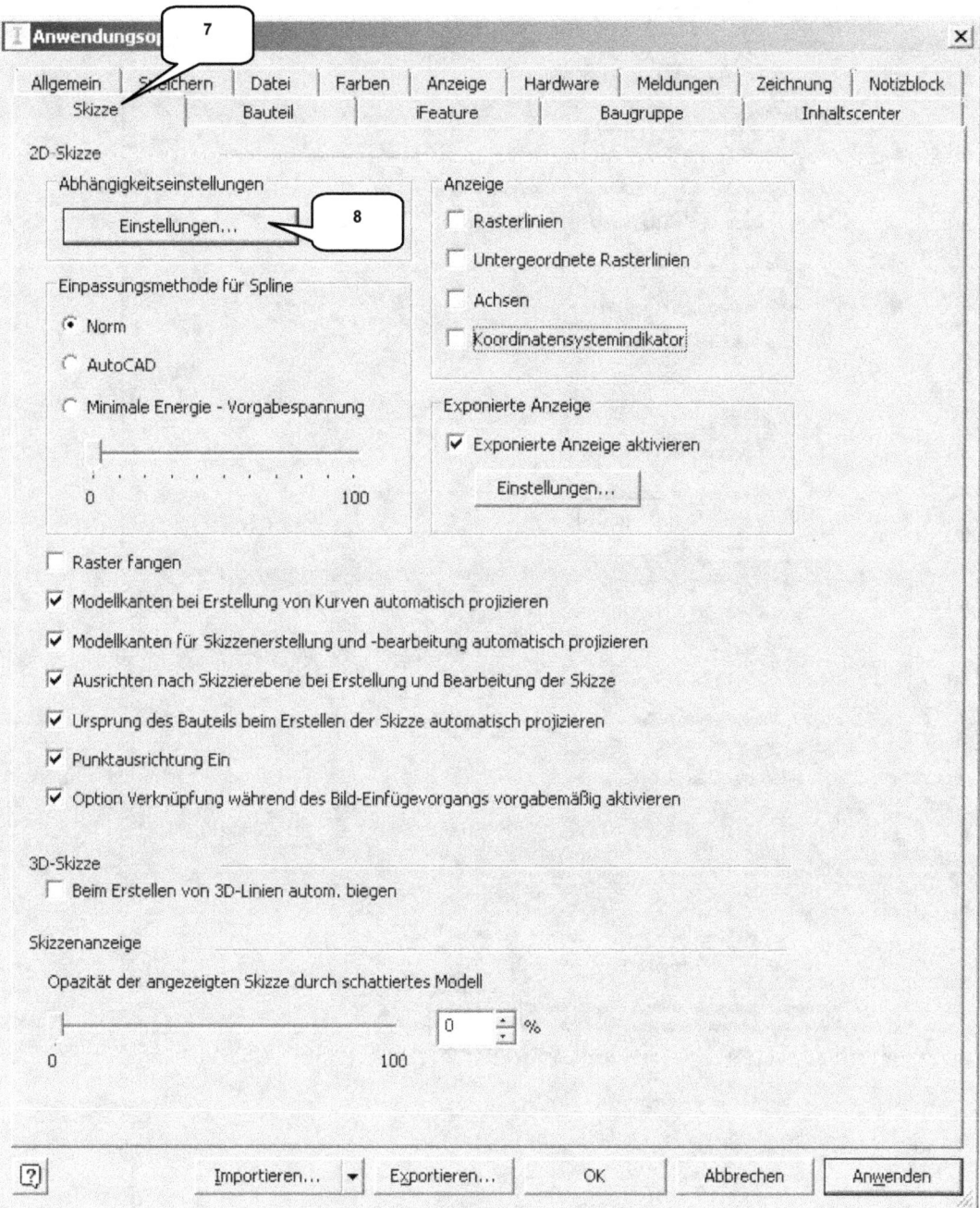

Abhängigkeitseinstellungen — 9

Allgemein | Ableitung | Lockerungsmodus

Abhängigkeit
- ☑ Abhängigkeiten nach Erstellung anzeigen
- ☑ Abhängigkeiten für ausgewählte Objekte anzeigen
- ☑ Koinzidente Abhängigkeiten in Skizze anzeigen

Bemaßung
- ☑ Bemaßung nach Erstellung bearbeiten
- ☑ Bemaßungen aus Eingabewerten erstellen

Überbestimmte Bemaßungen
- ⦿ Getriebene Bemaßung anwenden
- ◯ Bei Überbestimmung warnen

[?]   OK   Abbrechen

Abhängigkeitseinstellungen — 10

Allgemein | **Ableitung** | Lockerungsmodus

- ☑ Abhängigkeiten ableiten
- ☑ Abhängigkeiten beibehalten

Abhängigkeitsableitungspriorität
- ⦿ Parallel und lotrecht
- ◯ Horizontal und vertikal

Auswahl für Abhängigkeitsableitung
- ☑ Horizontal
- ☑ Vertikal
- ☑ Parallel
- ☑ Lotrecht
- ☑ Überschneidung
- ☑ Mittelpunkt
- ☑ An Kurve
- ☑ Tangential
- ☑ Koinzident

[Alle auswählen] [Alles löschen]

Abhängigkeitseinstellungen — 11

Allgemein | Ableitung | **Lockerungsmodus**

☐ Lockerungsmodus aktivieren

Beim gelockerten Ziehen zu entfernende Abhängigkeiten
- ☐ Koinzident
- ☐ Tangential
- ☐ Geglättet (G2)
- ☐ Symmetrisch
- ☐ Kollinear
- ☐ Konzentrisch
- ☑ Horizontal
- ☑ Vertikal
- ☑ Parallel
- ☑ Lotrecht
- ☑ Gleich
- ☑ Fest

[Alle auswählen] [Alles löschen]

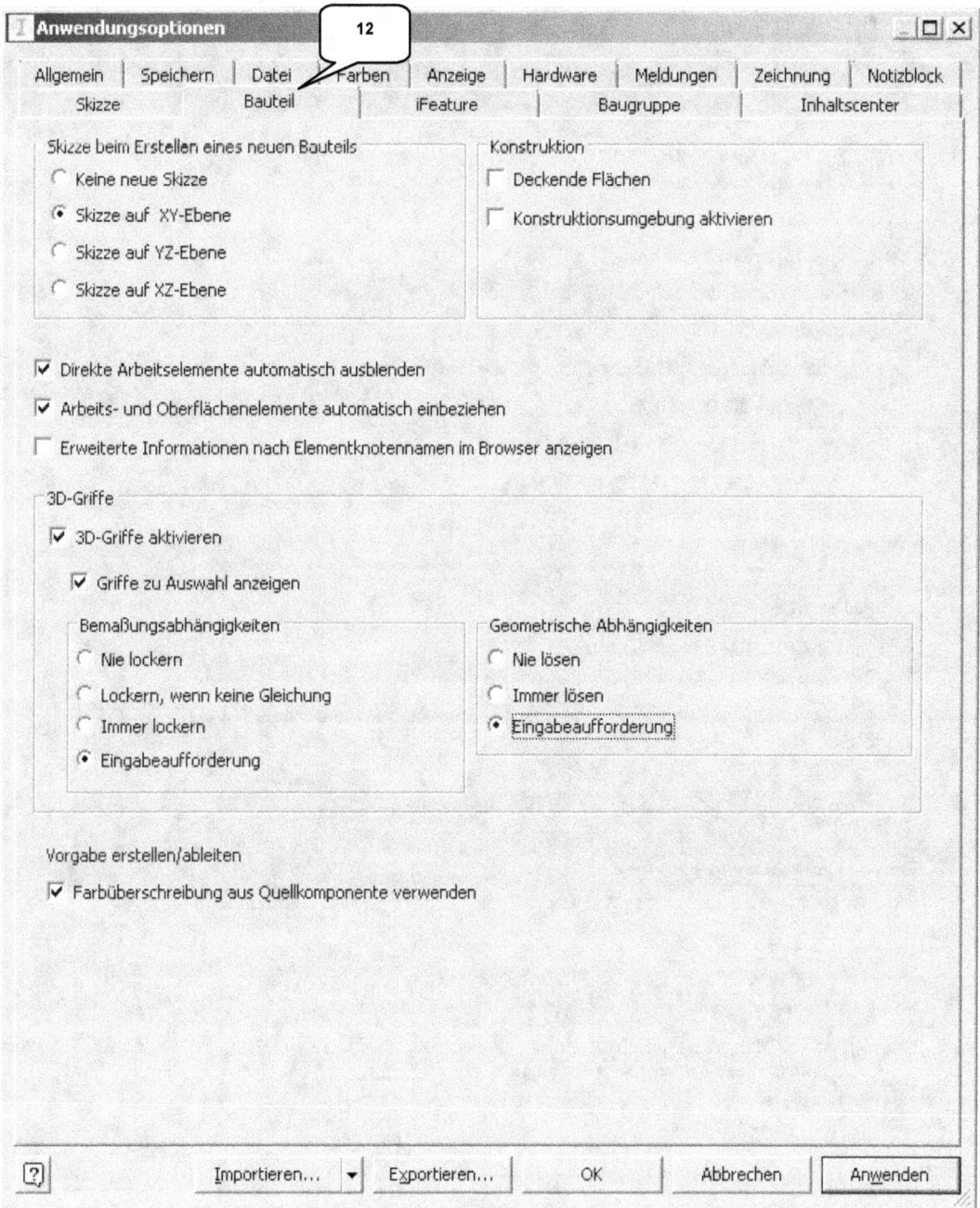

- Die ersten Schritte -

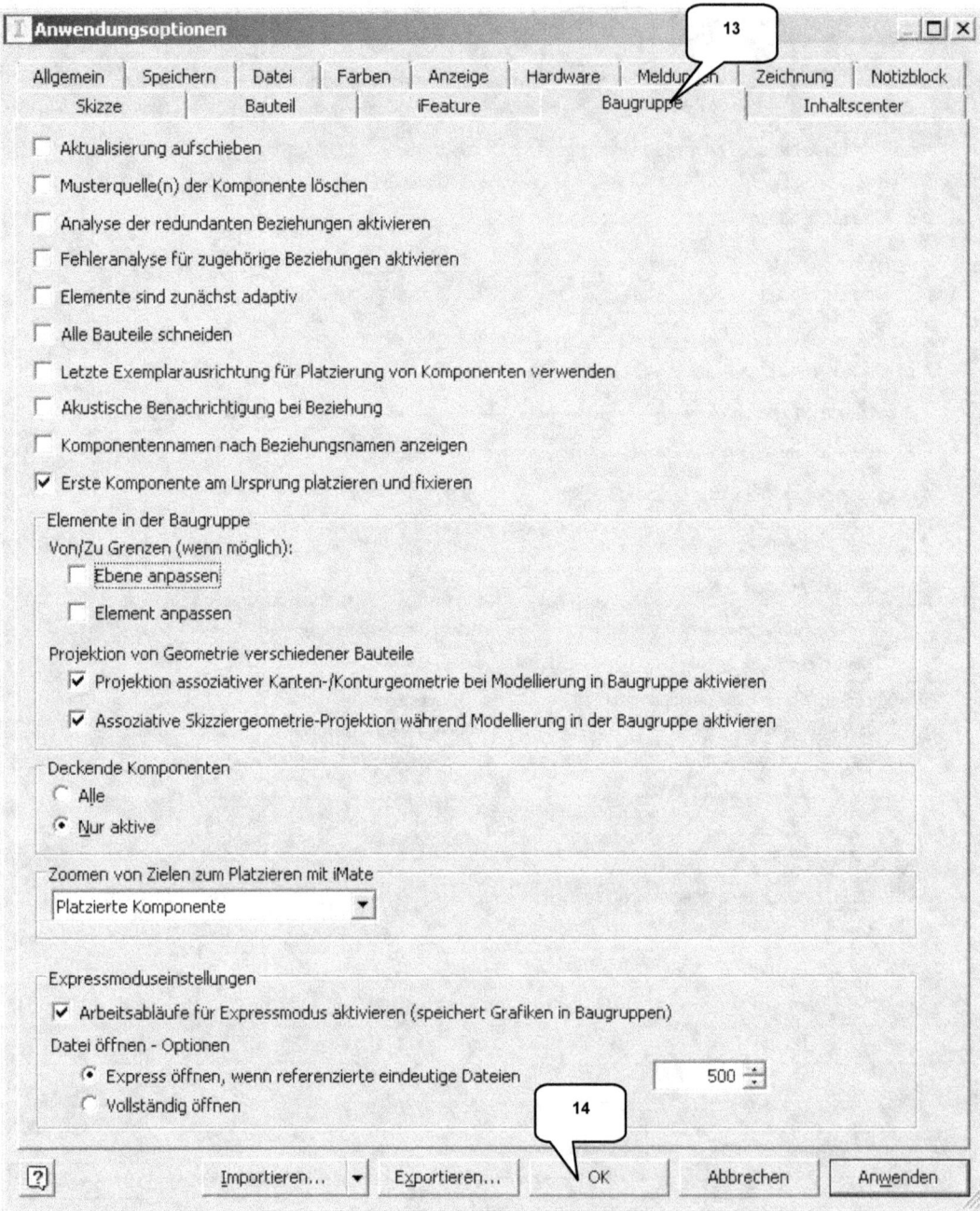

5 Erstellen eines Einzelbenutzerprojektes

In Inventor® sollte möglichst in Projekten gearbeitet werden, um die Koordination zusammenhängender Dateien und Einstellungen zu vereinfachen. Hierfür bietet das Programm im Register **Erste Schritte** (Befehlsgruppe **Starten**) den Befehl **Projekte** (1).

Zu jedem Projekt wird eine eigene Projektdatei (*.ipj) erzeugt. Sie sichert alle Informationen und Querverweise eines Projektes. Das ist wichtig, wenn später komplexe Projekte archiviert oder von einem PC auf einen anderen übertragen werden sollen.

Erzeugen Sie im folgenden Arbeitsschritt ein neues Einzelbenutzer-Projekt mit der Bezeichnung **Inventor-2017-HRM**. Das Projekt sollte im gleichnamigen Projektordner gespeichert werden.

- **Projekte** (1)
- **Neu** (2)
- Option: **Einzelbenutzer-Projekt**
- **Weiter**
- Name: **Inventor-2017-HRM** (3)

- Projektordner: Ordner **Inventor-2017-HRM** wählen (4)
- **Fertig stellen** (5)
- **Fertig** (6)

Das neue Projekt wird automatisch aktiviert, was durch einen kleinen Haken in der Zeile des aktiven Projektes signalisiert wird. Bei der späteren Arbeit mit dem Programm sollte das jeweils aktive Projekt nach Programmstart stets kontrolliert werden.

So kann vermieden werden, dass Dateien unbeabsichtigt an einem falschen Speicherort gesichert und damit einem anderen Projekt zugeordnet werden.

- Erstellen eines Einzelbenutzerprojektes -

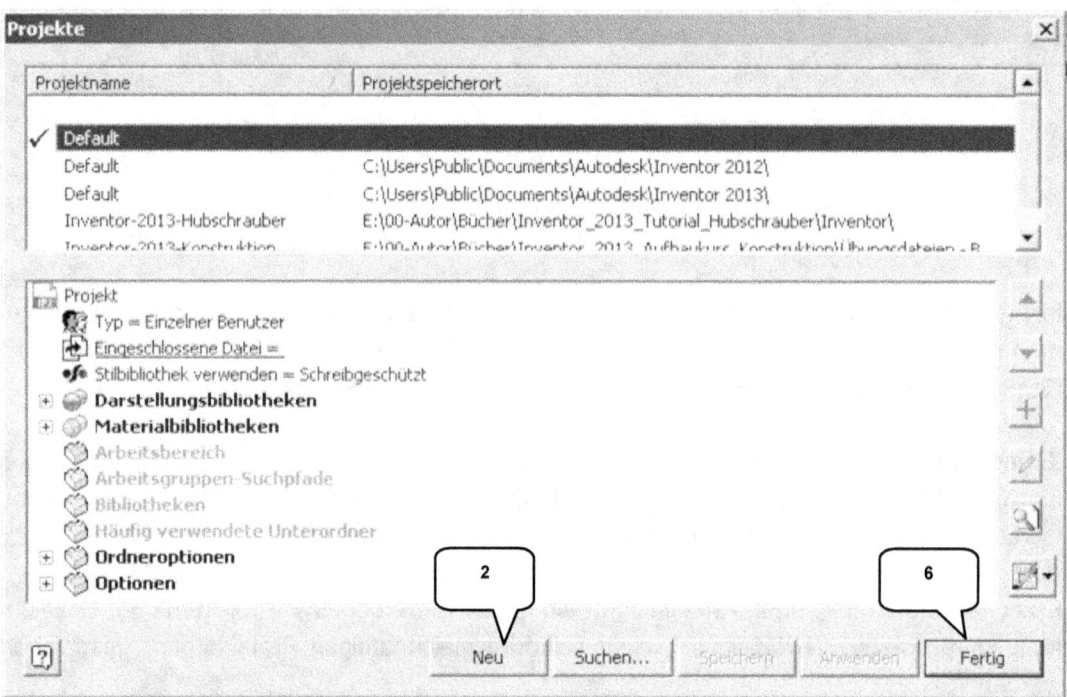

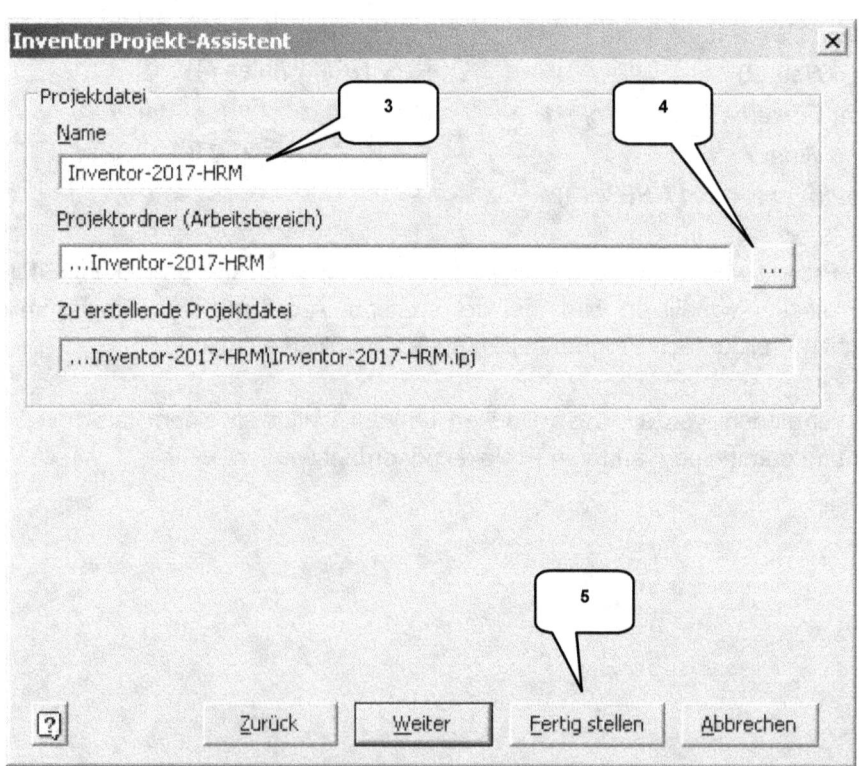

6 Aufbau einer Holzrückmaschine

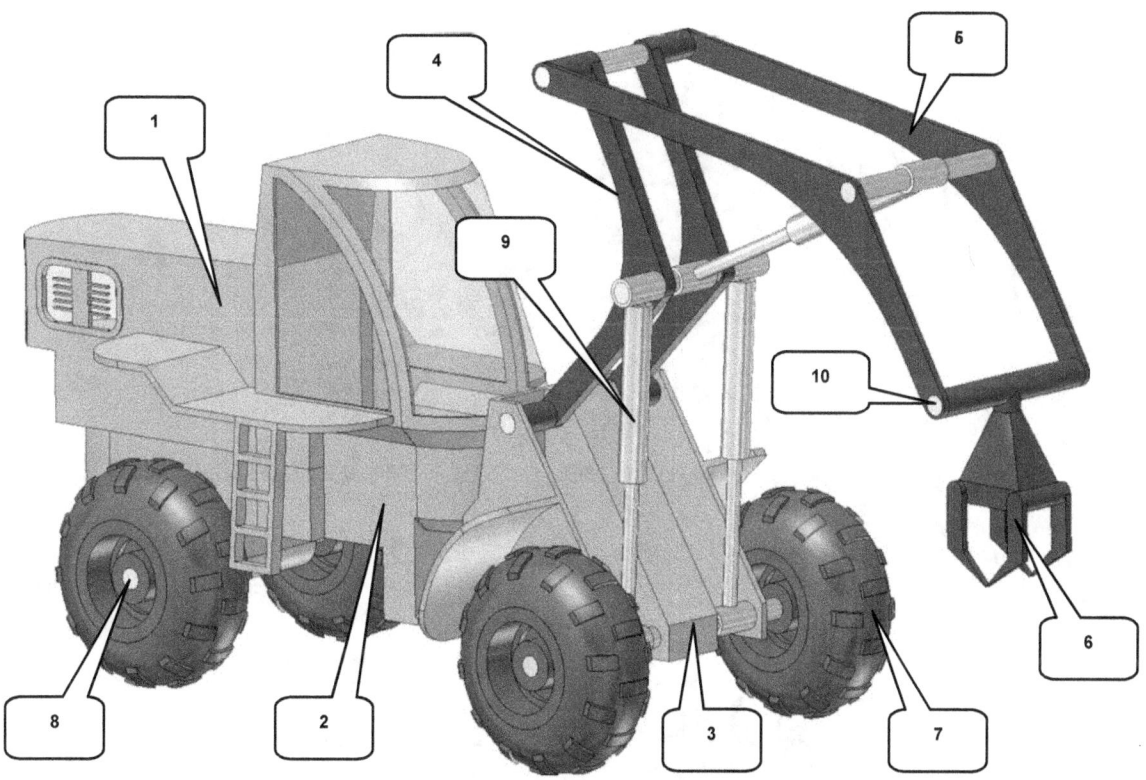

1. Oberwagen
2. Unterwagen
3. Hubgestell
4. Ausleger
5. Greiferstiel
6. Greifer
7. Räder
8. Achsen
9. Hydraulikzylinder
10. Bolzen

Eine Holzrückmaschine dient zum Transport von schweren und unhandlichen Baumstämmen und wird vorrangig bei Forstarbeiten eingesetzt. Da Maschinen- und Hubsystem voneinander getrennt, benötigt das Gerät einen minimalen Wendekreis.

Das Greifersystem kann zusätzlich mit einem Schneidwerkzeug ausgerüstet werden, um Baumstämme nicht nur transportieren, sondern in einem Arbeitsschritt greifen, fällen und entasten zu können.

7 Bauteil: Oberwagen

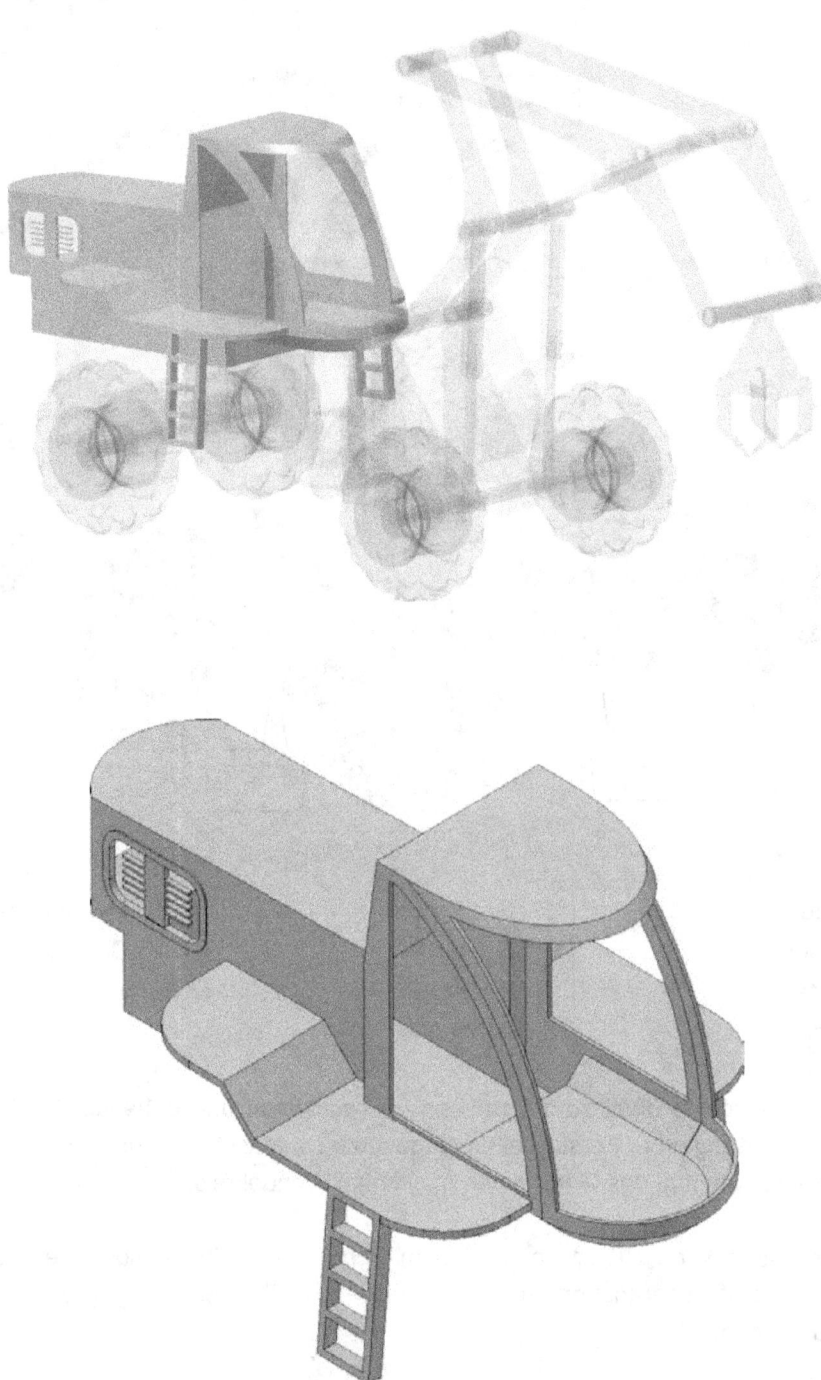

7.1 Bauteil „01-Oberwagen" erstellen

- **Neu** (1)
- Templates (2)
- Bauteil: Norm.ipt (3)
- **Erstellen** (4)

- **Speichern** (5)
- Dateiname: [01-Oberwagen] (6)
- **Speichern** (7)

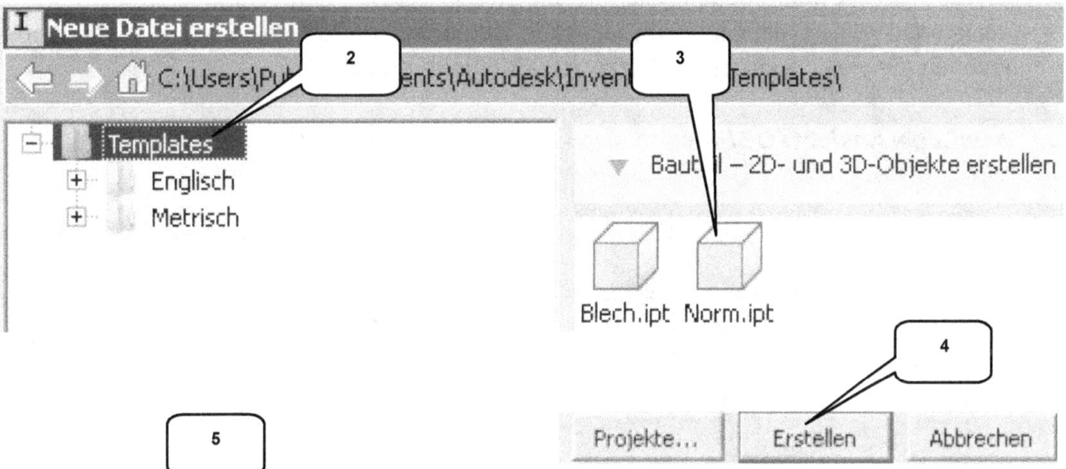

HINWEIS: Um das Bauteil speichern zu können, muss der Skizzenbereich vorübergehend geschlossen werden. Die aktuell geöffnete Skizze wird danach wieder aktiviert.

7.2 2D-Skizze auf XY-Ebene öffnen

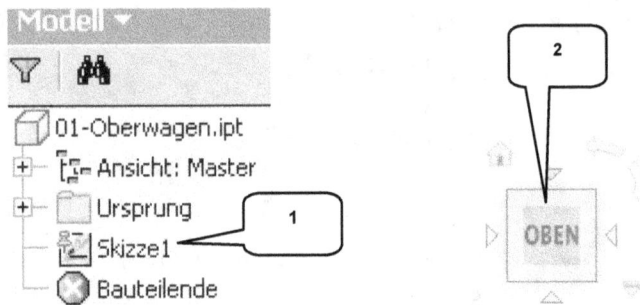

➢ „Skizze1" im Browser doppelklicken um sie zu öffnen (1)
➢ (sollte noch keine Skizze im Browser vorhanden sein, kontrollieren Sie die Anwendungs-optionen (Bauteil > Aktivieren: Skizze auf XY-Ebene erstellen))

➢ **ViewCube-Ansicht: OBEN** sollte sich automatisch einstellen (2)

7.3 Achsen projizieren und als Konstruktionsobjekte definieren

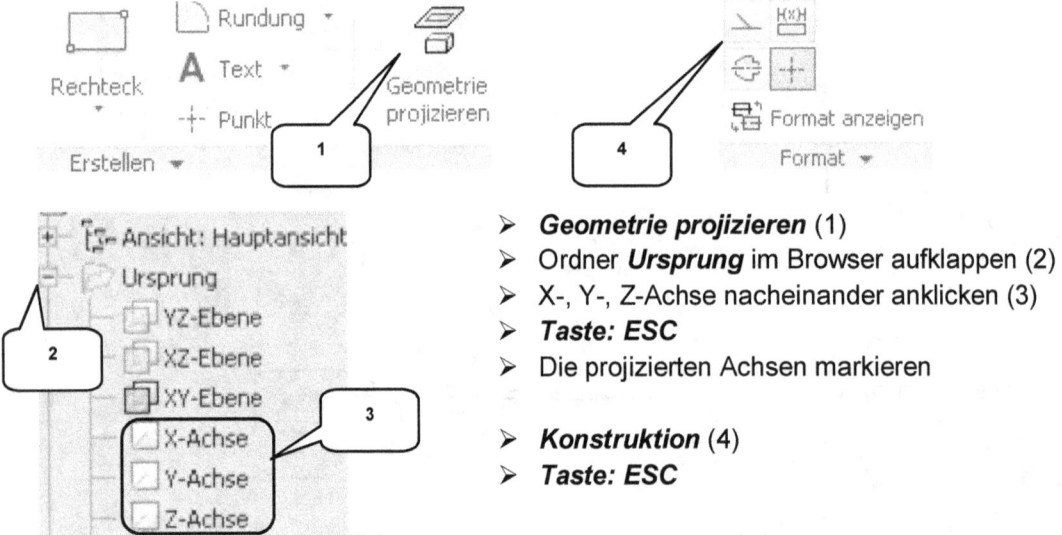

➢ **Geometrie projizieren** (1)
➢ Ordner **Ursprung** im Browser aufklappen (2)
➢ X-, Y-, Z-Achse nacheinander anklicken (3)
➢ **Taste: ESC**
➢ Die projizierten Achsen markieren

➢ **Konstruktion** (4)
➢ **Taste: ESC**

HINWEIS: Das Projizieren der drei Hauptachsen sollte bei jeder neuen Skizze durchgeführt werden. Die Achsen können dann als Referenzen verwendet werden, z. B. um Objekte daran auszurichten.

7.4 Zeichnen der ersten Linien

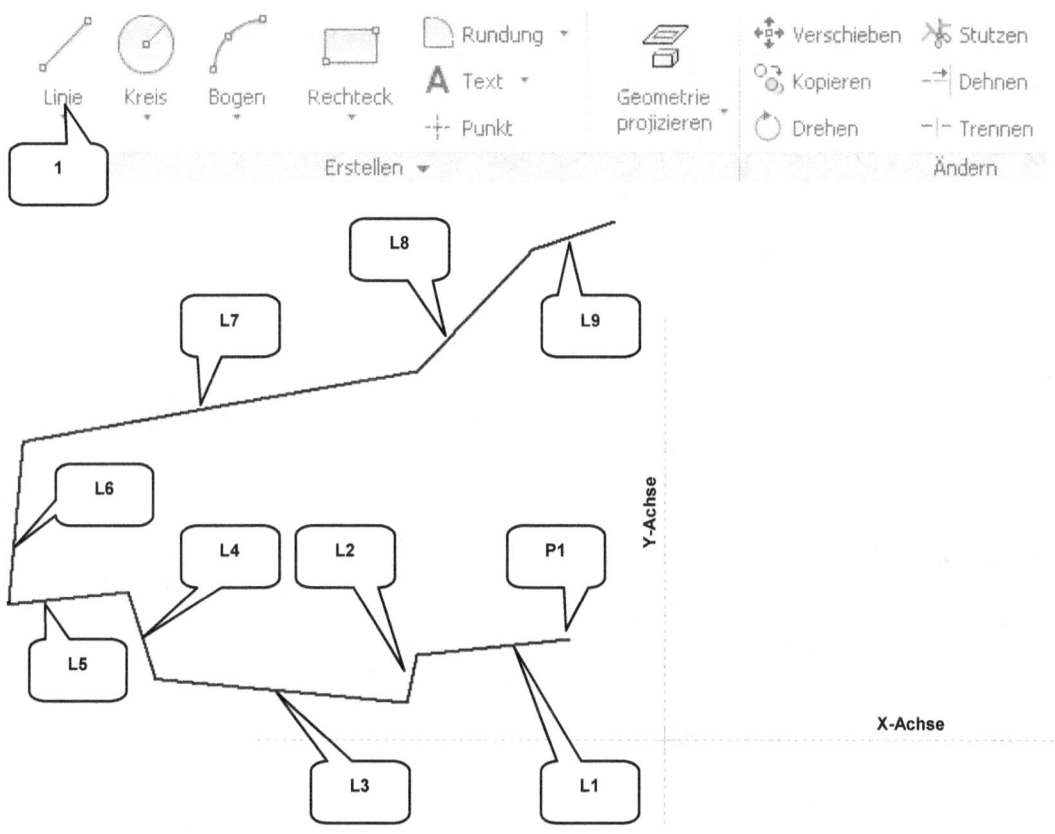

> **Linie** (1)
> Ersten Linienpunkt frei links oberhalb des Koordinatenursprungs ablegen (P1)
> Durch das Setzen weiterer Punkte ist die dargestellte Kontur aus insgesamt 9 zusammenhängenden Linienzügen zu zeichnen (L1..L9)
> Keine der Linien **waagerecht** oder **senkrecht**, sondern etwas schräg zeichnen (wie dargestellt)
> Gesamte Kontur soll sich im zweiten Quadraten des Koordinatensystems befinden (oberhalb der X-Achse, links neben der Y-Achse)
> Den Linienbefehl anschließend durch Drücken der **Taste: ESC** beenden

HINWEIS: Keine der Linien sollte waagerecht oder senkrecht gezeichnet werden oder parallel zu einer anderen liegen. Keiner der Linienpunkte sollte auf einer der Achsen liegen. Anschließend sind alle erforderlichen Abhängigkeiten zu erzeugen.

7.5 Abhängigkeiten setzen

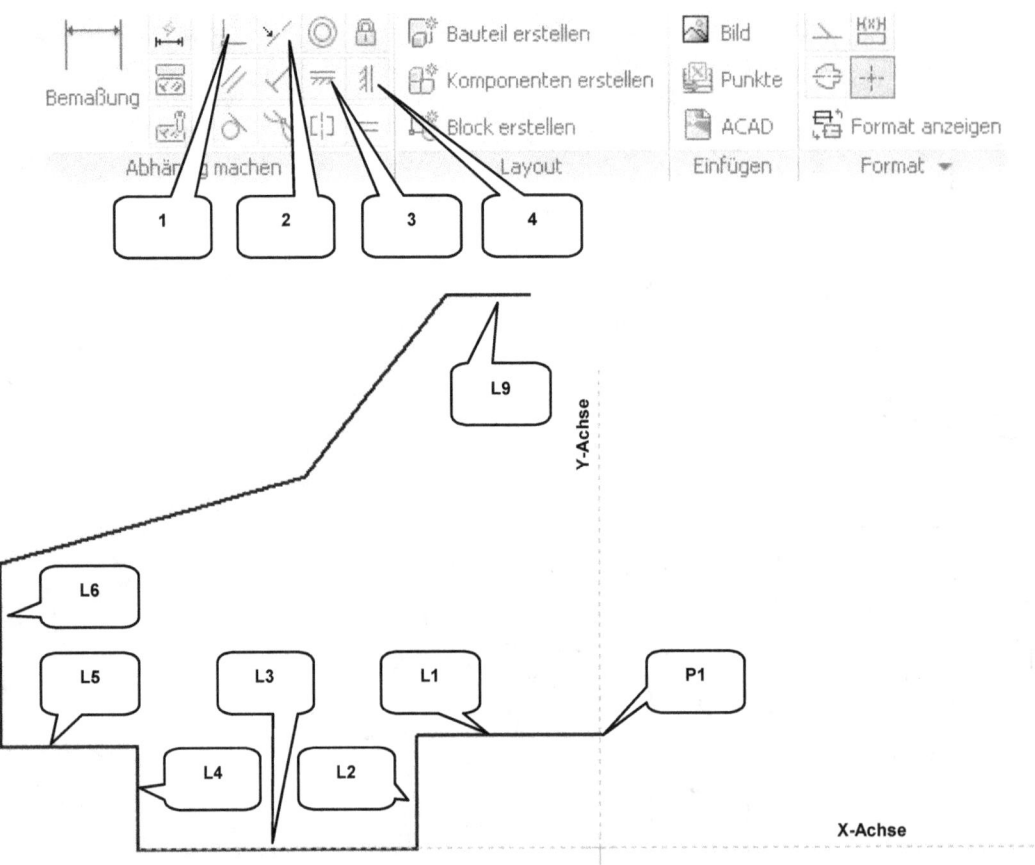

- **Abhängigkeit Koinzident** (1)
- Punkt (P1), dann Y-Achse wählen
- **Taste: ESC**

- **Abhängigkeit Kollinear** (2)
- Linie (L3), dann X-Achse wählen
- **Taste: ESC**

- **Abhängigkeit Horizontal** (3)
- Linien (L1, L5, L9) wählen
- **Taste: ESC**

- **Abhängigkeit Vertikal** (4)
- Linien (L2, L4, L6) wählen
- **Taste: ESC**

HINWEIS: Mit der Abhängigkeit **Koinzident** können entweder zwei Punkte oder ein Punkt und eine Linie voneinander abhängig gemacht werden. Mit der Abhängigkeit **Kollinear** werden zwei Linien auf denselben Strahl gelegt. Die Abhängigkeiten **Horizontal** und **Vertikal** richten Linien parallel zur X- bzw. zur Y-Achse aus. Das System warnt den Anwender, wenn Abhängigkeiten bereits vergeben wurden und dadurch überflüssig sind.

7.6 Horizontale und vertikale Bemaßungen setzen

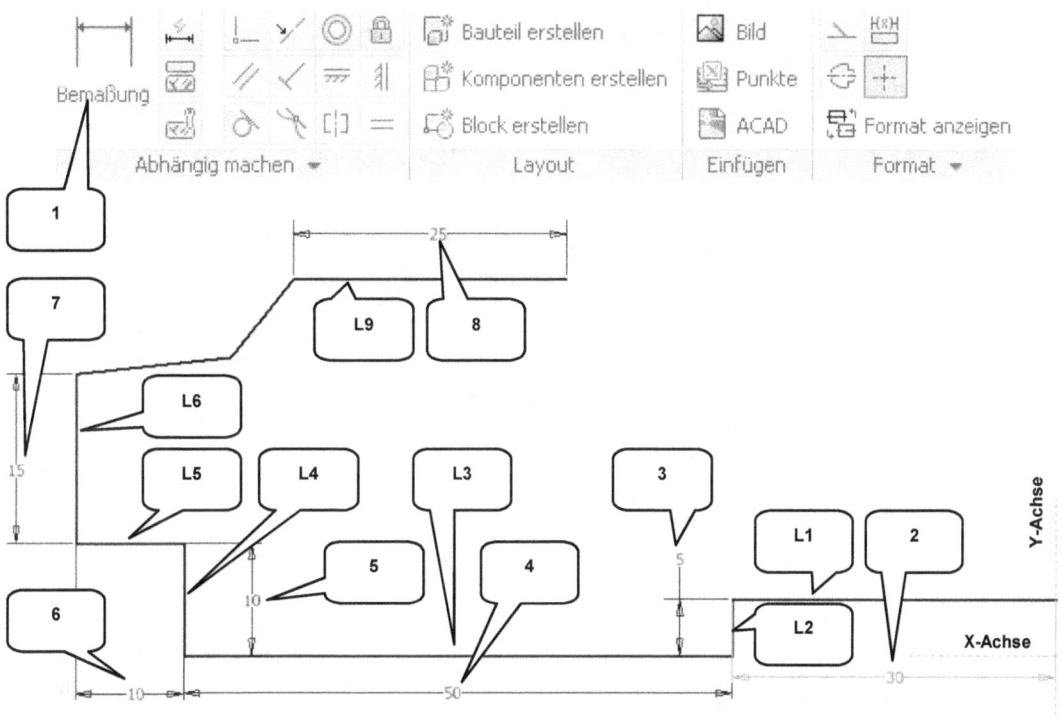

- ➤ **Bemaßung** (1)

- ➤ Linie (L1) wählen
- ➤ Maß ablegen (2)
- ➤ Wert: [30] mm
- ➤ **Taste: ENTER**

- ➤ Linie (L2) wählen
- ➤ Maß ablegen (3)
- ➤ Wert: [5] mm
- ➤ **Taste: ENTER**

- ➤ Linie (L3) wählen
- ➤ Maß ablegen (4)
- ➤ Wert: [50] mm
- ➤ **Taste: ENTER**

- ➤ Linie (L4) wählen
- ➤ Maß ablegen (5)

- ➤ Wert: [10] mm
- ➤ **Taste: ENTER**

- ➤ Linie (L5) wählen
- ➤ Maß ablegen (6)
- ➤ Wert: [10] mm
- ➤ **Taste: ENTER**

- ➤ Linie (L6) wählen
- ➤ Maß ablegen (7)
- ➤ Wert: [15] mm
- ➤ **Taste: ENTER**

- ➤ Linie (L9) wählen
- ➤ Maß ablegen (8)
- ➤ Wert: [25] mm
- ➤ **Taste: ENTER**
- ➤ **Taste: ESC**

7.7 Ausgerichtete Bemaßungen erzeugen

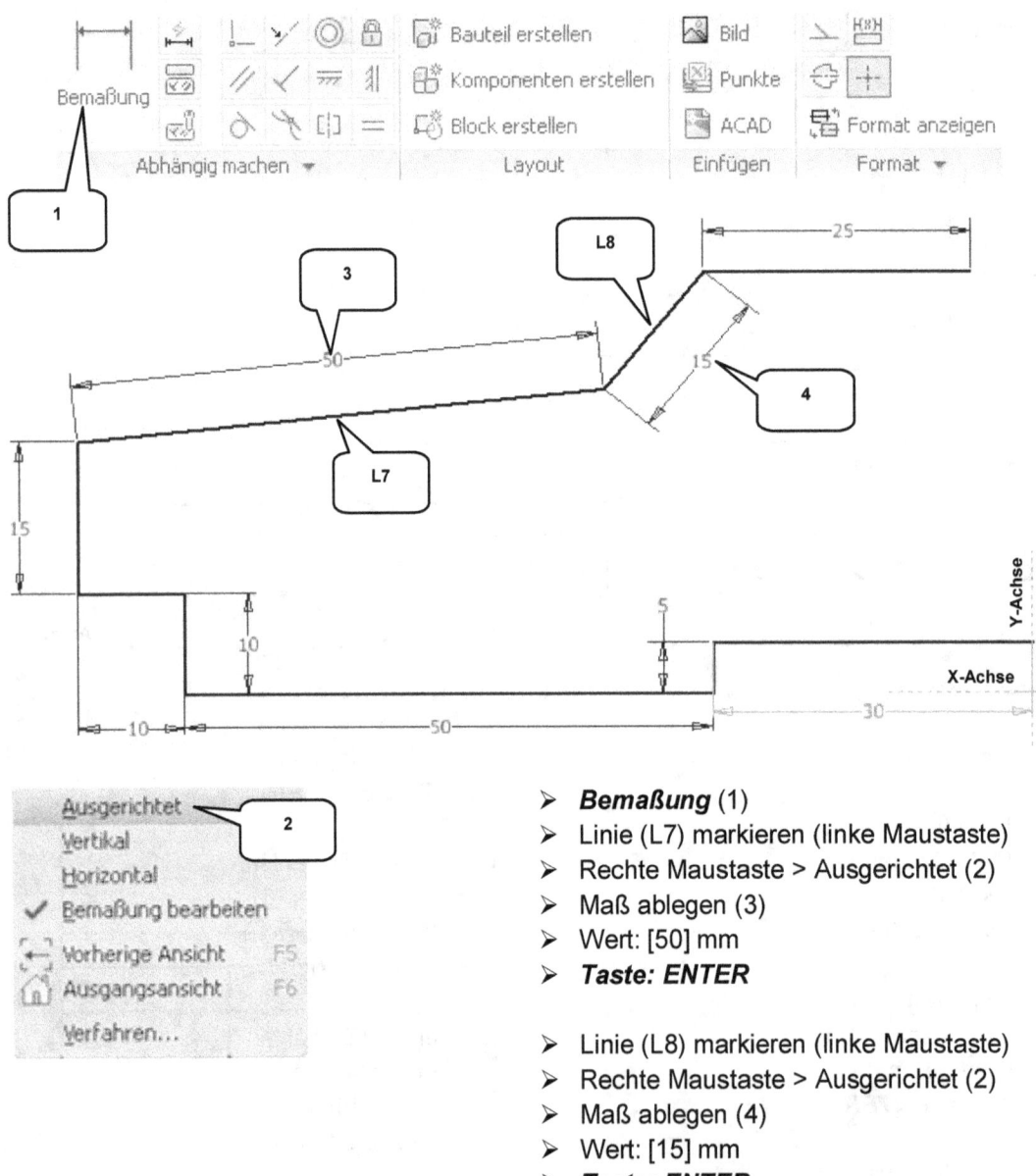

- ➢ **Bemaßung** (1)
- ➢ Linie (L7) markieren (linke Maustaste)
- ➢ Rechte Maustaste > Ausgerichtet (2)
- ➢ Maß ablegen (3)
- ➢ Wert: [50] mm
- ➢ **Taste: ENTER**

- ➢ Linie (L8) markieren (linke Maustaste)
- ➢ Rechte Maustaste > Ausgerichtet (2)
- ➢ Maß ablegen (4)
- ➢ Wert: [15] mm
- ➢ **Taste: ENTER**

HINWEIS: Waagerechte oder horizontale Maße können durch ein Ziehen der Maus nach rechts oder links erzeugt werden. Um ein Maß an einer Linie auszurichten, ist die Option **Ausgerichtet** im Kontextmenü der **rechten Maustaste** zu wählen.

7.8 Winkelmaße erzeugen

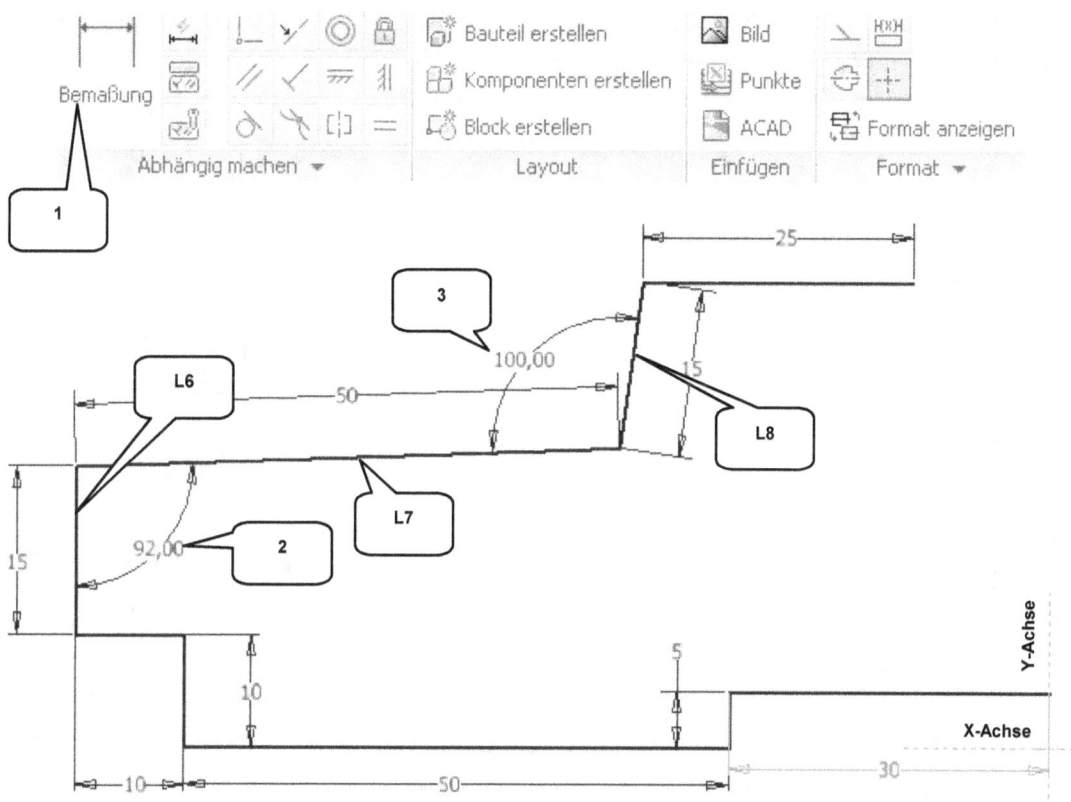

- **Bemaßung** (1)
- Linien (L6), dann (L7) wählen
- Winkelmaß ablegen (2)
- Wert: [92] Grad
- **Taste: ENTER**

- Linien (L7), dann (L8) wählen
- Winkelmaß ablegen (3)
- Wert: [100] Grad
- **Taste: ENTER**
- **Taste: ESC**

HINWEIS: Um ein Maß zu *bearbeiten* kann es per Doppelklick mit der linken Maustaste geöffnet werden. Um ein Maß zu *löschen* ist mit der rechten Maustaste darauf zu klicken und im Kontextmenü die Option *Löschen* auszuwählen. Geometrische Abhängigkeiten können aus dem Skizzenbereich entfernt werden, wenn Sie mit der *Taste: F8* eingeblendet, anschließend mit der linken Maustaste markiert und dann mit der *Taste: ENTF* gelöscht werden. Die *Taste: F9* blendet alle Abhängigkeiten abschließend wieder aus.

7.9 Bogen aus drei Punkten

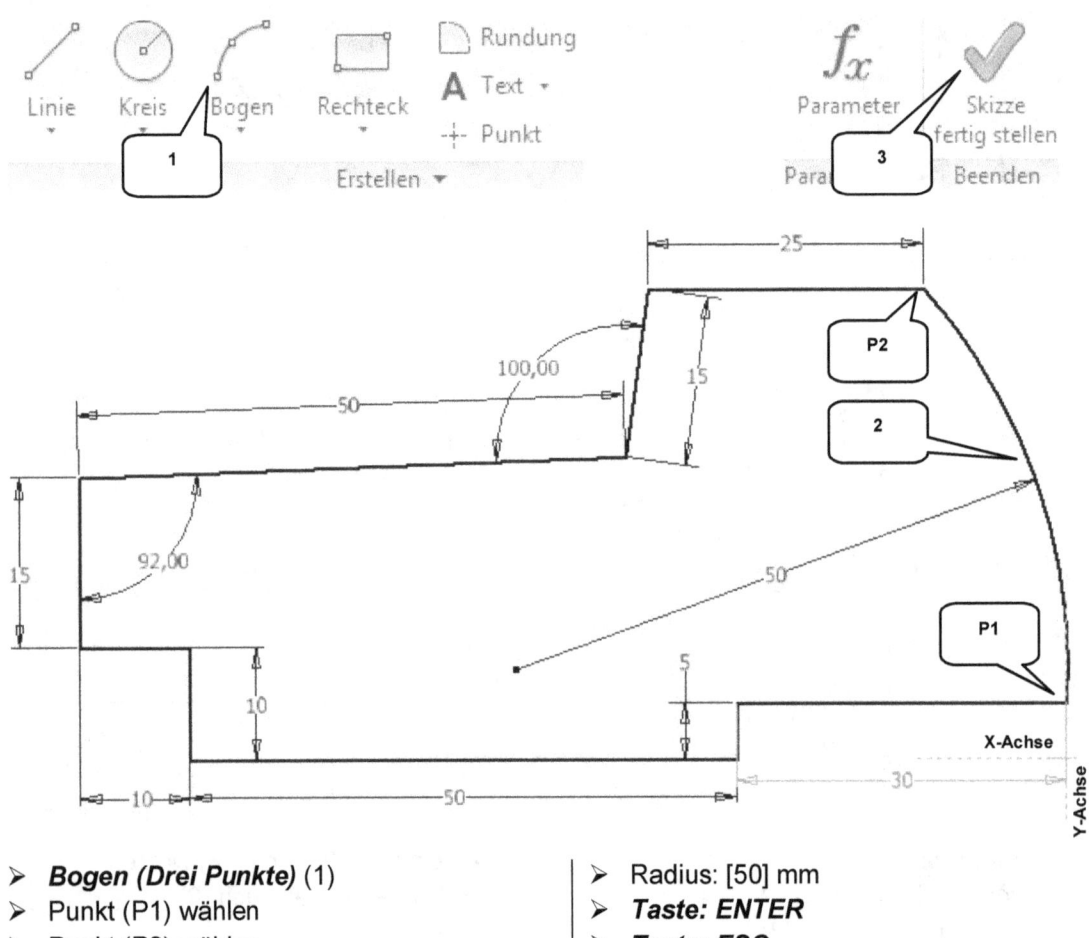

- **Bogen (Drei Punkte)** (1)
- Punkt (P1) wählen
- Punkt (P2) wählen
- Maus in etwa auf Pos. (2) ziehen
- (Punkt hier <u>nicht</u> ablegen!)

- Radius: [50] mm
- **Taste: ENTER**
- **Taste: ESC**

- **Skizze fertig stellen** (3)

HINWEIS: Kurz vor der Eingabe des Wertes für den Radius sollte auf die Position des Mauszeigers geachtet werden: Er symbolisiert den dritten Bogenpunkt, welcher Lage und Radius des Bogens bestimmt. Der Radius des Bogens kann entweder durch die Eingabe eines Wertes oder aber durch ein freies Ablegen des dritten Bogenpunktes definiert werden.

7.10 Extrudieren der Basiskontur

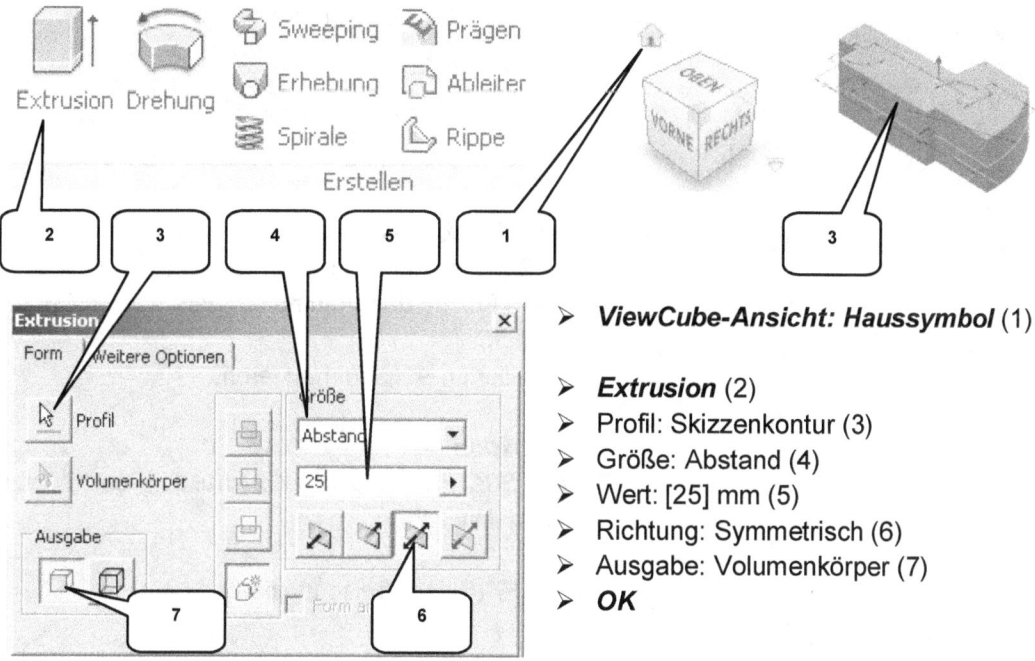

- ➤ **ViewCube-Ansicht: Haussymbol** (1)

- ➤ **Extrusion** (2)
- ➤ Profil: Skizzenkontur (3)
- ➤ Größe: Abstand (4)
- ➤ Wert: [25] mm (5)
- ➤ Richtung: Symmetrisch (6)
- ➤ Ausgabe: Volumenkörper (7)
- ➤ **OK**

7.11 Erzeugen einer neuen 2D-Skizze auf der XZ-Ebene

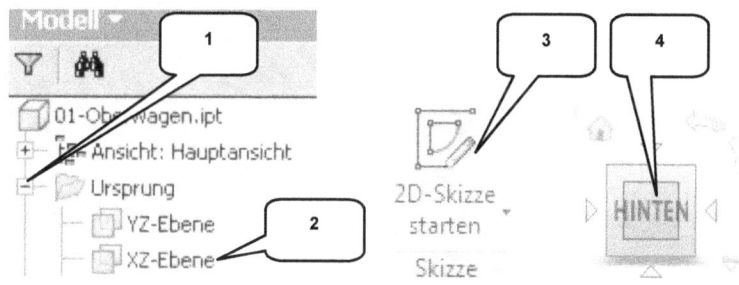

- ➤ Ordner **Ursprung** im Browser erweitern (1)
- ➤ „XZ-Ebene" im Browser markieren (linke Maustaste) (2)

- ➤ **2D-Skizze starten** (3)
- ➤ **ViewCube-Ansicht: HINTEN** (4)

HINWEIS: Um die Ansicht zu drehen, kann der **ViewCube** bei gedrückter linker Maustaste darauf bewegt werden. Alternativ: **Taste: SHIFT + gedrückte mittlere Maustaste** (Scrollrad).

7.12 Achsen projizieren und als Konstruktionsobjekte definieren

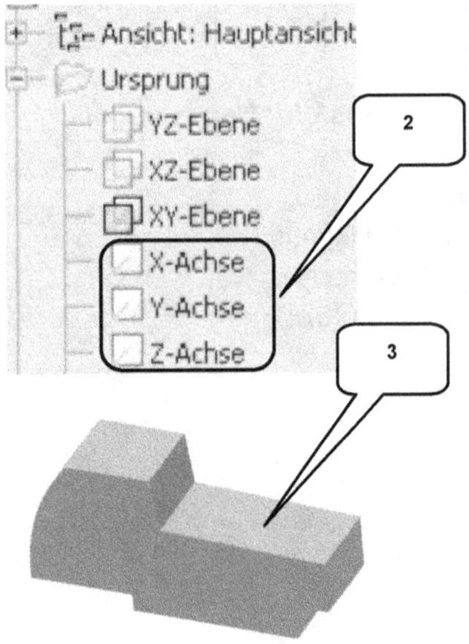

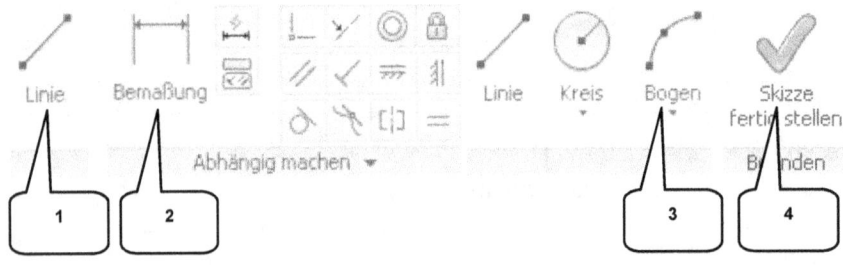

- **Geometrie projizieren** (1)
- X-, Y-, Z-Achse nacheinander wählen (2)
- Markierte Fläche des Volumenkörpers wählen (3)
- **Taste: ESC**
- Die projizierten Achsen markieren

- **Konstruktion** (4)
- **Taste: ESC** (die Option Konstruktion sollte jetzt wieder inaktiv sein)

- **Taste: F7** (Skizze freischneiden)

7.13 Zeichnen und Bemaßen der Skizzenkontur

HINWEIS: Es ist darauf zu achten, dass die folgend zu zeichnende Kontur nach Fertigstellung vollständig geschlossen sein muss.

- Bauteil: Oberwagen -

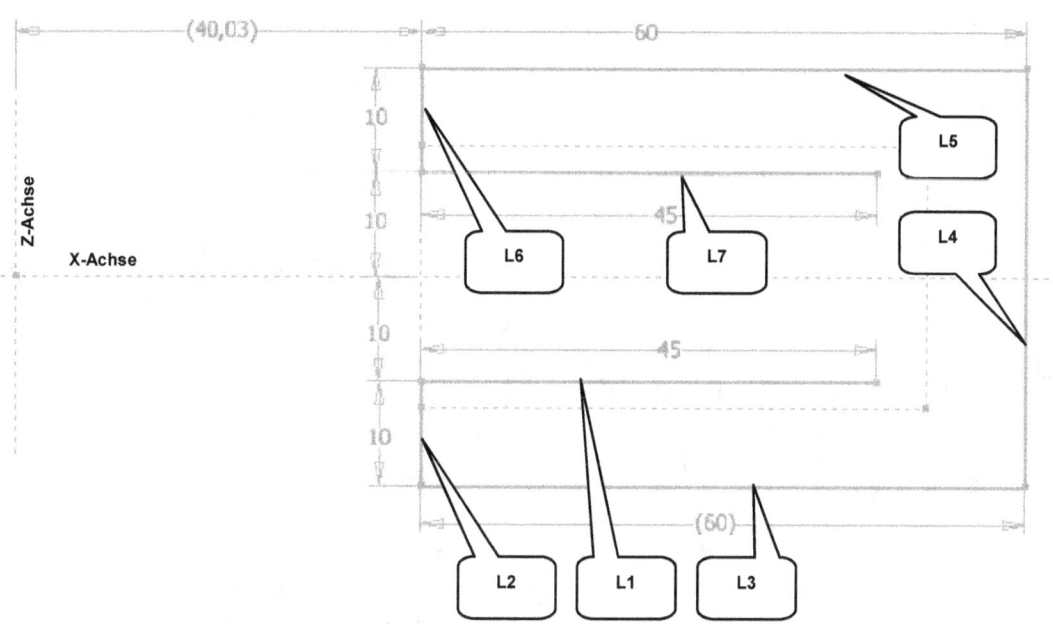

- **Linie** (1)
- Linienkontur aus 7 Linien (L1..L7) zeichnen
- **Taste: ESC**

- **Bemaßung** (2)
- Linienkontur wie dargestellt bemaßen

- **Bogen (Drei Punkte)** (3)
- Punkte (P1, P2 dann P3) nacheinander wählen
- **Taste: ESC**

- **Skizze fertig stellen** (4)

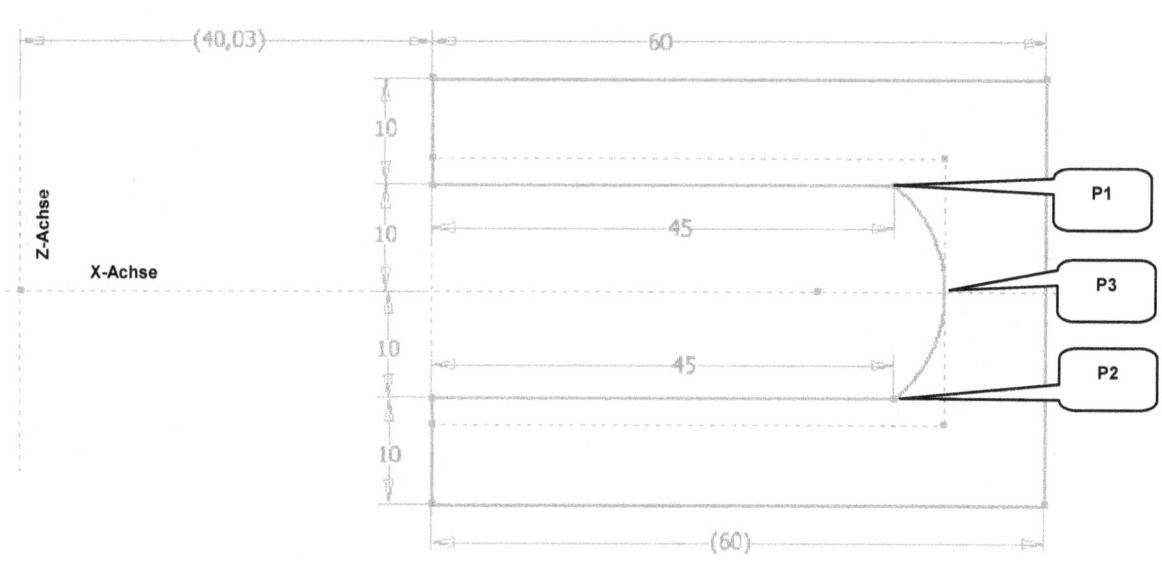

7.14 Differenzkörper extrudieren

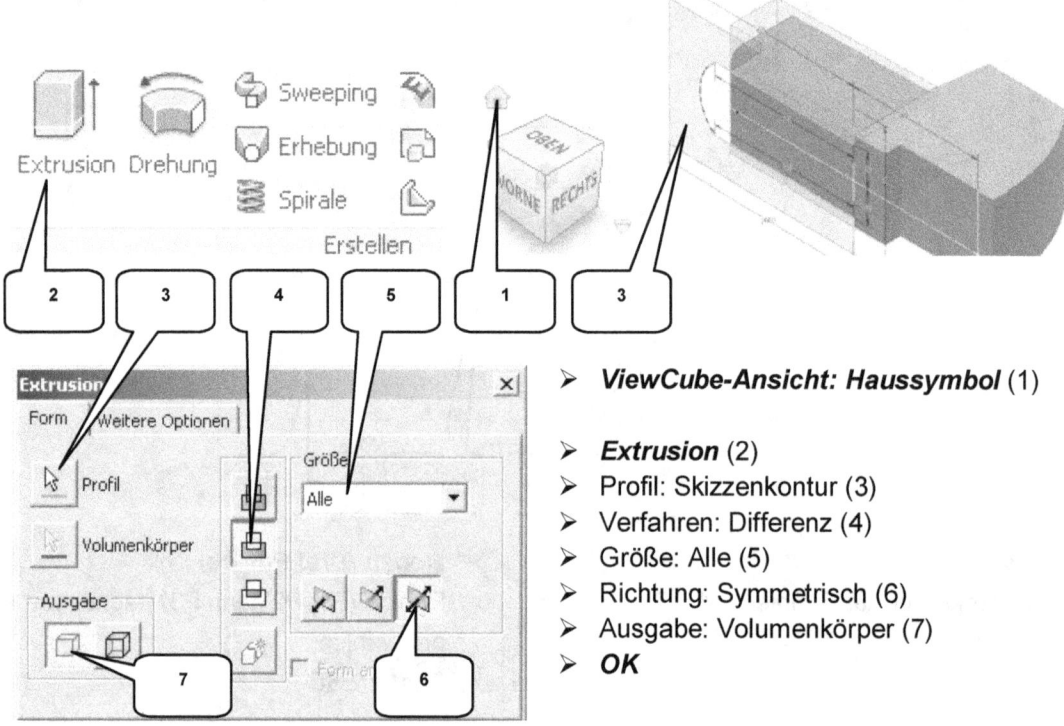

- **ViewCube-Ansicht: Haussymbol** (1)
- **Extrusion** (2)
- Profil: Skizzenkontur (3)
- Verfahren: Differenz (4)
- Größe: Alle (5)
- Richtung: Symmetrisch (6)
- Ausgabe: Volumenkörper (7)
- **OK**

7.15 Vollständiges Abrunden der Fahrerkabine

- **Rundung** (1)
- Option: Volle Abrundung (2)
- Seitenfläche 1 wählen (3)
- Seitenfläche 2 wählen (4)
- Seitenfläche 3 wählen (5)
- Aktivieren: Tangentiale Flächen einschließen (6)
- **OK**

- Bauteil: Oberwagen -

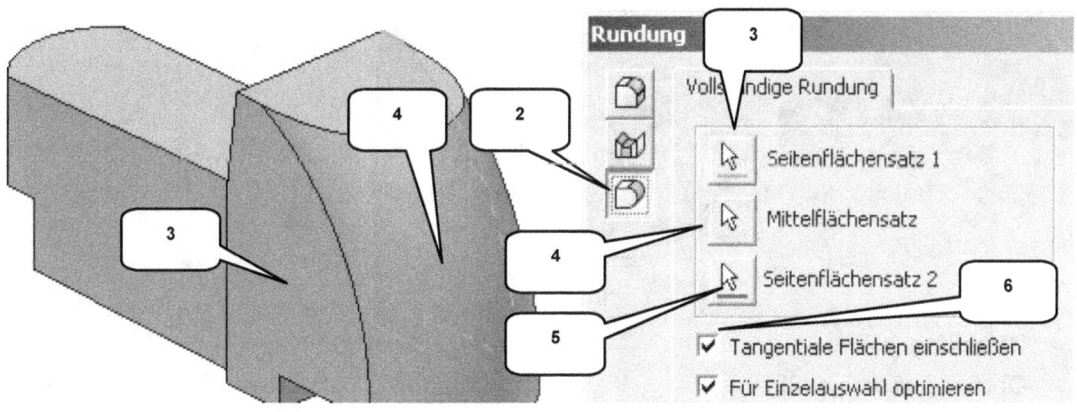

7.16 Fasen des unteren Fahrerkabinenbereiches

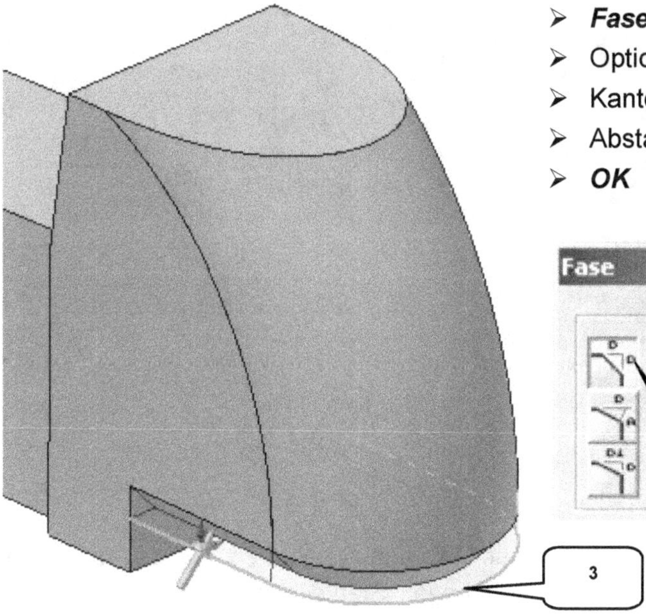

- **Fasen** (1)
- Option: Abstand (2)
- Kante (3) wählen
- Abstand: [3] mm (4)
- **OK**

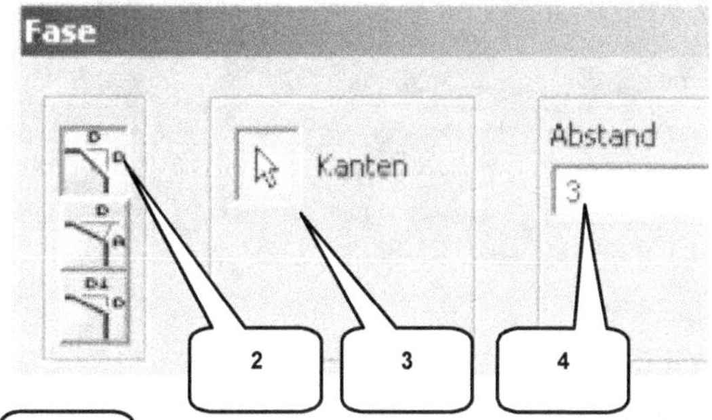

7.17 Erzeugen eines Hohlkörpers

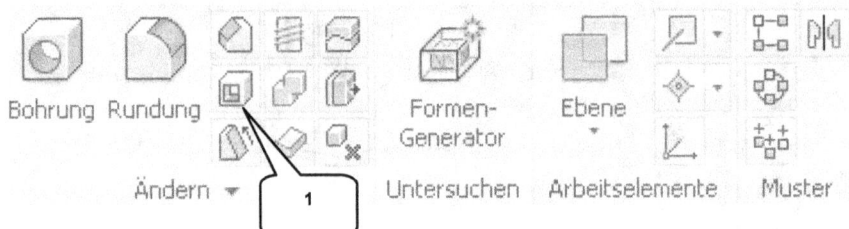

- **Wandung** (1)
- Option: Außerhalb (2)
- Aktivieren: Angrenzende Flächen (3)

- Stärke: [0,5] mm (4)
- Flächen entfernen: Fläche (5) wählen
- **OK**

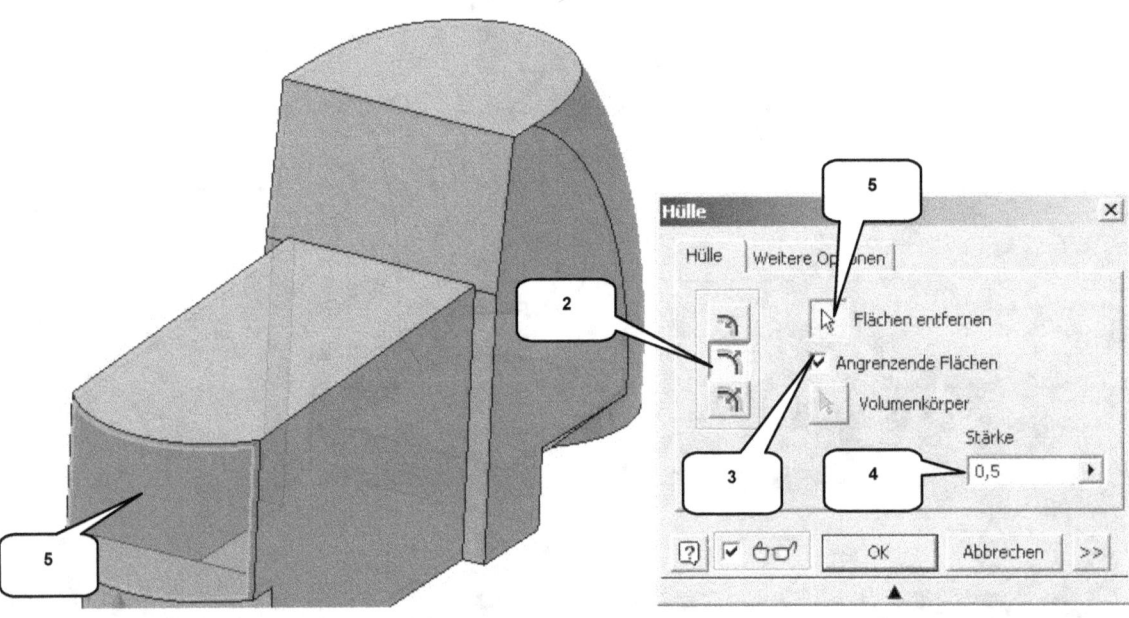

HINWEIS: Der Befehl **Wandung** konvertiert einen Volumenkörper in ein hohles Flächenobjekt und fügt diesem Material gemäß der angegebenen Stärke hinzu (in den erweiterten Optionen können verschiedene Flächen auch unterschiedliche Materialstärken erhalten). Das Material kann dabei von der Fläche aus gesehen nach außen, nach innen oder symmetrisch hinzugefügt werden. Die Option **Flächen entfernen** löscht eine oder mehrere Flächen vollständig.

7.18 Erstellen einer neuen 2D-Skizze

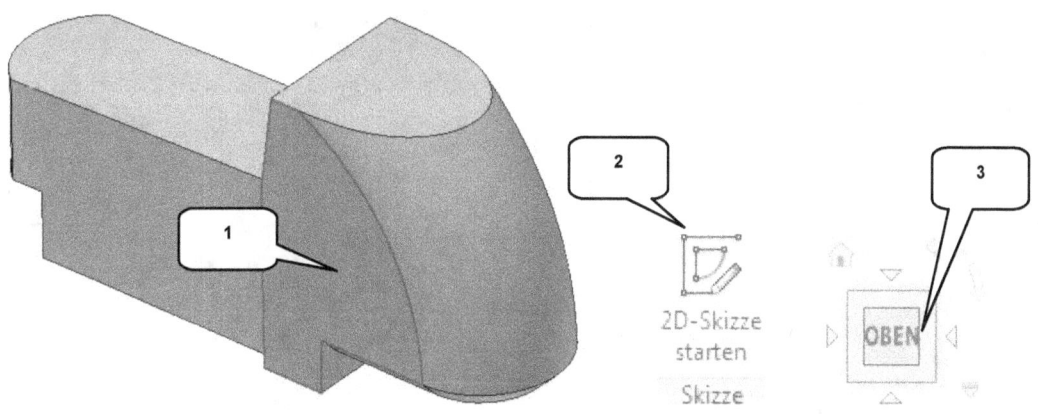

- Markierte Fläche wählen (1)
- **2D-Skizze starten** (2)
- **ViewCube-Ansicht: Oben** (3)

7.19 Achsen und Linienkonturen projizieren

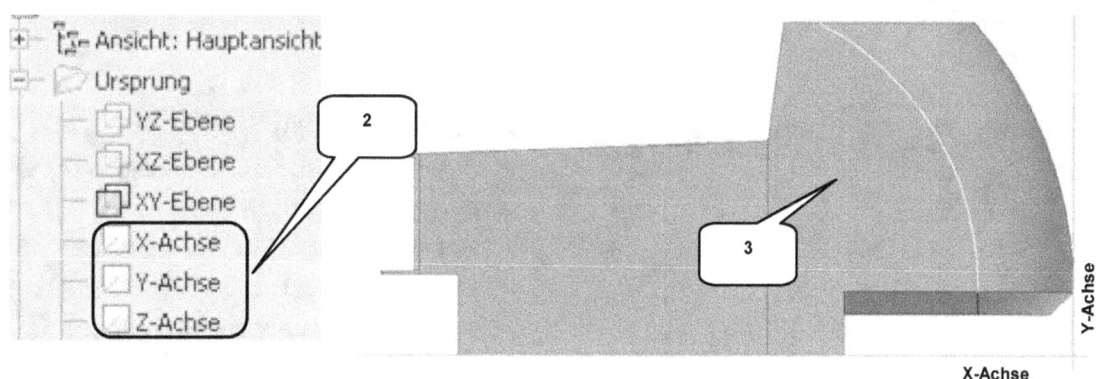

- **Geometrie projizieren** (1)
- X-, Y-, Z-Achse wählen (2)
- Markierte Fläche am Fahrerhaus wählen (3)
- **Taste: ESC**

- Die projizierten Achsen und Konturen markieren
- **Konstruktion** (4)
- **Taste: ESC**

7.20 Zeichnen der Basiskonturen für die Fensteraussparungen

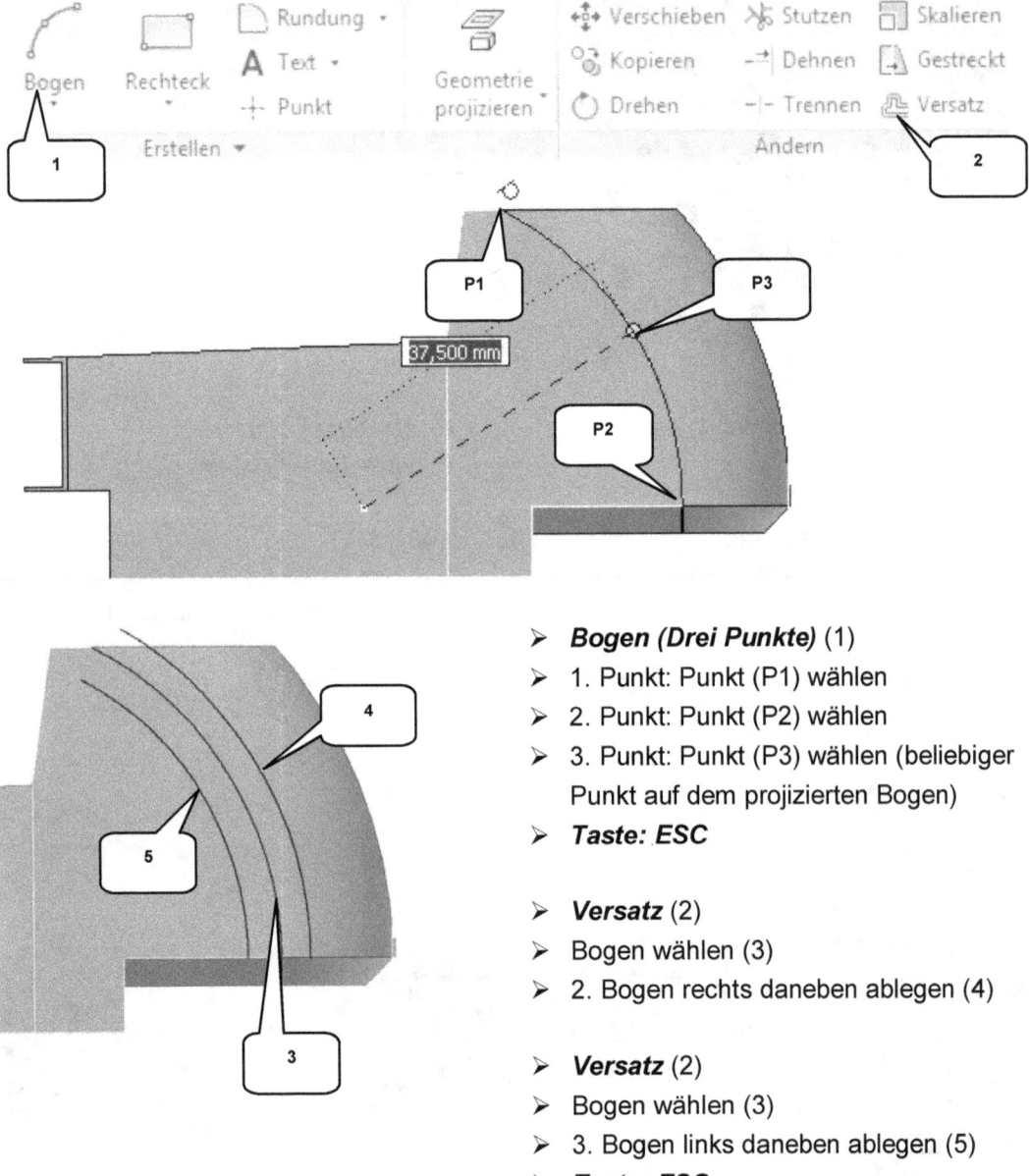

- ➢ **Bogen (Drei Punkte)** (1)
- ➢ 1. Punkt: Punkt (P1) wählen
- ➢ 2. Punkt: Punkt (P2) wählen
- ➢ 3. Punkt: Punkt (P3) wählen (beliebiger Punkt auf dem projizierten Bogen)
- ➢ **Taste: ESC**

- ➢ **Versatz** (2)
- ➢ Bogen wählen (3)
- ➢ 2. Bogen rechts daneben ablegen (4)

- ➢ **Versatz** (2)
- ➢ Bogen wählen (3)
- ➢ 3. Bogen links daneben ablegen (5)
- ➢ **Taste: ESC**

HINWEIS: Für den **Versatz** muss der Bogen (3) gewählt werden, der beim Überfahren der Maus als Volllinie (nicht als gestrichelte Linie) dargestellt wird, also der zuletzt gezeichnete **Bogen (Drei Punkte)**.

7.21 Bemaßen der Bogenabstände

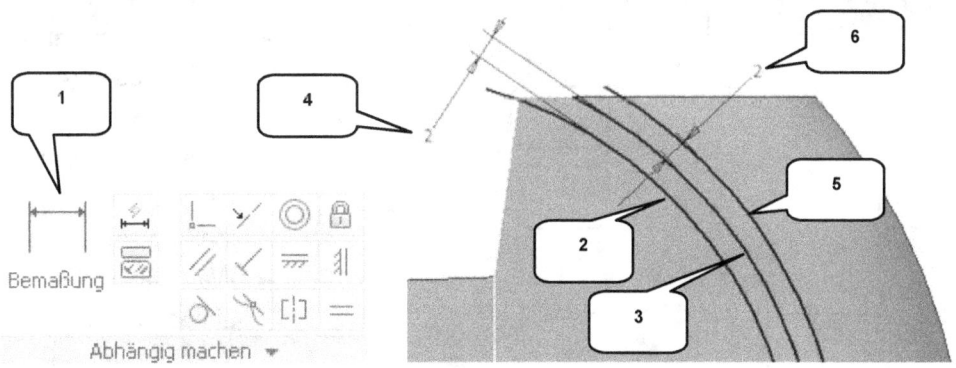

- ➢ **Bemaßung** (1)
- ➢ Linken Bogen wählen (2)
- ➢ Mittleren Bogen wählen (3)
- ➢ Maß ablegen (4)
- ➢ Wert: [2] mm

- ➢ Mittleren Bogen wählen (3)
- ➢ Rechten Bogen wählen (5)
- ➢ Maß ablegen (6)
- ➢ Wert: [2] mm
- ➢ **Taste: ESC**

7.22 Rechteck zeichnen und bemaßen

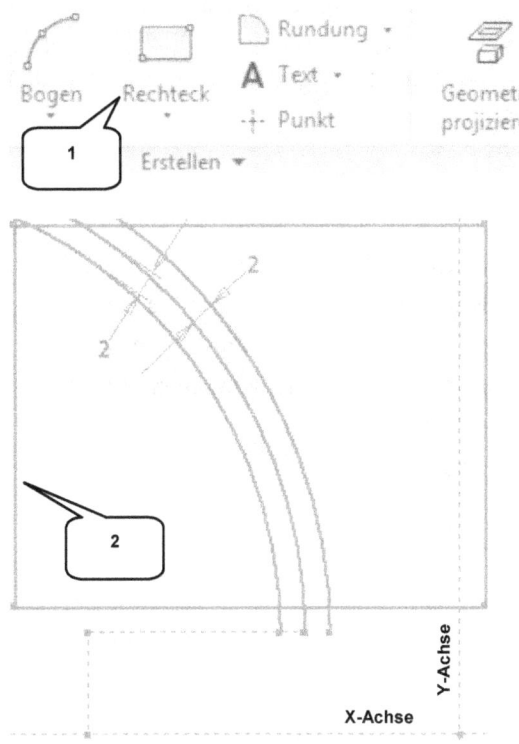

- ➢ **Rechteck** (1)
- ➢ Rechteck zeichnen wie dargestellt (2)
- ➢ **Taste: ESC**

HINWEIS: Die rechte Senkrechte des Rechtecks befindet sich im 1. Quadranten, die restlichen Linien allerdings eher im 2. Quadranten. Zur besseren Darstellung der Skizze wurde der bereits vorhandene Volumenkörper in der nebenstehenden Darstellung ausgeblendet.

- Bauteil: Oberwagen -

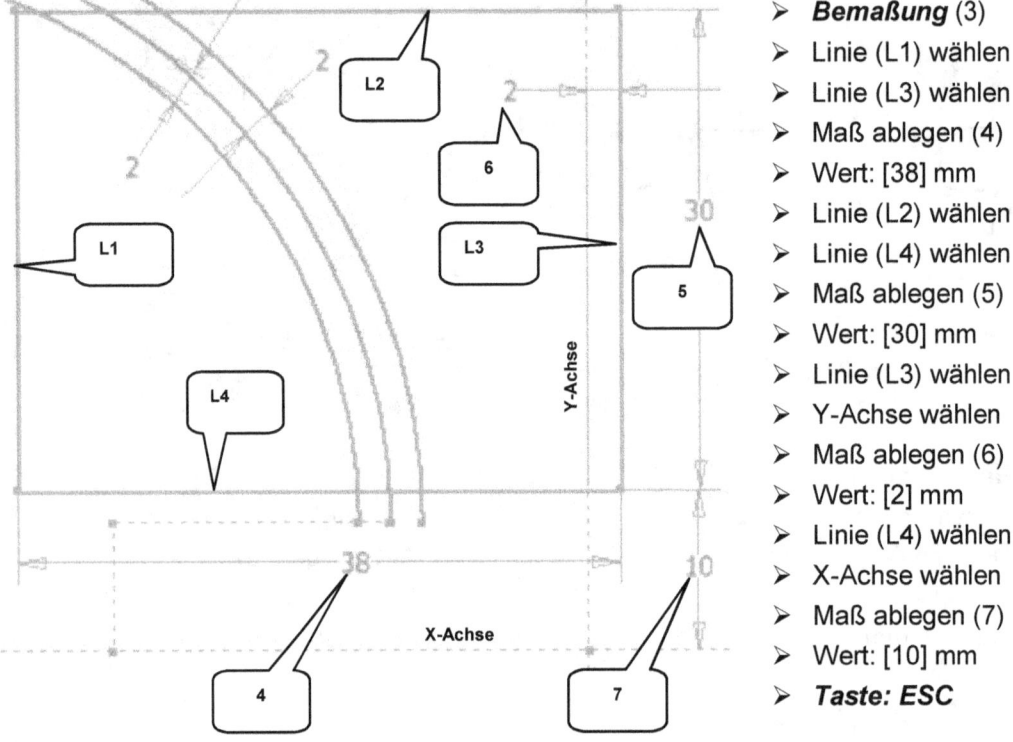

- **Bemaßung** (3)
- Linie (L1) wählen
- Linie (L3) wählen
- Maß ablegen (4)
- Wert: [38] mm
- Linie (L2) wählen
- Linie (L4) wählen
- Maß ablegen (5)
- Wert: [30] mm
- Linie (L3) wählen
- Y-Achse wählen
- Maß ablegen (6)
- Wert: [2] mm
- Linie (L4) wählen
- X-Achse wählen
- Maß ablegen (7)
- Wert: [10] mm
- **Taste: ESC**

HINWEIS: Die 3 Bögen sollten, wie in der oberen Abbildung dargestellt, über die Linien L2 und L4 hinausragen. Sollte dies nicht der Fall sein (die Bögen sind zu kurz), ist der Bogen zu markieren, dann auf den Endpunkt des Bogens zu klicken und dieser bei gedrückter linker Maustaste über das Rechteck hinaus zu ziehen.

7.23 Stutzen der Kontur und Schließen der Skizze

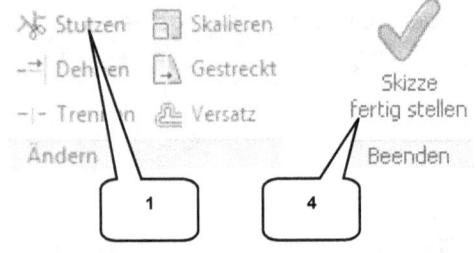

- **Stutzen** (1)
- Nacheinander alle 6 über das Rechteck ragenden Bogenenden wählen (2)
- Nacheinander die Liniensegmente zwischen den Bögen wählen (3)
- **Taste: ESC**

- **Skizze fertig stellen** (4)

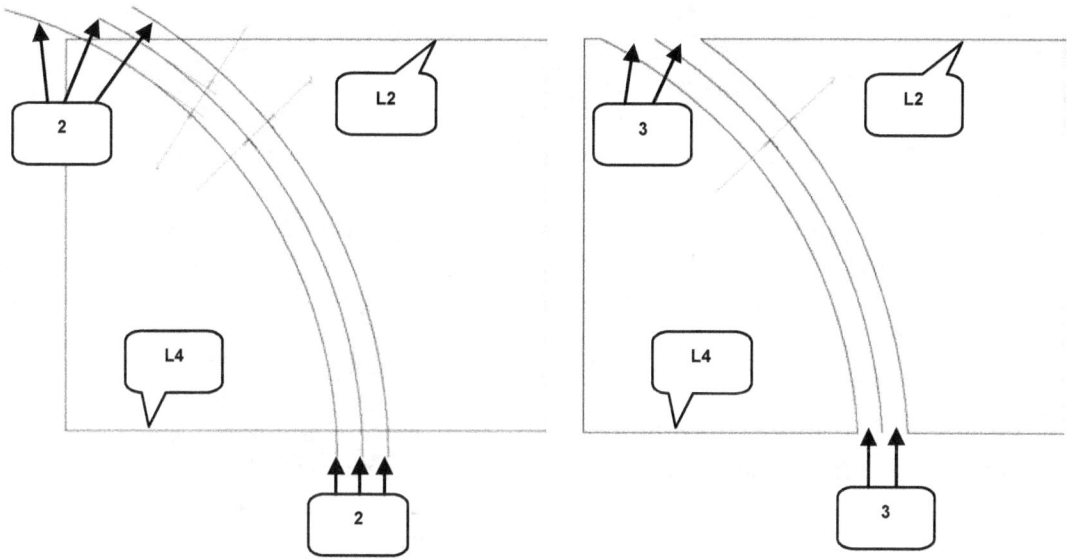

7.24 Extrudieren der Fenster (Differenz)

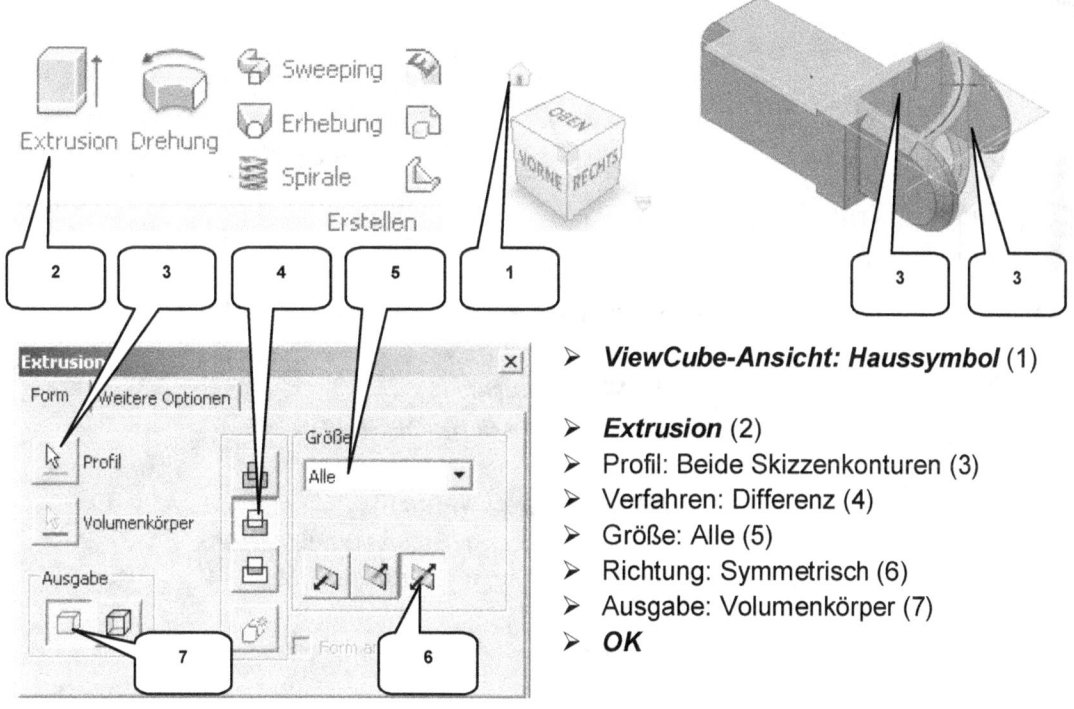

- *ViewCube-Ansicht: Haussymbol* (1)
- *Extrusion* (2)
- Profil: Beide Skizzenkonturen (3)
- Verfahren: Differenz (4)
- Größe: Alle (5)
- Richtung: Symmetrisch (6)
- Ausgabe: Volumenkörper (7)
- *OK*

7.25 Erzeugen einer neuen Ebene

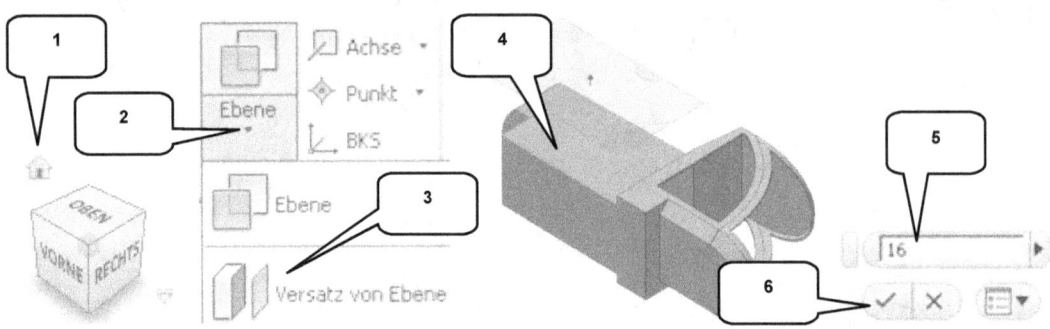

- **ViewCube-Ansicht: Haussymbol** (1)
- Befehlsgruppe **Ebene** erweitern (2)

- **Versatz von Ebene** (3)
- Seitenfläche wählen (4)
- Versatz: [16] mm (5)
- **OK** (6)

7.26 Basiskontur des Schutzblechs zeichnen

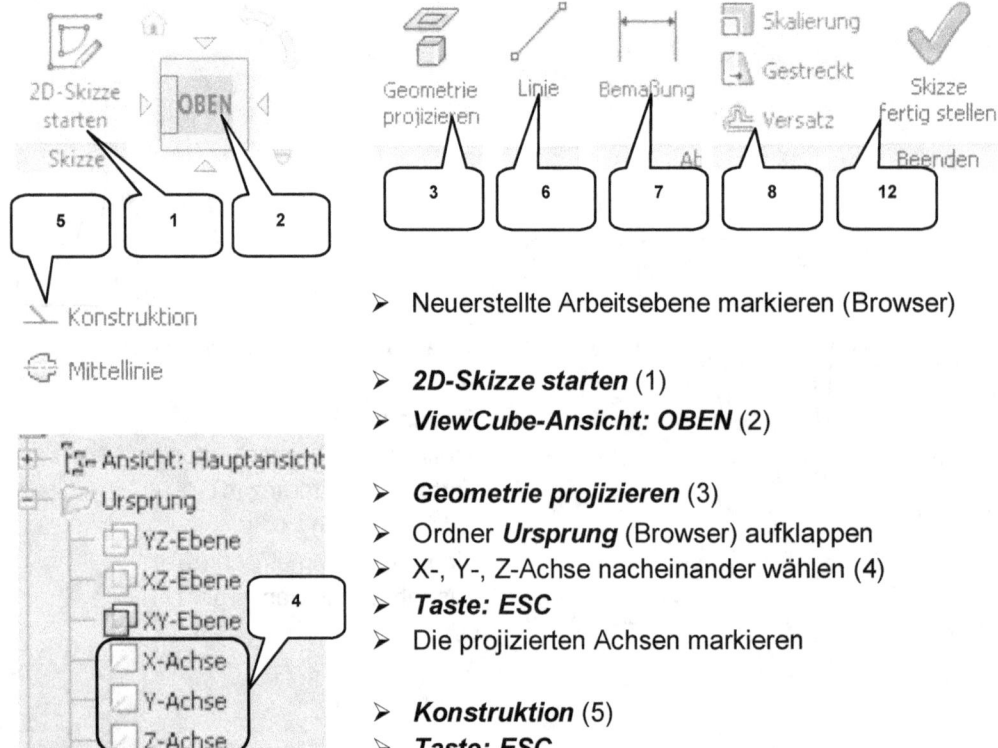

- Neuerstellte Arbeitsebene markieren (Browser)

- **2D-Skizze starten** (1)
- **ViewCube-Ansicht: OBEN** (2)

- **Geometrie projizieren** (3)
- Ordner **Ursprung** (Browser) aufklappen
- X-, Y-, Z-Achse nacheinander wählen (4)
- **Taste: ESC**
- Die projizierten Achsen markieren

- **Konstruktion** (5)
- **Taste: ESC**

- Bauteil: Oberwagen -

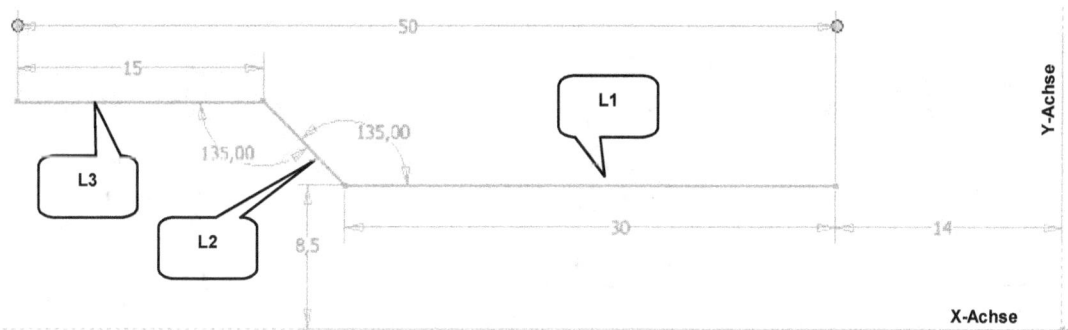

- ➤ **Linie** (6)
- ➤ 3 Linien zeichnen (L1, L2, L3) wie dargestellt (L1, L3 waagerecht)
- ➤ **Taste: ESC**

- ➤ **Bemaßung** (7)
- ➤ Längen, Winkel der Linien und Abstände zu den Achsen bemaßen wie dargestellt
- ➤ **Taste: ESC**

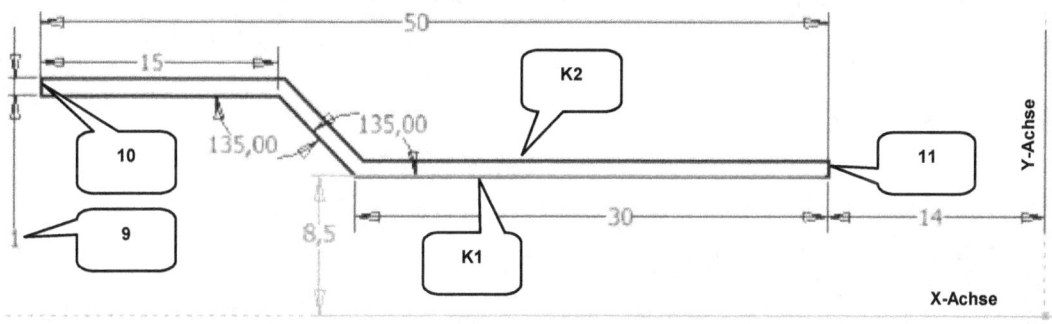

- ➤ **Versatz** (8)
- ➤ Linienkontur (K1) wählen
- ➤ Kopie (K2) oberhalb ablegen
- ➤ **Taste: ESC**

- ➤ **Bemaßung** (7)
- ➤ Linienkontur (K1) wählen
- ➤ Linienkontur (K2) wählen
- ➤ Maß ablegen (9)
- ➤ Wert: [1] mm

- ➤ **Taste: ESC**

- ➤ **Linie** (6)
- ➤ (K1) und (K2) in den Bereichen (10) und (11) miteinander verbinden (geschlossene Kontur erzeugen)
- ➤ **Taste: ESC**

- ➤ **Skizze fertig stellen** (12)

HINWEIS: Zur besseren Darstellung der Skizze, wurde der bereits vorhandene Volumenkörper in der oberen Abbildung ausgeblendet.

7.27 Extrudieren des Schutzblechs

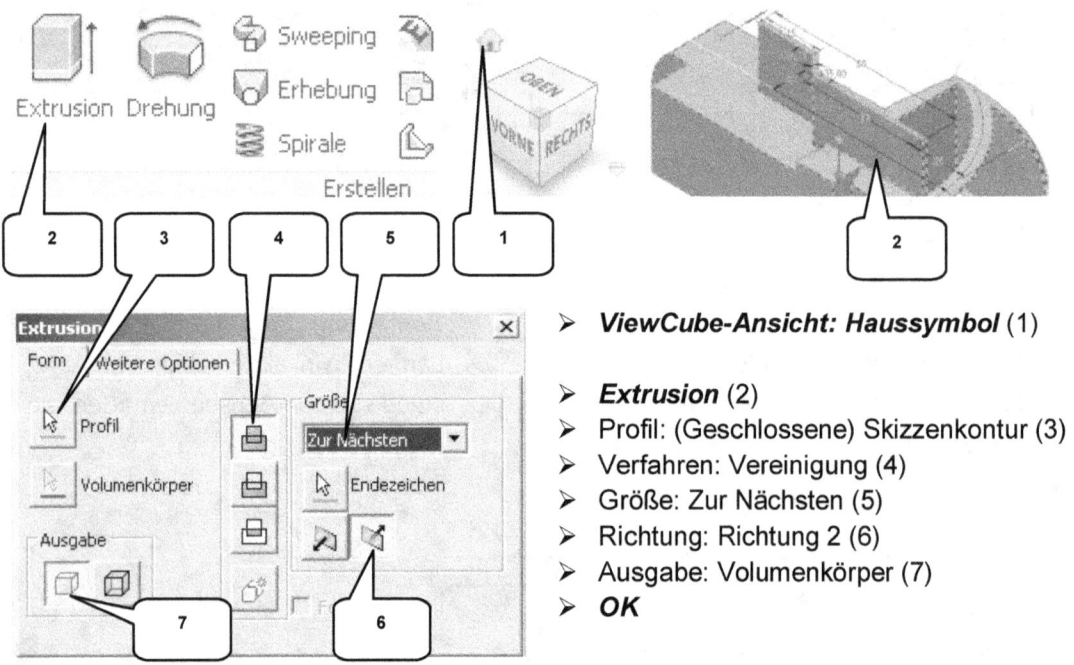

- **ViewCube-Ansicht: Haussymbol** (1)
- **Extrusion** (2)
- Profil: (Geschlossene) Skizzenkontur (3)
- Verfahren: Vereinigung (4)
- Größe: Zur Nächsten (5)
- Richtung: Richtung 2 (6)
- Ausgabe: Volumenkörper (7)
- **OK**

7.28 Schutzblech abrunden

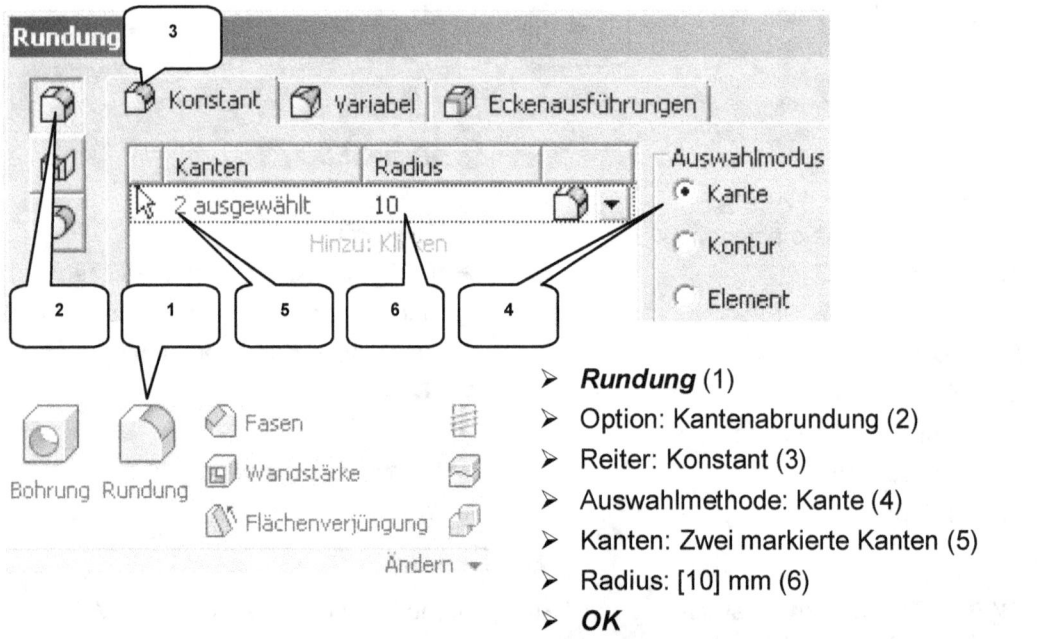

- **Rundung** (1)
- Option: Kantenabrundung (2)
- Reiter: Konstant (3)
- Auswahlmethode: Kante (4)
- Kanten: Zwei markierte Kanten (5)
- Radius: [10] mm (6)
- **OK**

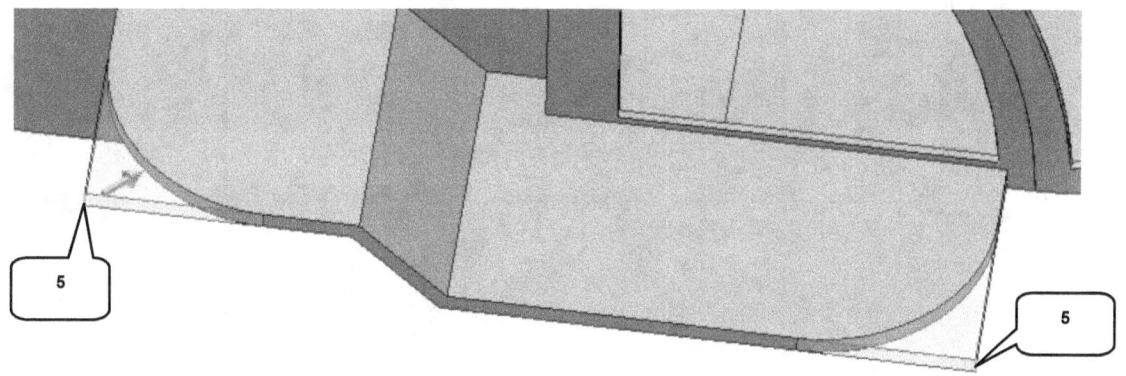

HINWEIS: Da beide Kanten nur jeweils 1 mm lang sind, sollte bei deren Auswahl ausreichend nah herangezoomt werden.

7.29 2D-Skizze für den Lüftungsbereich (Maschinenraum) zeichnen

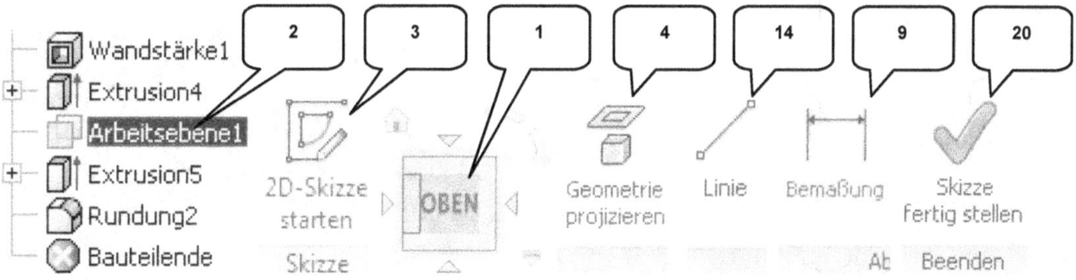

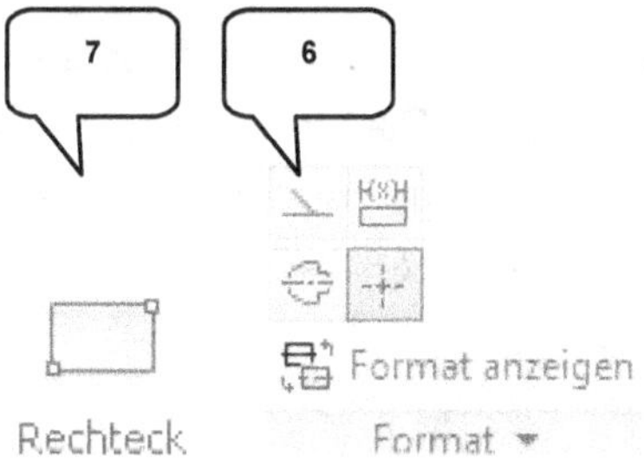

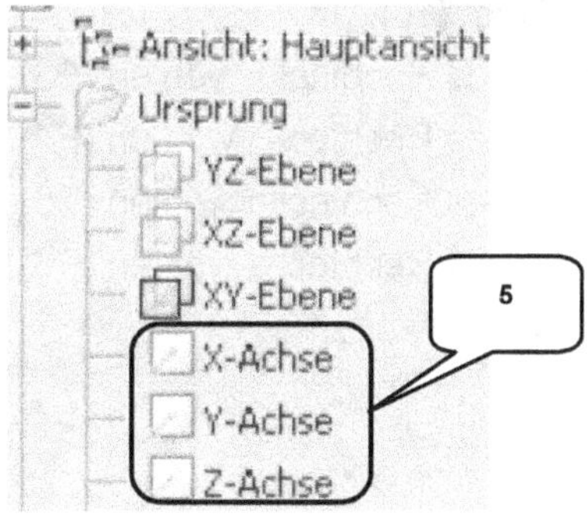

- ➢ **ViewCube-Ansicht: OBEN** (1)
- ➢ „Arbeitsebene1" im Browser markieren (2)

- ➢ **2D-Skizze starten** (3)
- ➢ **Geometrie projizieren** (4)
- ➢ X-, Y-, Z-Achse nacheinander wählen (5)
- ➢ **Taste: ESC**
- ➢ Die projizierten Achsen markieren

- ➢ **Konstruktion** (6)
- ➢ **Taste: ESC**

- Bauteil: Oberwagen -

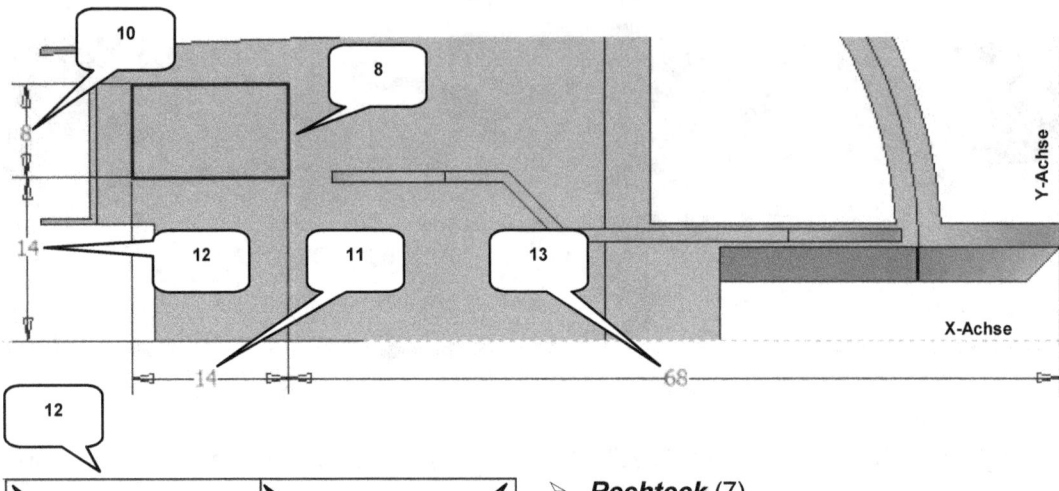

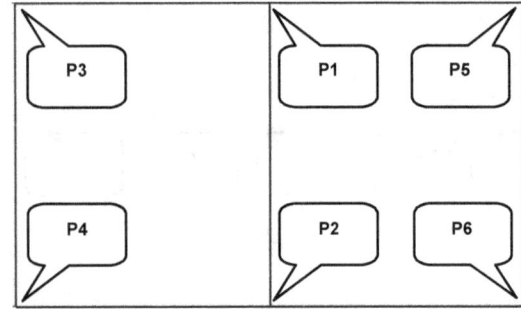

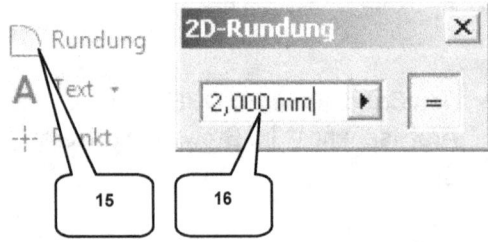

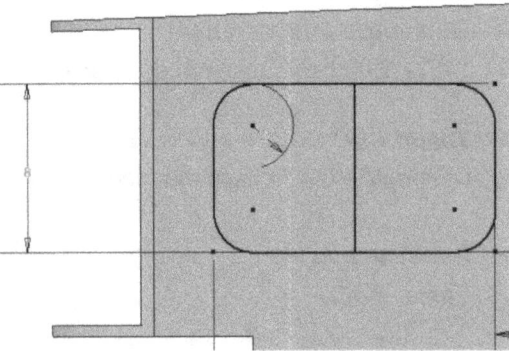

- **Rechteck** (7)
- Rechteck im Heckbereich des Fahrzeugs zeichnen wie dargestellt (8)

- **Bemaßung** (9)
- Rechteck bemaßen (8 x 14 mm) (10, 11)
- Abstand zur X-Achse: [14] mm (12)
- Abstand zur Y-Achse: [68] mm (13)
- **Taste: ESC**

- **Linie** (14)
- Startpunkt: Linienmittelpunkt der oberen Waagerechten des Rechtecks (P1)
- Endpunkt: Linienmittelpunkt der unteren Waagerechten des Rechtecks (P2)
- **Taste: ESC**

- **Rundung** (15)
- Radius: [2] mm (16)
- 1. Eckpunkt des Rechtecks wählen (P3)
- 2. Eckpunkt des Rechtecks wählen (P4)
- 3. Eckpunkt des Rechtecks wählen (P5)
- 4. Eckpunkt des Rechtecks wählen (P6)
- **Taste: ESC**

- Bauteil: Oberwagen -

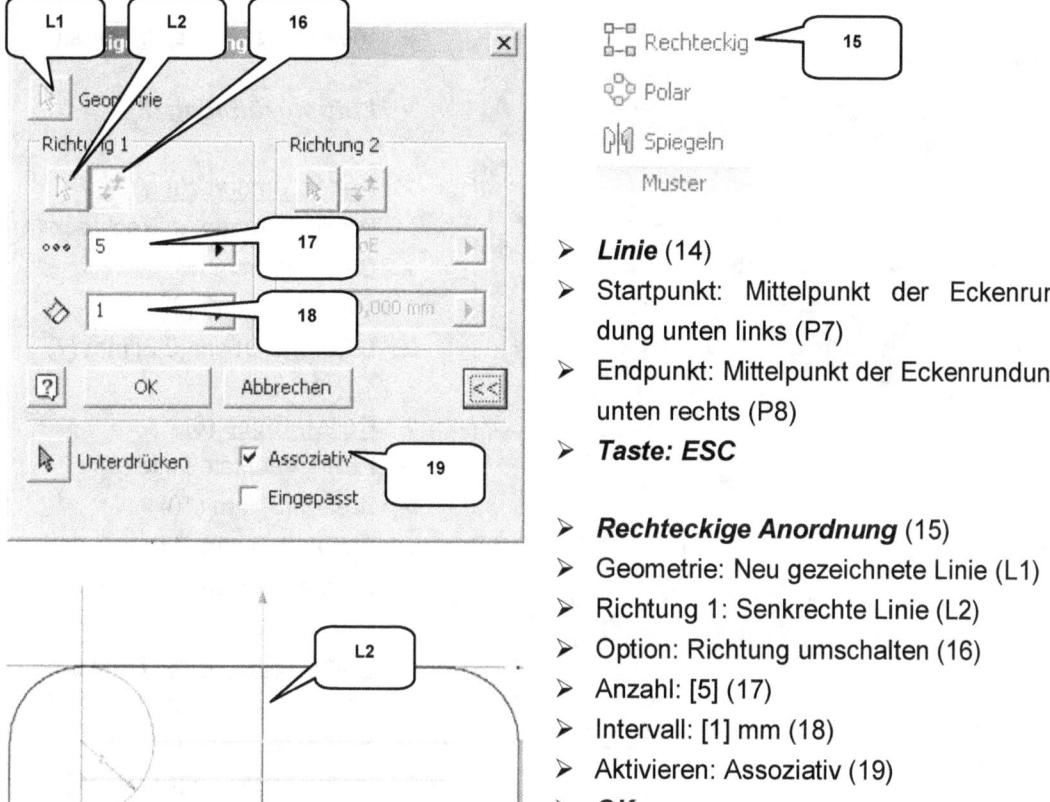

- **Linie** (14)
- Startpunkt: Mittelpunkt der Eckenrundung unten links (P7)
- Endpunkt: Mittelpunkt der Eckenrundung unten rechts (P8)
- **Taste: ESC**

- **Rechteckige Anordnung** (15)
- Geometrie: Neu gezeichnete Linie (L1)
- Richtung 1: Senkrechte Linie (L2)
- Option: Richtung umschalten (16)
- Anzahl: [5] (17)
- Intervall: [1] mm (18)
- Aktivieren: Assoziativ (19)
- **OK**

- **Skizze fertig stellen** (20)

HINWEIS: Alle waagerechten Linien sollten sich, wie in der oberen Abb. dargestellt, innerhalb des Rechtecks befinden.

7.30 Erstellen der Lüftungsöffnung

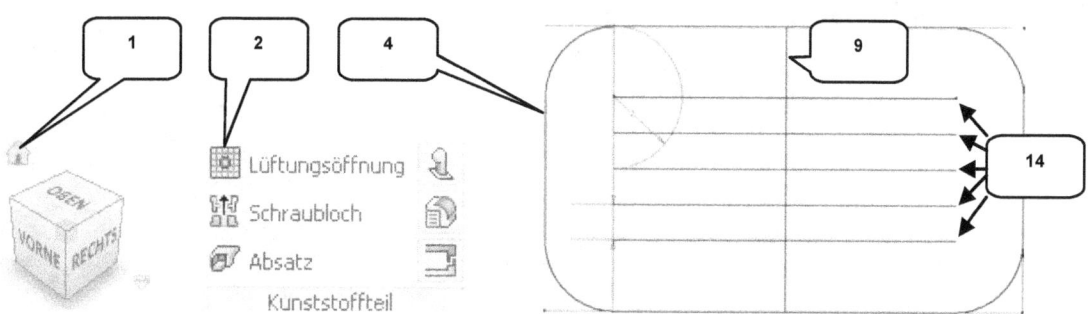

- Bauteil: Oberwagen -

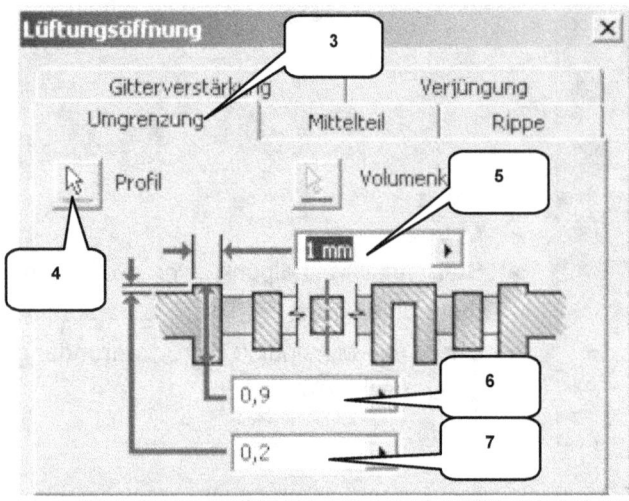
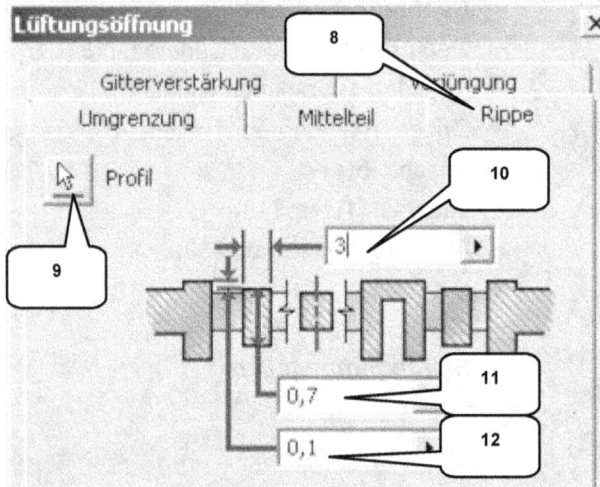
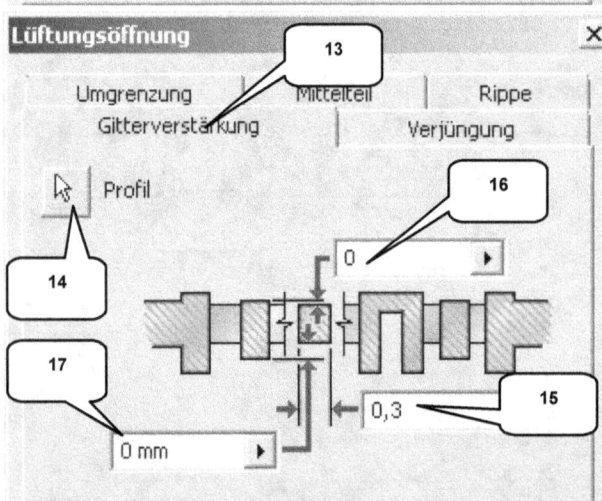
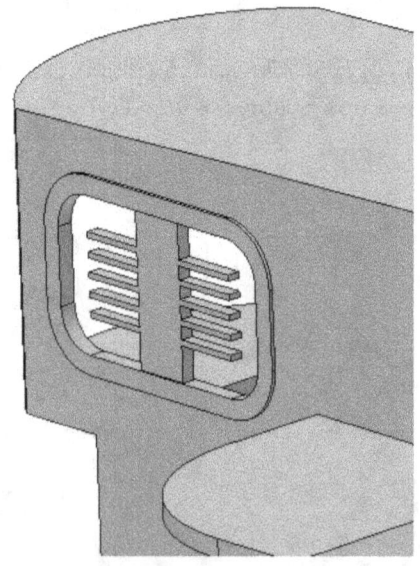

- ***ViewCube-Ansicht: Haus*** (1)

- ***Lüftungsöffnung*** (2)

- <u>Reiter: Umgrenzung</u> (3)
- Profil: Gerundetes Rechteck (4)
- Breite: [1] mm (5)
- Tiefe: [0,9] mm (6)
- Differenz Oben: [0,2] mm (7)

- <u>Reiter: Rippe</u> (8)
- Profil: Vertikale Linie (9)
- Breite: [3] mm (10)
- Tiefe: [0,7] mm (11)
- Differenz Oben: [0,1] mm (12)

- <u>Reiter: Gitterverstärkung</u> (13)
- Profil: 5 horizontale Linien (14)
- Breite: [0,3] mm (15)
- Differenz Oben: [0] mm (16)
- Differenz Unten: [0] mm (17)

- ***OK***

- Bauteil: Oberwagen -

7.31 Eine um eine Kante geneigte Ebene erzeugen

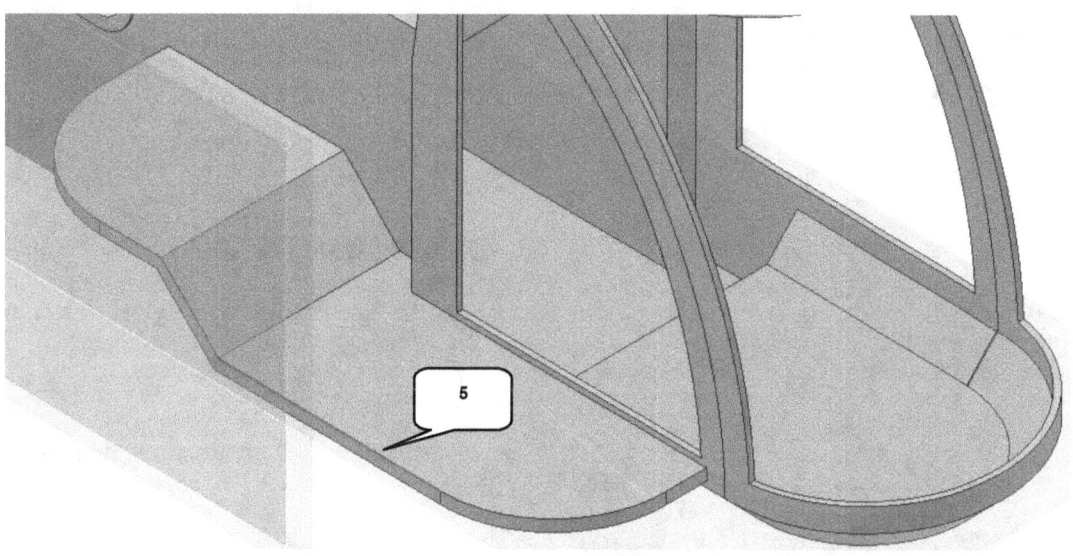

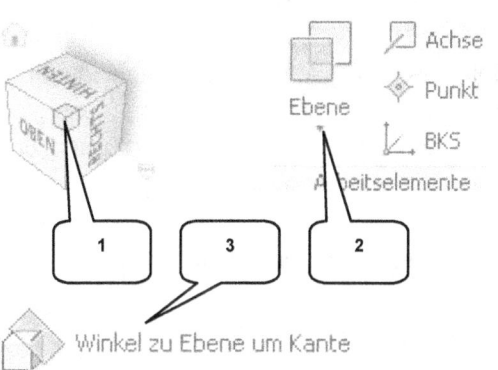

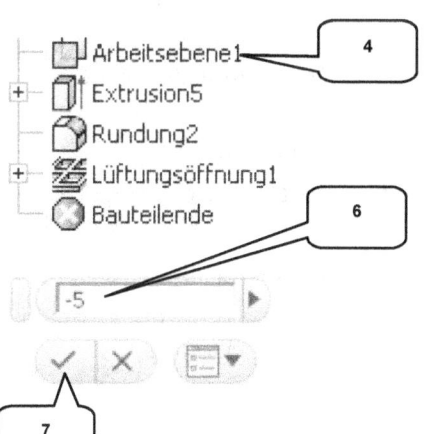

- **ViewCube-Ansicht: Ecke** zwischen den Seiten **OBEN-HINTEN-RECHTS** (1)
- Befehlsgruppe **Ebene** aufklappen (2)
- **Winkel zu Ebene um Kante** (3)
- „Arbeitsebene 1" wählen (4)
- Markierte Kante wählen (5)
- Winkel: [-5] Grad (6)
- **OK** (7)

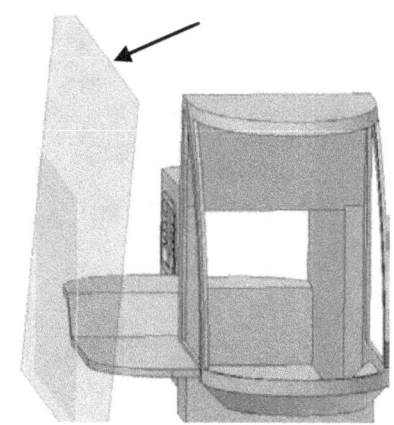

7.32 2D-Skizze auf der neuen Ebene erzeugen

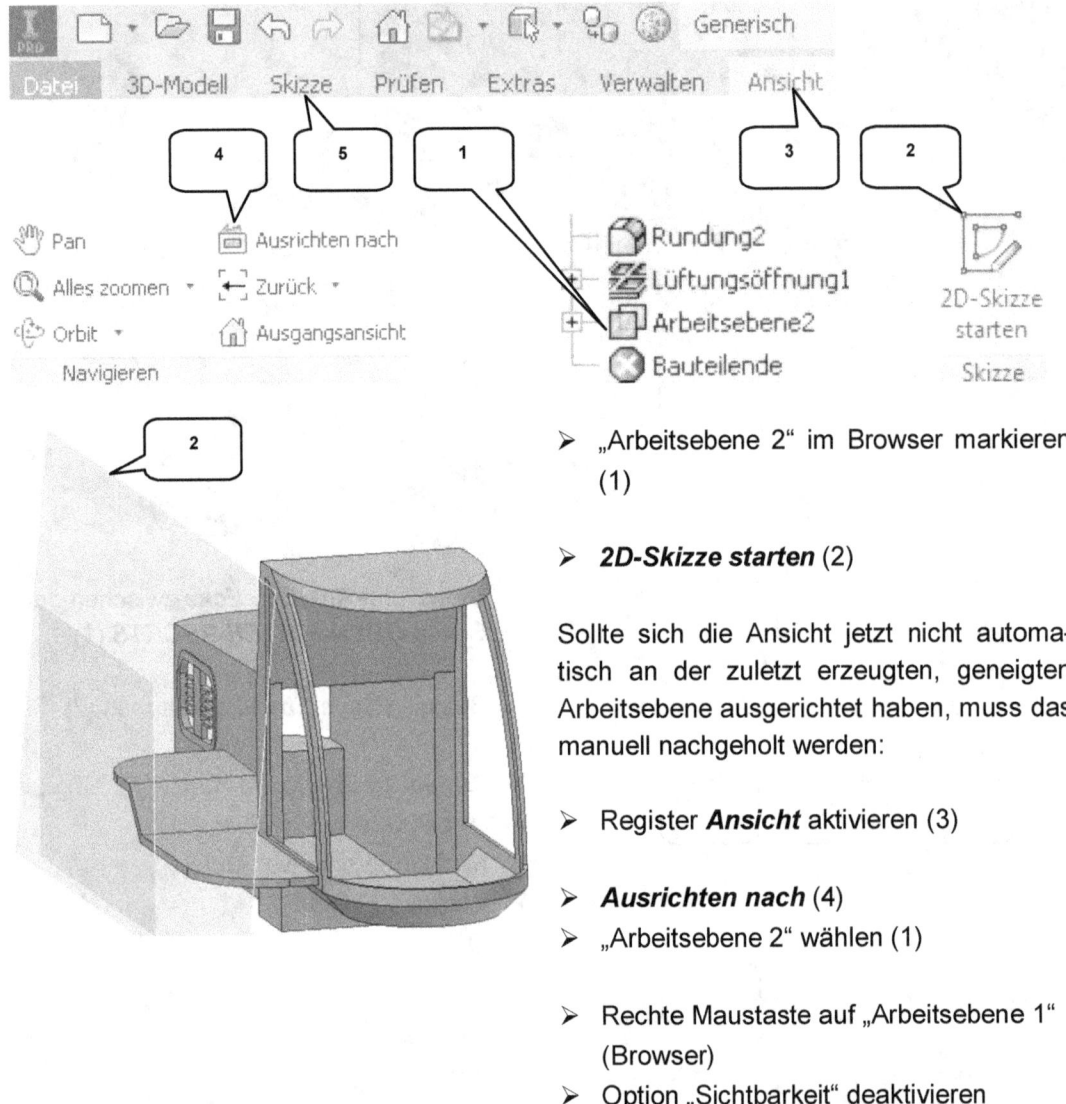

➤ „Arbeitsebene 2" im Browser markieren (1)

➤ **2D-Skizze starten** (2)

Sollte sich die Ansicht jetzt nicht automatisch an der zuletzt erzeugten, geneigten Arbeitsebene ausgerichtet haben, muss das manuell nachgeholt werden:

➤ Register **Ansicht** aktivieren (3)

➤ **Ausrichten nach** (4)
➤ „Arbeitsebene 2" wählen (1)

➤ Rechte Maustaste auf „Arbeitsebene 1" (Browser)
➤ Option „Sichtbarkeit" deaktivieren
➤ Rechte Maustaste auf „Arbeitsebene 2" (Browser)
➤ Option „Sichtbarkeit" deaktivieren

➤ Register **Skizze** aktivieren (5)

7.33 Oberen Bereich der Aufstiegsleiter zeichnen

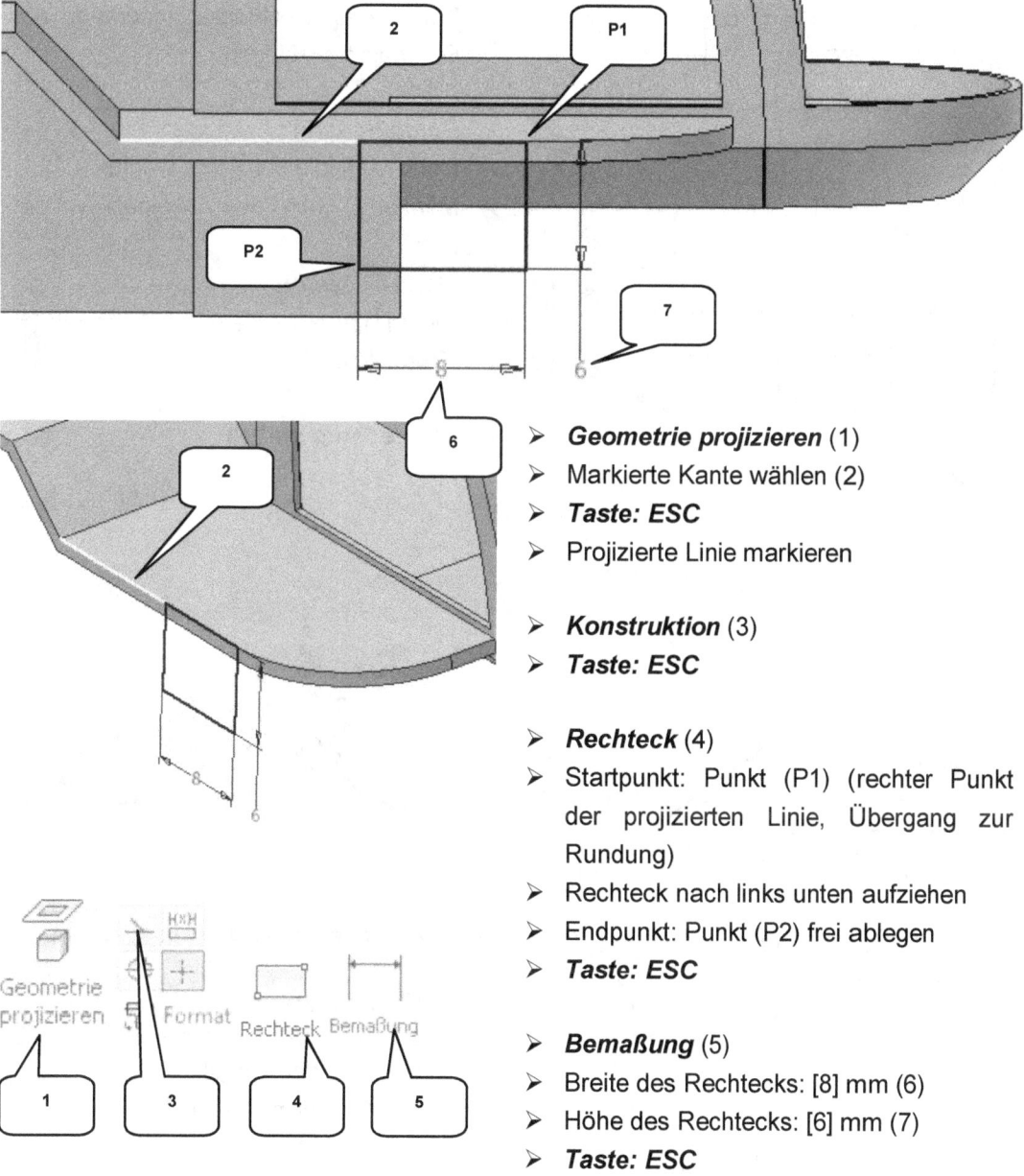

- **Geometrie projizieren** (1)
- Markierte Kante wählen (2)
- **Taste: ESC**
- Projizierte Linie markieren

- **Konstruktion** (3)
- **Taste: ESC**

- **Rechteck** (4)
- Startpunkt: Punkt (P1) (rechter Punkt der projizierten Linie, Übergang zur Rundung)
- Rechteck nach links unten aufziehen
- Endpunkt: Punkt (P2) frei ablegen
- **Taste: ESC**

- **Bemaßung** (5)
- Breite des Rechtecks: [8] mm (6)
- Höhe des Rechtecks: [6] mm (7)
- **Taste: ESC**

HINWEIS: Die zu projizierende Kante am Schutzblech (2) gehört zur Oberseite des Schutzbleches. Der Punkt (P1) stellt den Übergang zwischen linearer Kante und Rundung dar.

- Bauteil: Oberwagen -

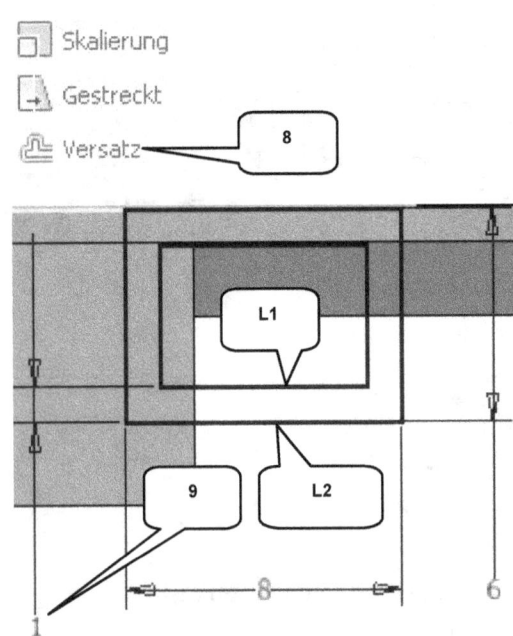

- ➢ **Versatz** (8)
- ➢ Untere Linie des Rechtecks wählen (L2)
- ➢ Kopie des Rechtecks innerhalb des Originals frei ablegen

- ➢ **Bemaßung** (5)
- ➢ Markierte Linie der Kopie wählen (L1)
- ➢ Markierte Linie des Originals wählen (L2)
- ➢ Maß ablegen (9)
- ➢ Wert: [1] mm
- ➢ **Taste: ESC**

- ➢ **Skizze fertig stellen**

7.34 Extrudieren des oberen Leiterbereiches

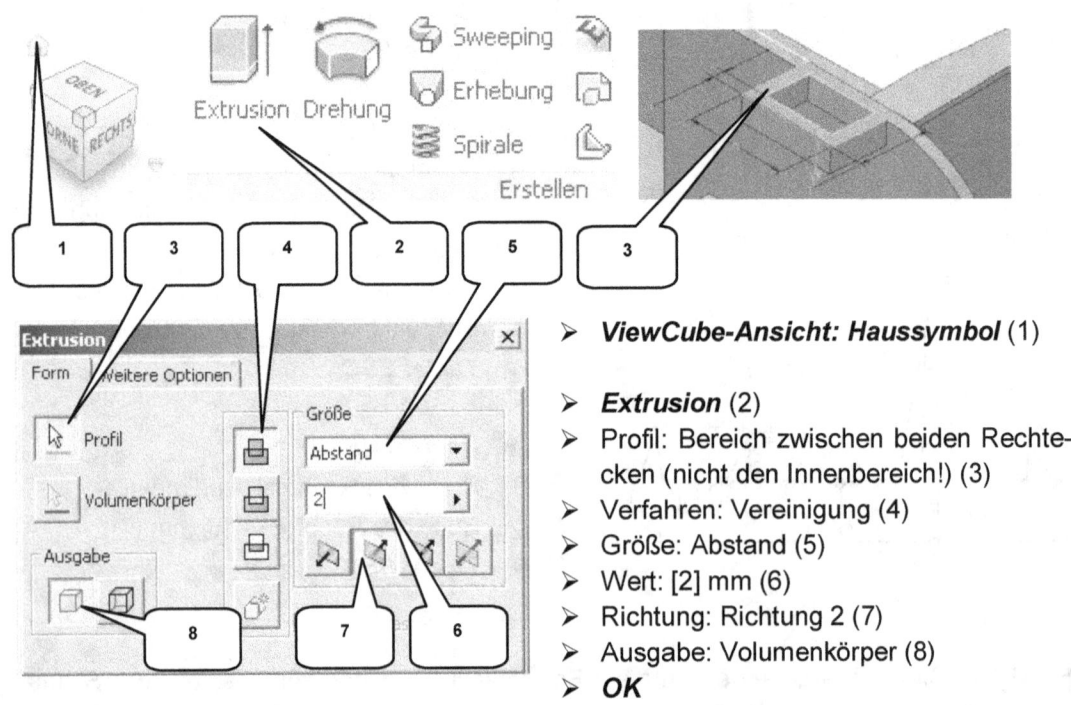

- ➢ **ViewCube-Ansicht: Haussymbol** (1)

- ➢ **Extrusion** (2)
- ➢ Profil: Bereich zwischen beiden Rechtecken (nicht den Innenbereich!) (3)
- ➢ Verfahren: Vereinigung (4)
- ➢ Größe: Abstand (5)
- ➢ Wert: [2] mm (6)
- ➢ Richtung: Richtung 2 (7)
- ➢ Ausgabe: Volumenkörper (8)
- ➢ **OK**

7.35 Oberen Leiterbereich mittels rechteckiger Anordnung kopieren

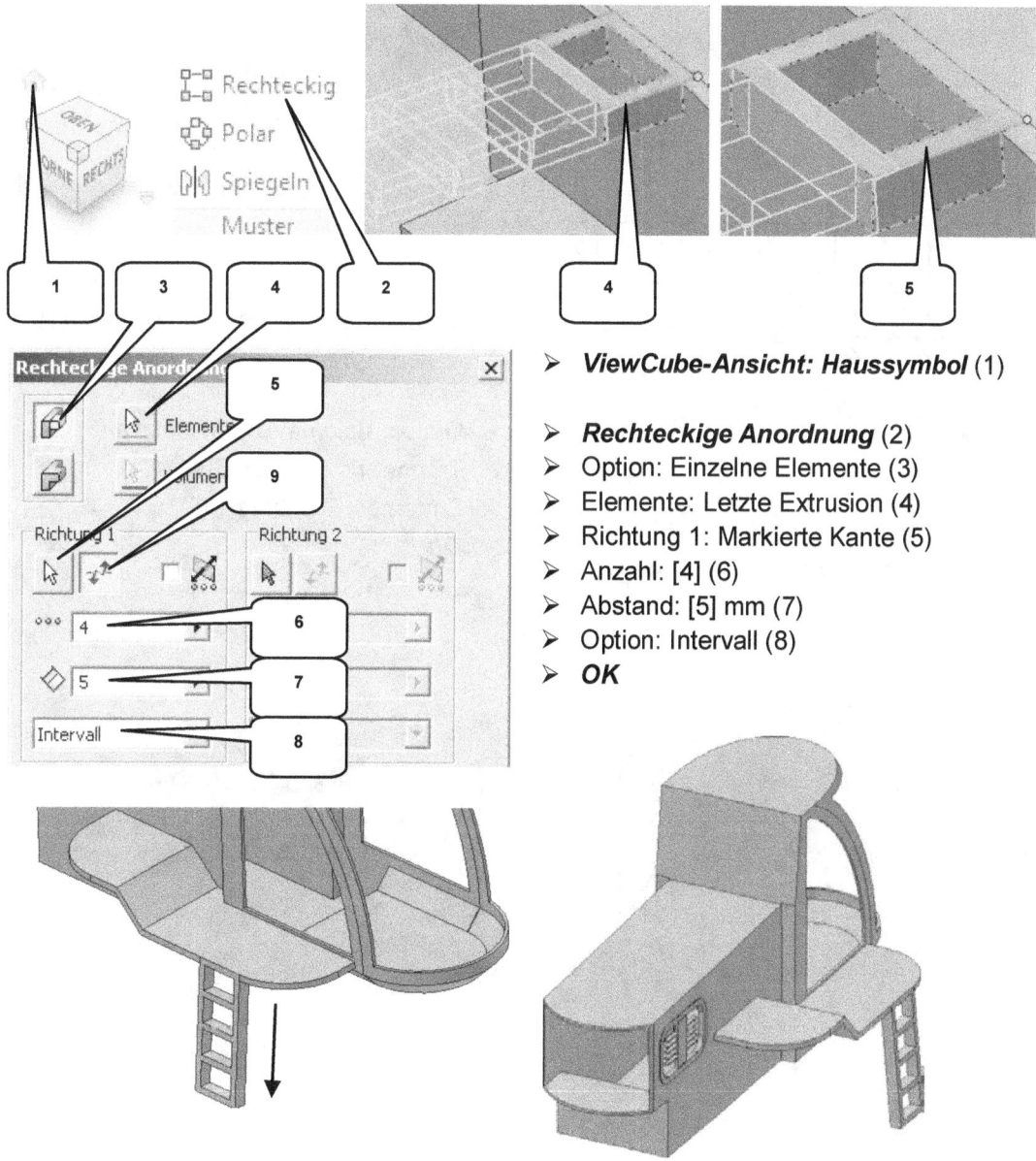

- **ViewCube-Ansicht: Haussymbol** (1)

- **Rechteckige Anordnung** (2)
- Option: Einzelne Elemente (3)
- Elemente: Letzte Extrusion (4)
- Richtung 1: Markierte Kante (5)
- Anzahl: [4] (6)
- Abstand: [5] mm (7)
- Option: Intervall (8)
- **OK**

HINWEIS: Die rechteckige Anordnung sollte, wie in der unteren Abbildung dargestellt, nach unten zeigen. Wenn nicht, muss mit der Option **Umschalten** (9) korrigiert werden.

7.36 Trennen des Volumenkörpers

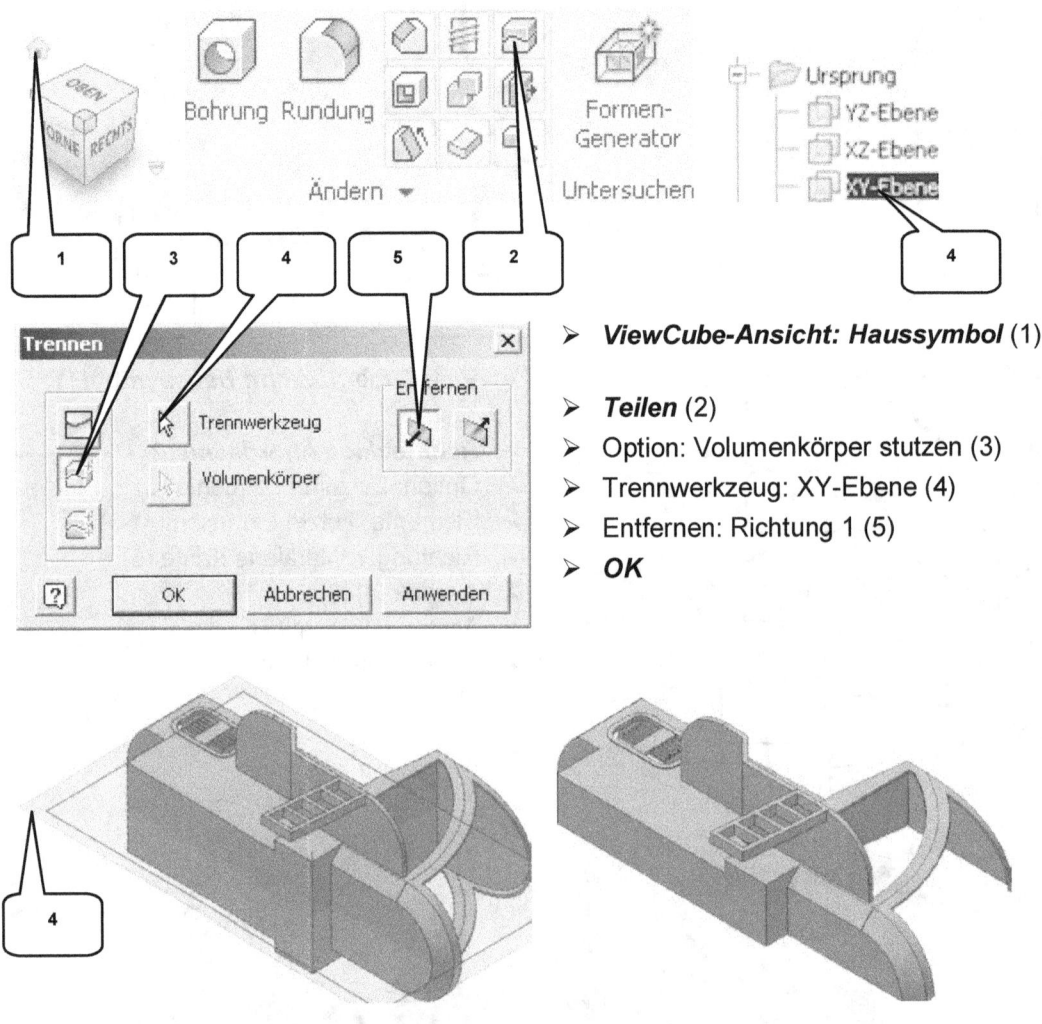

- **ViewCube-Ansicht: Haussymbol** (1)
- **Teilen** (2)
- Option: Volumenkörper stutzen (3)
- Trennwerkzeug: XY-Ebene (4)
- Entfernen: Richtung 1 (5)
- **OK**

HINWEIS: Für diese Übung wurde die Option **Volumenkörper stutzen** verwendet, weil der hintere Teil des Volumenkörpers entfernt werden soll. Um einen Volumenkörper zu trennen, jedoch beide Hälften zu behalten, kann die Option **Volumenkörper teilen** genutzt werden.

7.37 Spiegeln des Volumenkörpers

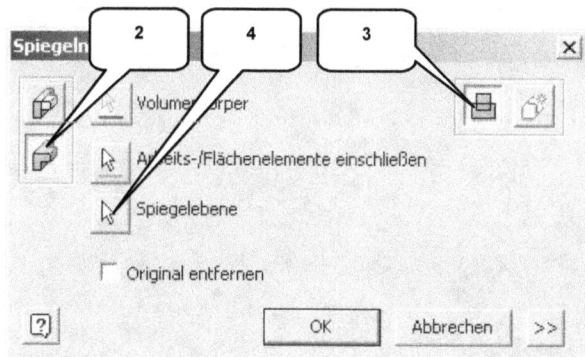

- **Spiegeln** (1)
- Option: Volumenkörper spiegeln (2)
- Option: Vereinigung (3)
- Spiegelebene: XY-Ebene (4)
- **OK**

- **Speichern** (5)
- **Datei schließen** (6)

- Noch sichtbare Arbeitsebenen im Browser markieren
- Rechte Maustaste > Sichtbarkeit (deaktivieren)

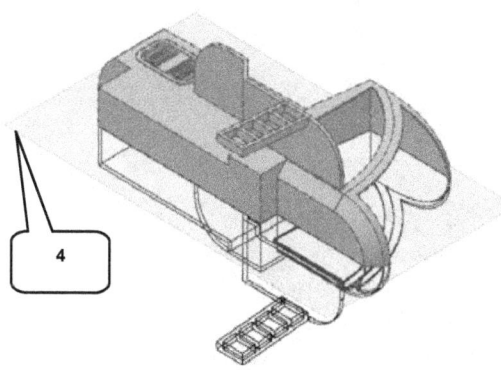

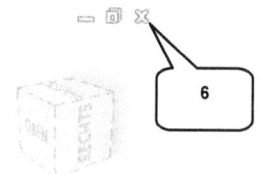

HINWEIS: Der Volumenkörper wurde zuerst getrennt und anschließend wieder gespiegelt, um alle Konstruktionselemente der einen Seite (Leiter, Schutzblech, Lüftungsöffnung) auch auf die andere Seite zu kopieren. Durch ein reines Spiegeln der einzelnen Elemente, könnten vereinzelt Probleme auftreten, daher das vorherige Trennen.

8 Bauteil: Unterwagen

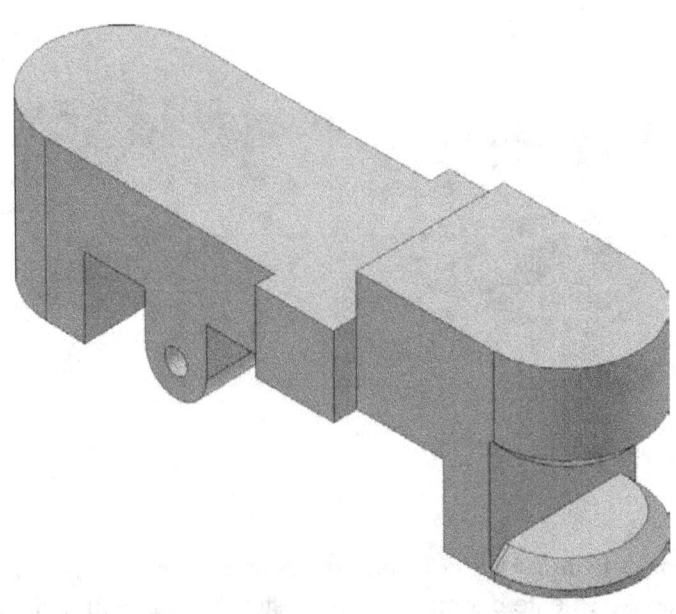

8.1 Bauteil „02-Unterwagen" erstellen

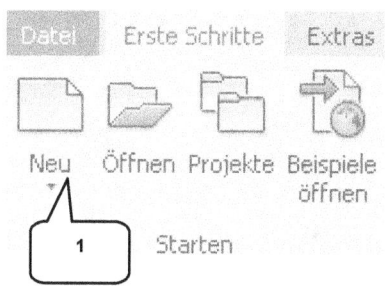

- **Neu** (1)
- Templates (2)
- Bauteil: Norm.ipt (3)
- **Erstellen** (4)

- **Speichern** (5)
- Dateiname: [02-Unterwagen] (6)
- **Speichern** (7)

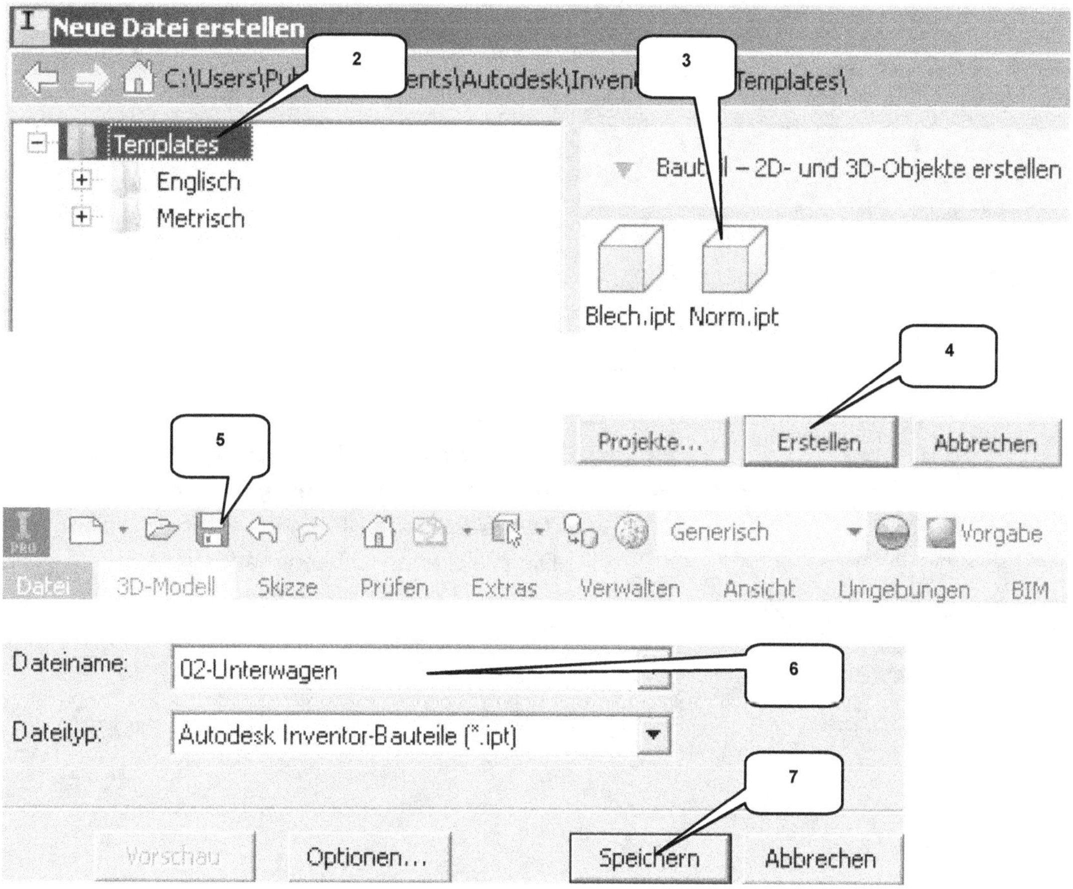

8.2 2D-Skizze auf XY-Ebene öffnen

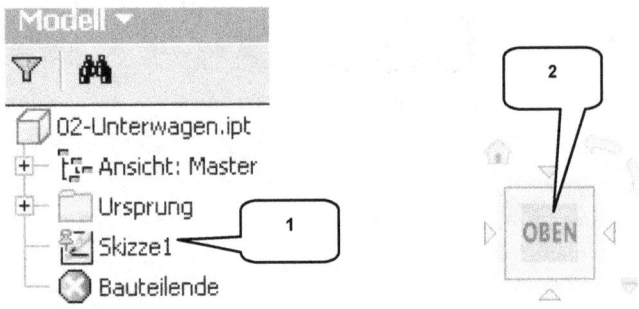

> „Skizze1" im Browser doppelklicken (1)

> **ViewCube-Ansicht: OBEN** (2)

8.3 Achsen projizieren und als Konstruktionsobjekte definieren

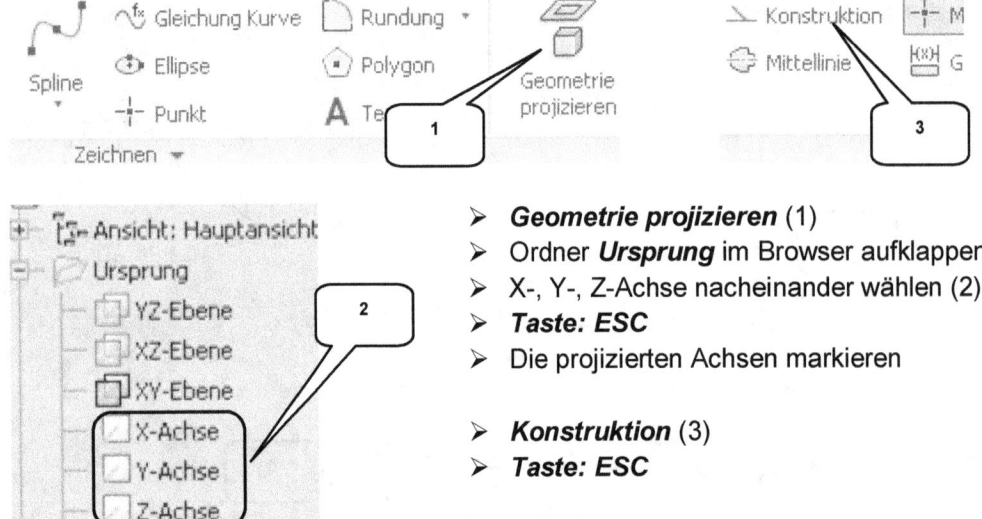

> **Geometrie projizieren** (1)
> Ordner **Ursprung** im Browser aufklappen
> X-, Y-, Z-Achse nacheinander wählen (2)
> **Taste: ESC**
> Die projizierten Achsen markieren

> **Konstruktion** (3)
> **Taste: ESC**

8.4 Zeichnen der Basiskontur

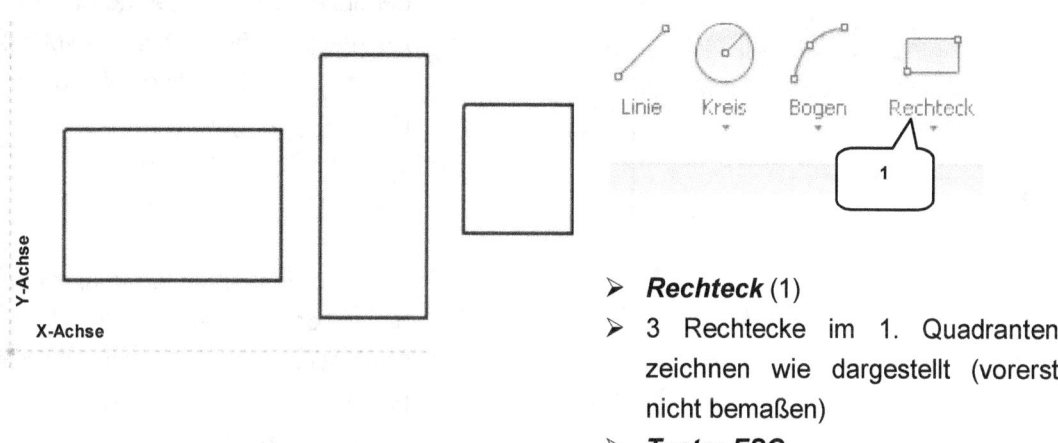

- ➢ **Rechteck** (1)
- ➢ 3 Rechtecke im 1. Quadranten zeichnen wie dargestellt (vorerst nicht bemaßen)
- ➢ **Taste: ESC**

8.5 Setzen der Abhängigkeiten

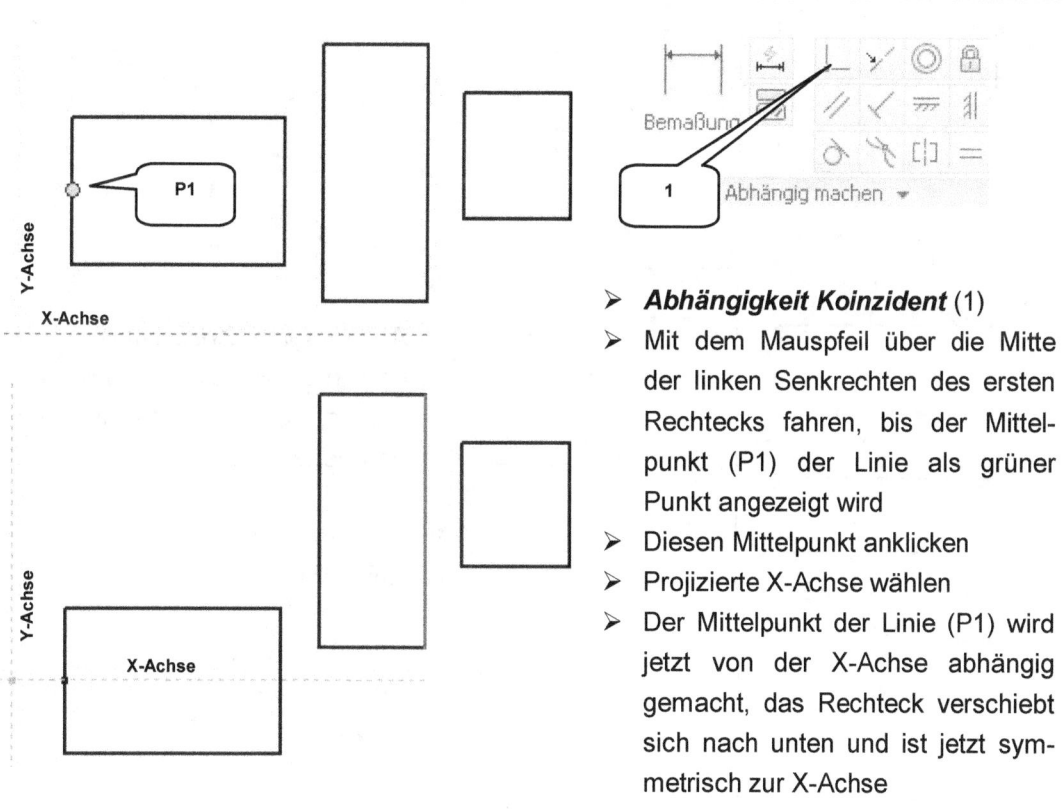

- ➢ **Abhängigkeit Koinzident** (1)
- ➢ Mit dem Mauspfeil über die Mitte der linken Senkrechten des ersten Rechtecks fahren, bis der Mittelpunkt (P1) der Linie als grüner Punkt angezeigt wird
- ➢ Diesen Mittelpunkt anklicken
- ➢ Projizierte X-Achse wählen
- ➢ Der Mittelpunkt der Linie (P1) wird jetzt von der X-Achse abhängig gemacht, das Rechteck verschiebt sich nach unten und ist jetzt symmetrisch zur X-Achse

- Bauteil: Unterwagen -

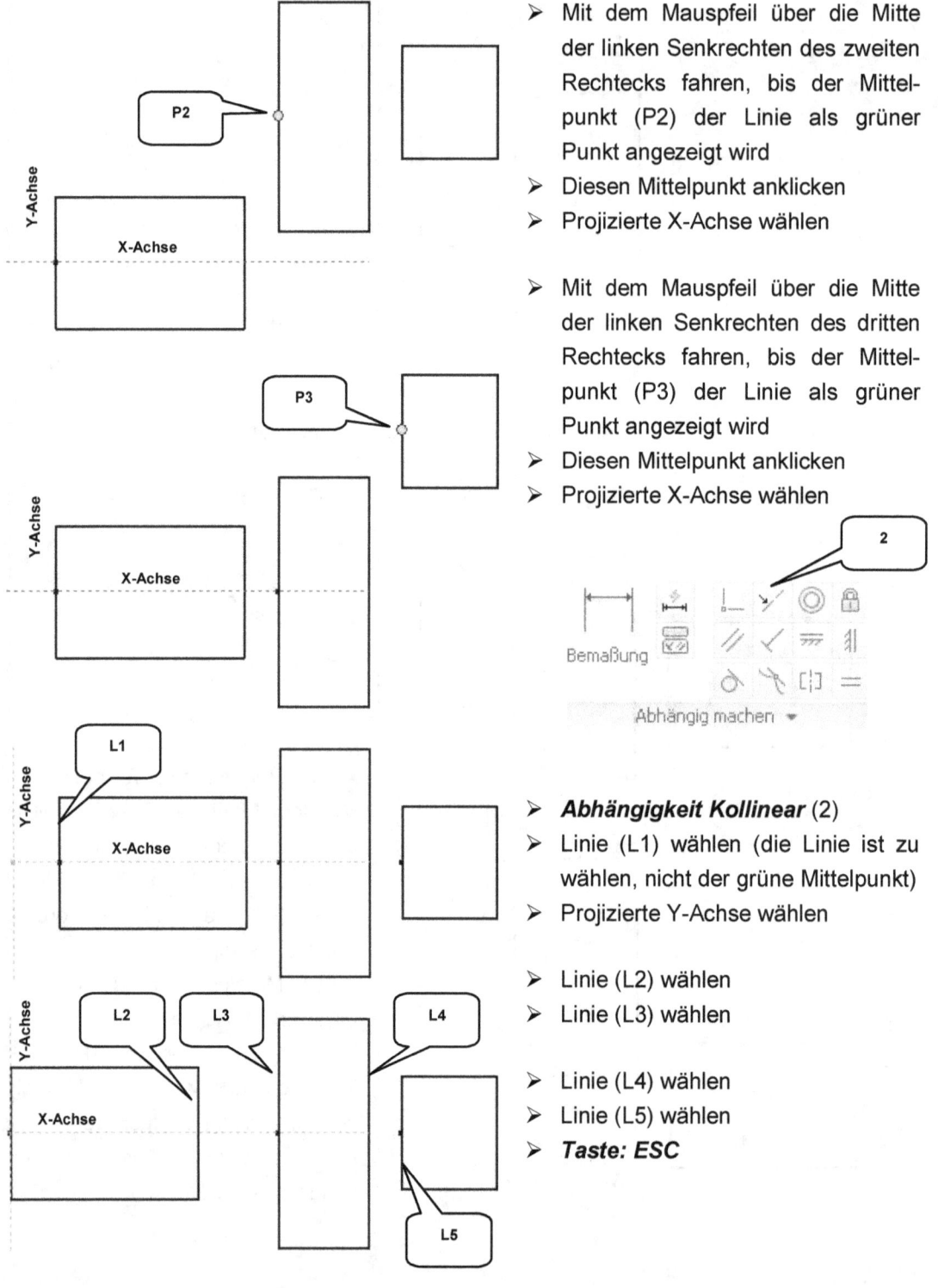

- Mit dem Mauspfeil über die Mitte der linken Senkrechten des zweiten Rechtecks fahren, bis der Mittelpunkt (P2) der Linie als grüner Punkt angezeigt wird
- Diesen Mittelpunkt anklicken
- Projizierte X-Achse wählen

- Mit dem Mauspfeil über die Mitte der linken Senkrechten des dritten Rechtecks fahren, bis der Mittelpunkt (P3) der Linie als grüner Punkt angezeigt wird
- Diesen Mittelpunkt anklicken
- Projizierte X-Achse wählen

- **Abhängigkeit Kollinear** (2)
- Linie (L1) wählen (die Linie ist zu wählen, nicht der grüne Mittelpunkt)
- Projizierte Y-Achse wählen

- Linie (L2) wählen
- Linie (L3) wählen

- Linie (L4) wählen
- Linie (L5) wählen
- **Taste: ESC**

8.6 Bemaßen der Linienabstände

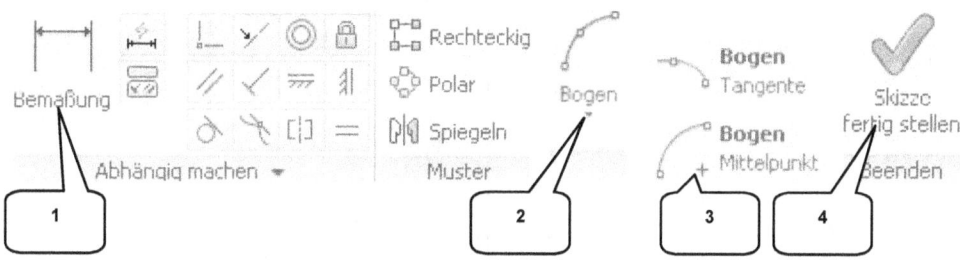

> **Bemaßung** (1)

> 1. Schritt:
> Linie (L1) wählen
> Linie (L4) wählen
> Bemaßung ablegen
> Wert: [40] mm

> 2. Schritt:
> Linie (L2) wählen
> Linie (L3) wählen
> Bemaßung ablegen
> Wert: [20] mm

> 3. Schritt:
> Linie (L4) wählen
> Linie (L9) wählen
> Bemaßung ablegen
> Wert: [10] mm

> 4. Schritt:
> Linie (L5) wählen
> Linie (L6) wählen
> Wert: [25] mm

> 5. Schritt:
> Linie (L8) wählen
> Linie (L9) wählen
> Bemaßung ablegen
> Wert: [17,5] mm

> 6. Schritt:
> Linie (L7) wählen
> Linie (L10) wählen
> Bemaßung ablegen
> Wert: [19] mm

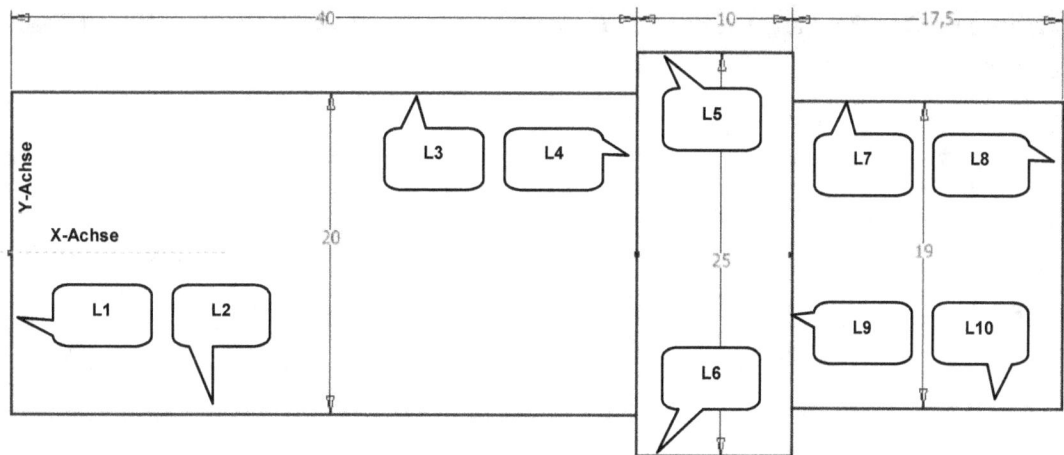

> **Taste: ESC**

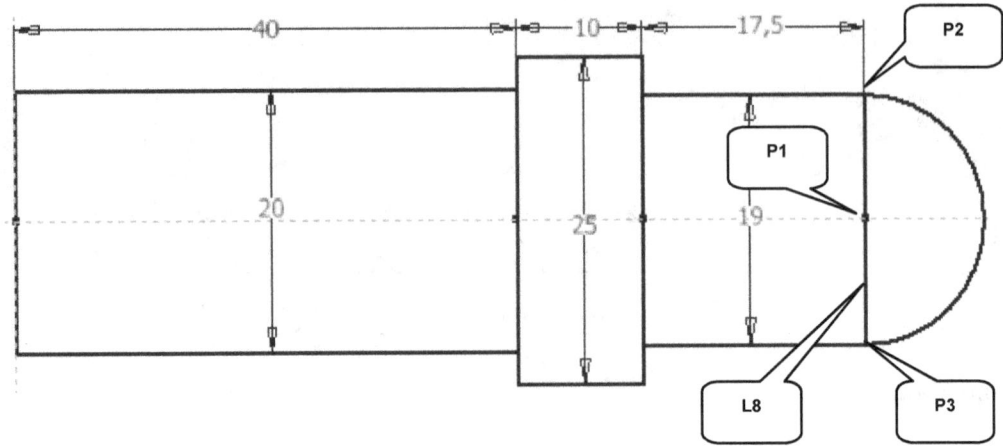

- ➤ Befehlsgruppe **Bogen** erweitern (2)

- ➤ **Bogen (Mittelpunkt)** (3)
- ➤ 1. Punkt: Mittelpunkt (P1) der Linie (L8) wählen
- ➤ 2. Punkt: Startpunkt (P2) der Linie (L8) wählen

- ➤ Kreisbogen mit der Maus im Uhrzeigersinn um den Mittelpunkt (P1) bis zum Punkt (P3) drehen
- ➤ 3. Punkt: Endpunkt (P3) der Linie (L8) wählen
- ➤ **Taste: ESC**

- ➤ **Skizze fertig stellen** (4)

HINWEIS: Beim Befehl **Bogen (Mittelpunkt)** kommt es darauf an, in welche Richtung der Mauspfeil um den Mittelpunkt (P1) gedreht wird. Nachdem der Startpunkt (P2) gesetzt wurde, kann die Maus entweder im Uhrzeigersinn um den Mittelpunkt (P1) gedreht werden oder umgekehrt. Das Programm zeigt eine Vorschau des aufgespannten Bogens, worauf gezielt geachtet werden sollte.

8.7 Extrudieren der Basiskontur

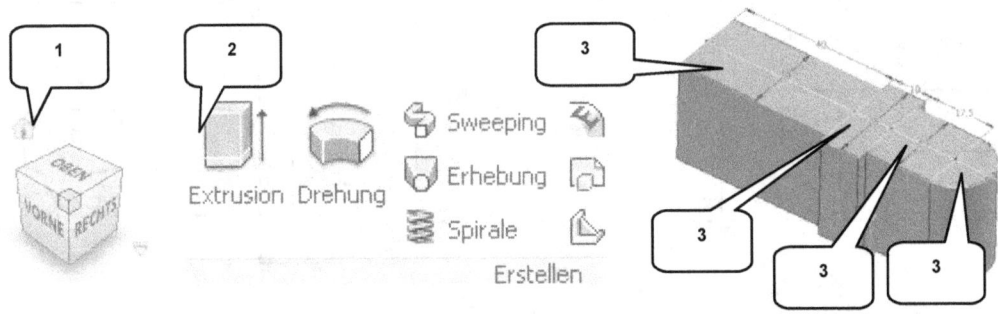

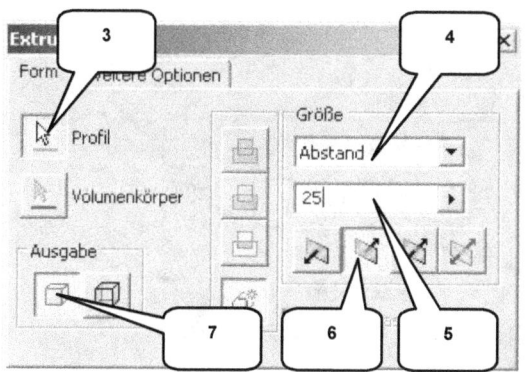

- **ViewCube-Ansicht: Haussymbol** (1)

- **Extrusion** (2)
- Profil: Alle vier Konturen wählen (3)
- Größe: Abstand (4)
- Wert: [25] mm (5)
- Richtung: Richtung 2 (6)
- Ausgabe: Volumenkörper (7)
- **OK**

8.8 2D-Skizze auf XZ-Ebene erzeugen

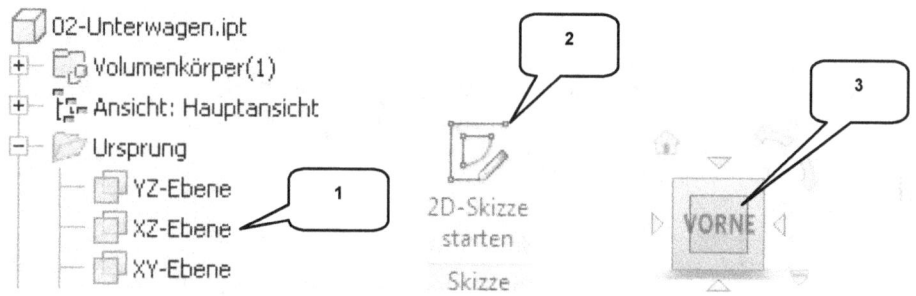

- Ordner **Ursprung** im Browser erweitern
- „XZ-Ebene" im Browser markieren (linke Maustaste) (1)

- **2D-Skizze starten** (2)
- **ViewCube-Ansicht: VORNE** (3)

8.9 Achsen projizieren und als Konstruktionsobjekte definieren

- **Geometrie projizieren** (1)
- X-, Y-, Z-Achse wählen (2)
- **Taste: ESC**
- Die projizierten Achsen markieren

- **Konstruktion** (3)
- **Taste: ESC**

- **Taste: F7** (Skizze freischneiden)

8.10 Zeichnen der Schnittmengenkontur

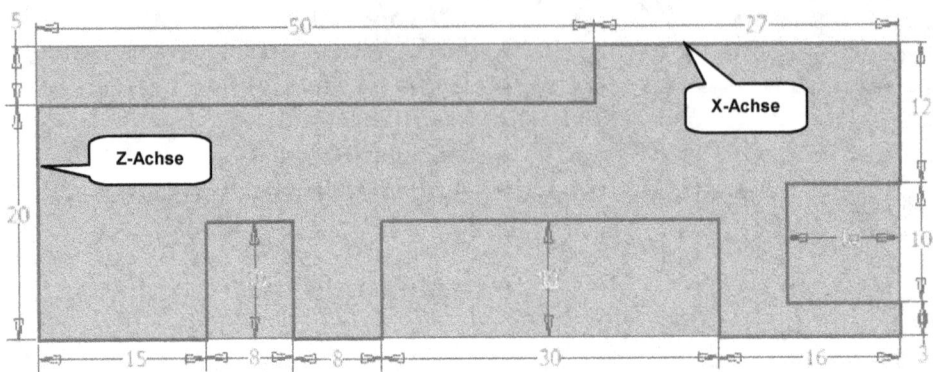

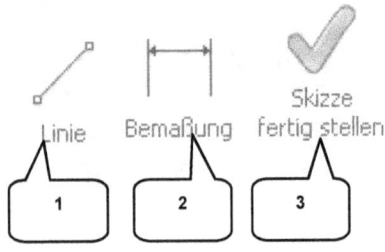

- **Linie** (1)
- Zeichnen der geschlossenen Kontur aus insgesamt 18 zusammenhängenden Linien
- **Taste: ESC**

- **Bemaßung** (2)
- Linienkontur bemaßen wie dargestellt
- **Taste: ESC**

- **Skizze fertig stellen** (3)

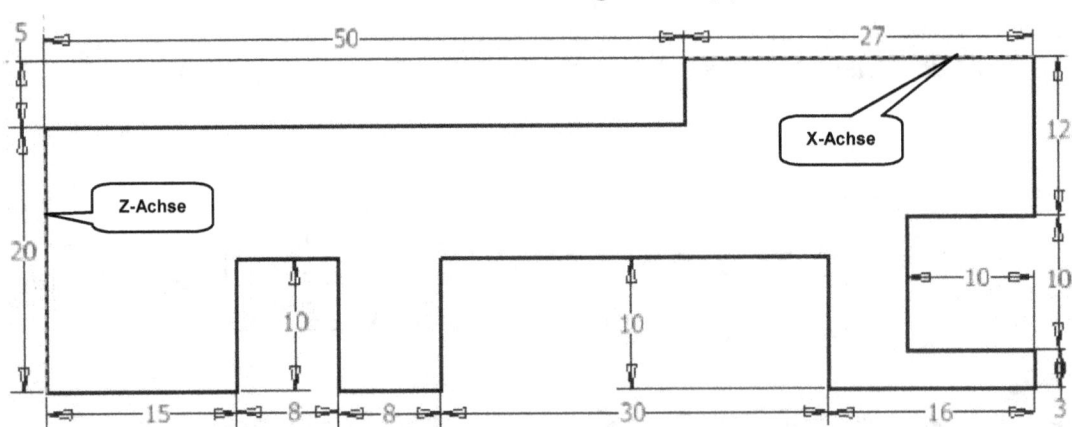

HINWEIS: Zur besseren Darstellung wurde der Volumenkörper in der unteren Abbildung ausgeblendet. Die Kontur muss geschlossen sein.

8.11 Extrudieren der Schnittmengenkontur

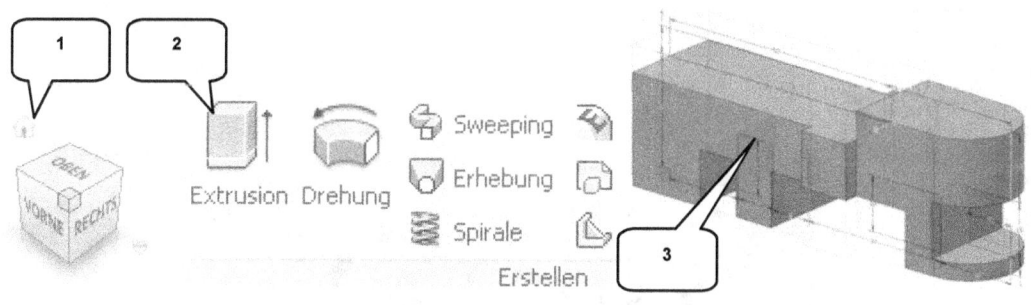

- **ViewCube-Ansicht: Haussymbol** (1)

- **Extrusion** (2)
- Profil: Kontur (3)
- Verfahren: Schnittmenge (4)
- Größe: Alle (5)
- Richtung: Symmetrisch (6)
- Ausgabe: Volumenkörper (7)
- **OK**

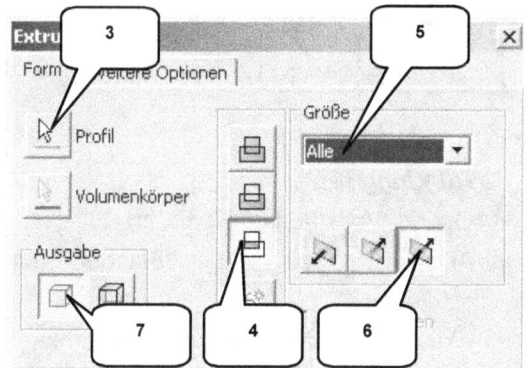

8.12 Fasen des vorderen Bereiches

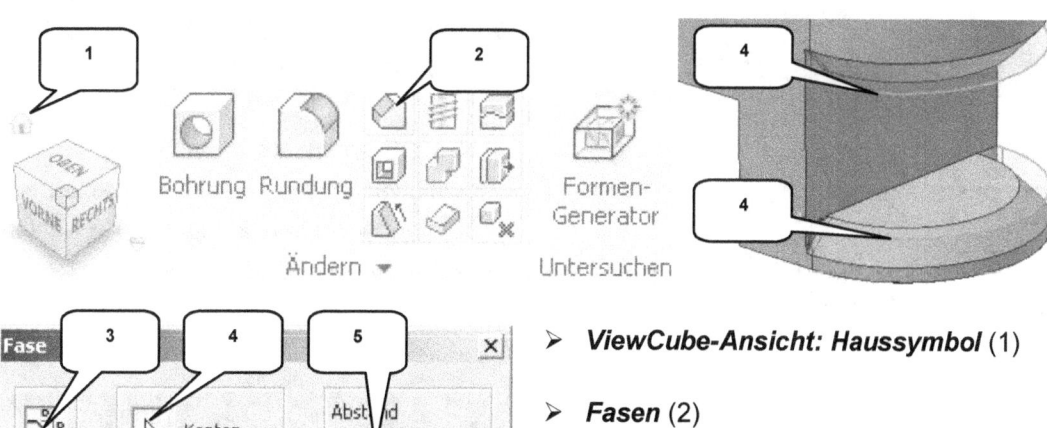

- **ViewCube-Ansicht: Haussymbol** (1)

- **Fasen** (2)
- Option: Abstand (3)
- Kanten: Beide markierte Kanten (4)
- Abstand: [2] mm (5)
- **OK**

8.13 Runden des hinteren Bereiches

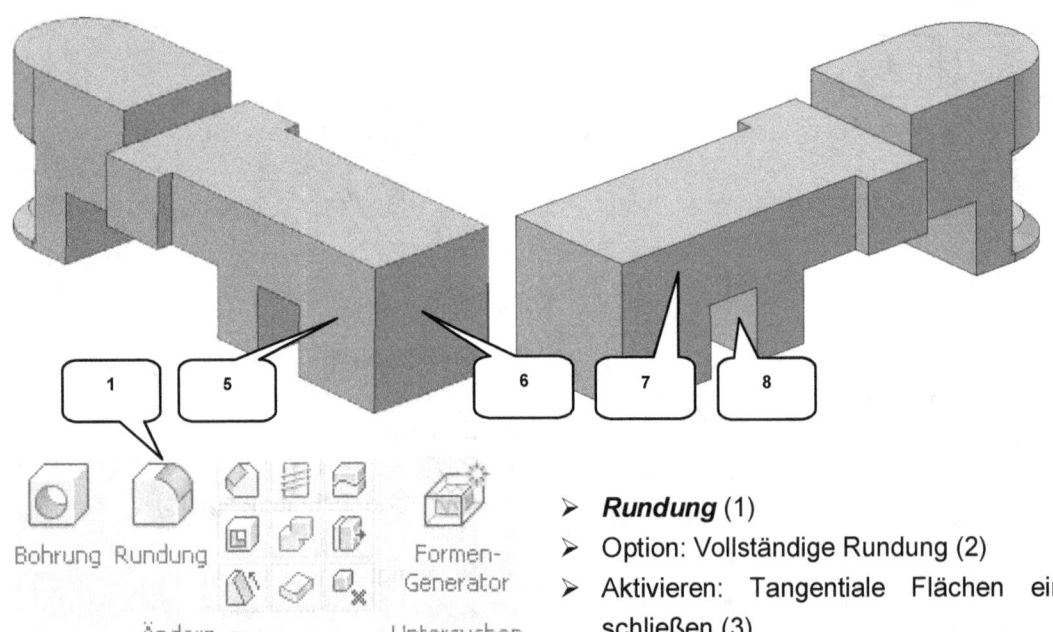

- **Rundung** (1)
- Option: Vollständige Rundung (2)
- Aktivieren: Tangentiale Flächen einschließen (3)
- Aktivieren: Für Einzelauswahl optimieren (4)
- Seitenflächensatz 1: Fläche (5) wählen
- Mittelflächensatz: Fläche (6) wählen
- Seitenflächensatz 2: Fläche (7) wählen
- **ANWENDEN**

- Seitenflächensatz 1: Fläche (8) wählen
- Mittelflächensatz: Fläche (9) wählen
- Seitenflächensatz 2: Fläche (10) wählen
- **OK**

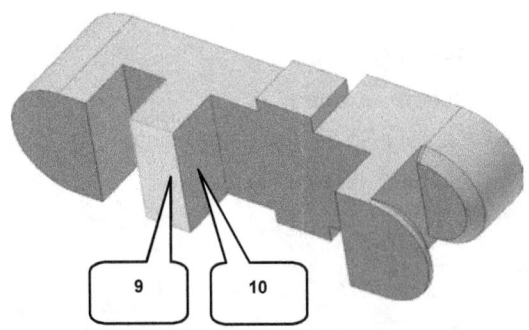
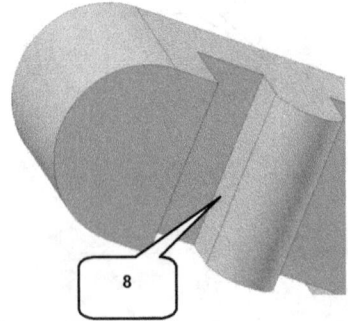

8.14 Erzeugen einer Ebene mit Versatz

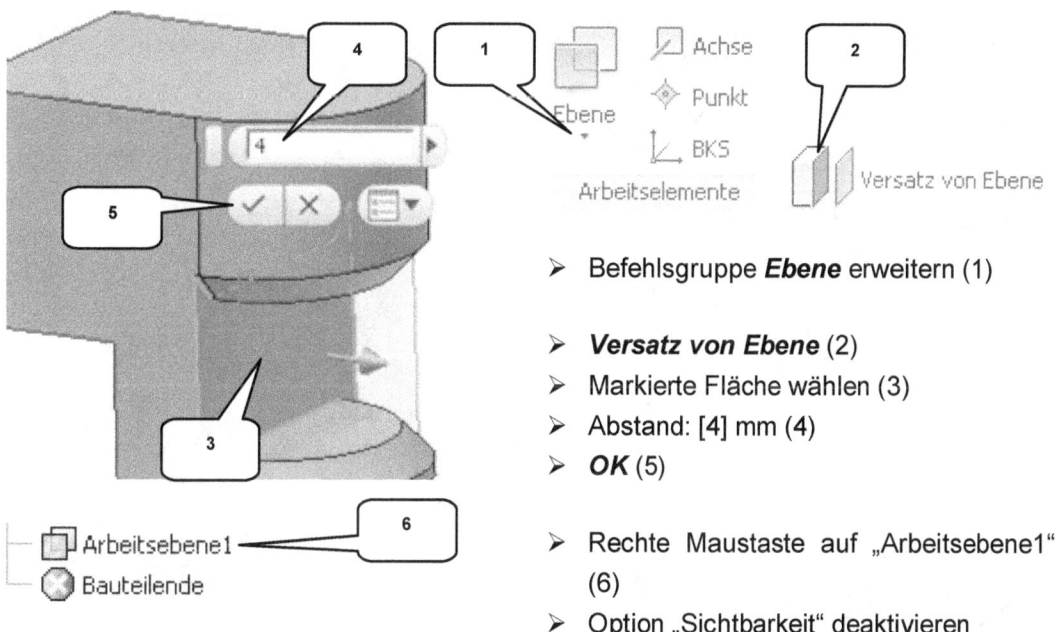

- Befehlsgruppe **Ebene** erweitern (1)

- **Versatz von Ebene** (2)
- Markierte Fläche wählen (3)
- Abstand: [4] mm (4)
- **OK** (5)

- Rechte Maustaste auf „Arbeitsebene1" (6)
- Option „Sichtbarkeit" deaktivieren

8.15 Erzeugen einer Achse als Schnittlinie zweier Ebenen

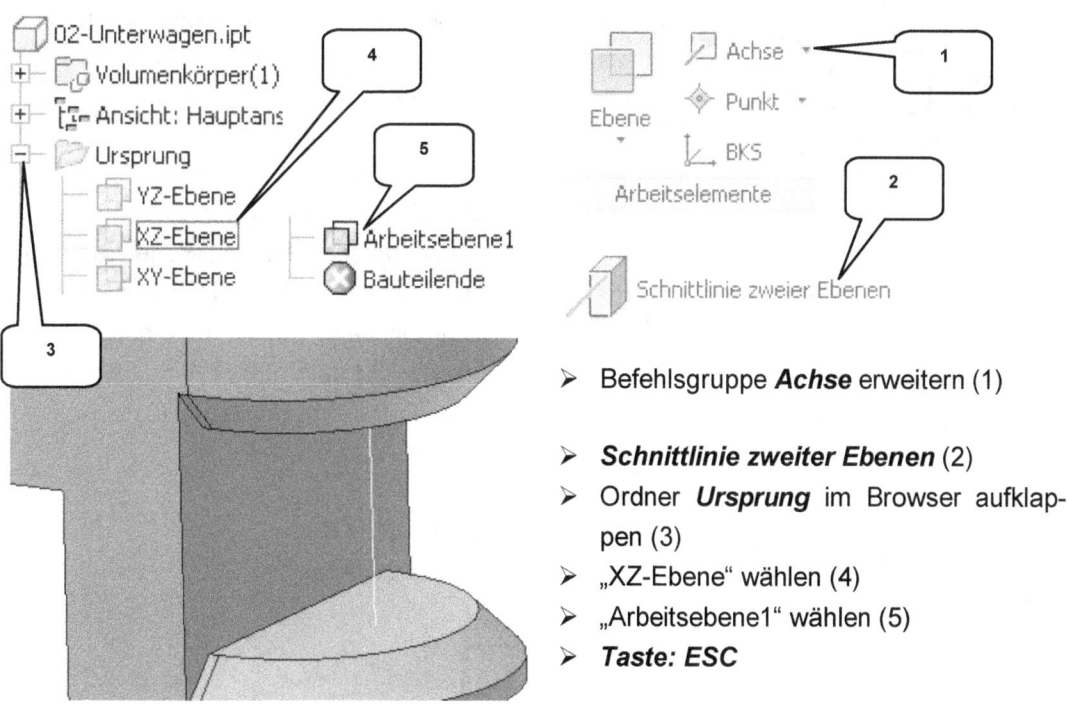

- Befehlsgruppe **Achse** erweitern (1)

- **Schnittlinie zweier Ebenen** (2)
- Ordner **Ursprung** im Browser aufklappen (3)
- „XZ-Ebene" wählen (4)
- „Arbeitsebene1" wählen (5)
- **Taste: ESC**

- Bauteil: Unterwagen -

8.16 Bohren der hinteren Antriebswellenlagerung

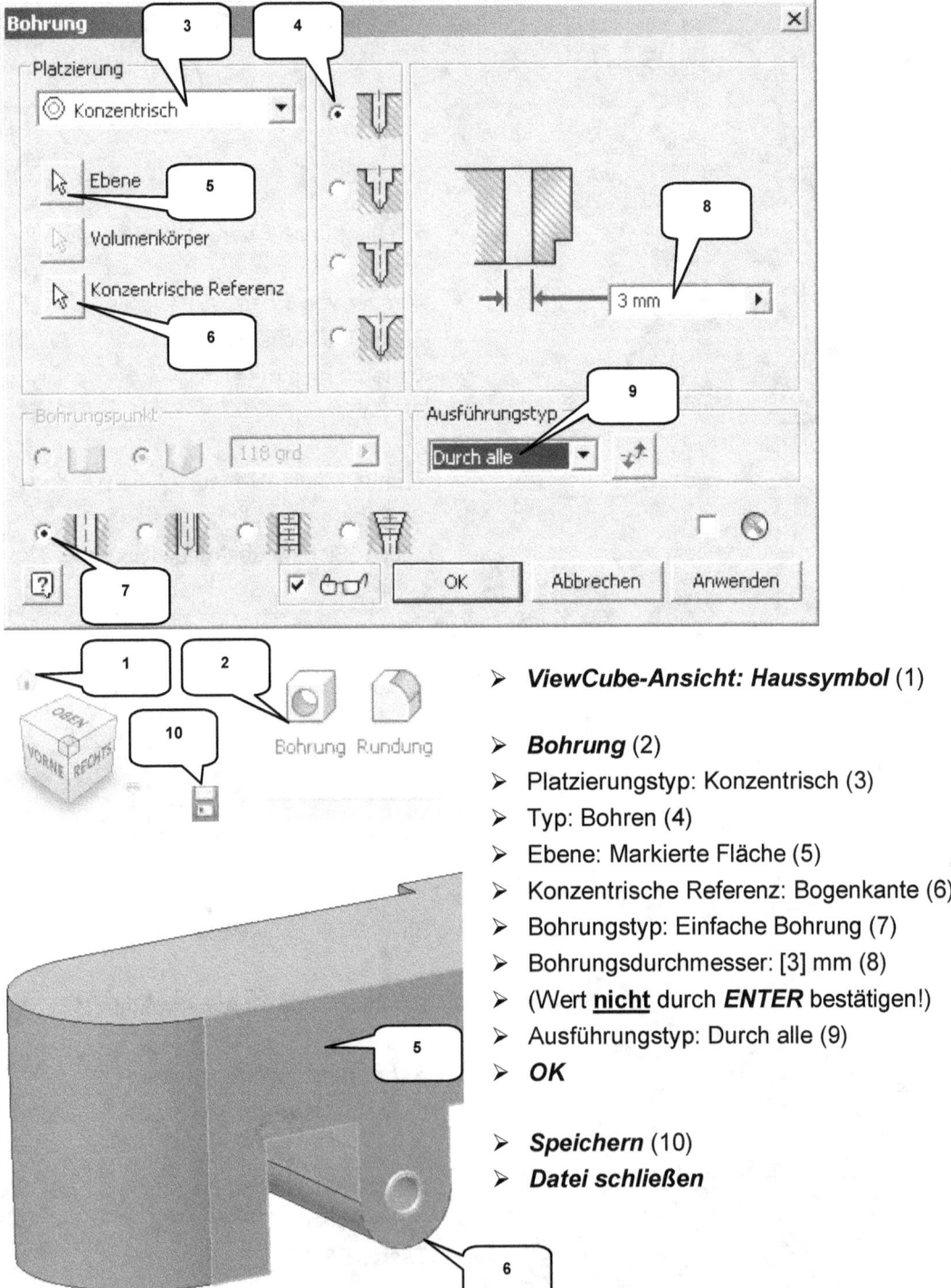

- **ViewCube-Ansicht: Haussymbol** (1)
- **Bohrung** (2)
- Platzierungstyp: Konzentrisch (3)
- Typ: Bohren (4)
- Ebene: Markierte Fläche (5)
- Konzentrische Referenz: Bogenkante (6)
- Bohrungstyp: Einfache Bohrung (7)
- Bohrungsdurchmesser: [3] mm (8)
- (Wert **nicht** durch **ENTER** bestätigen!)
- Ausführungstyp: Durch alle (9)
- **OK**

- **Speichern** (10)
- **Datei schließen**

9 Bauteil: Hubgestell

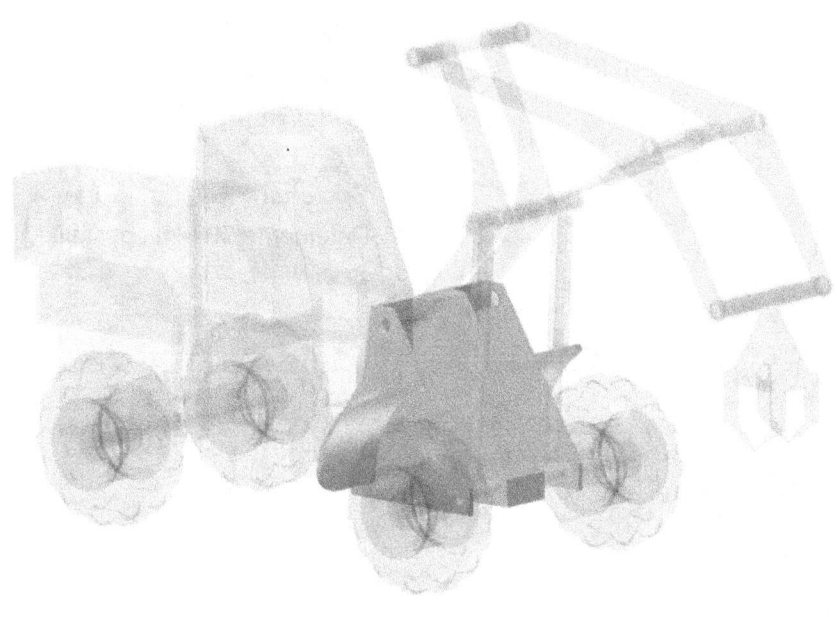

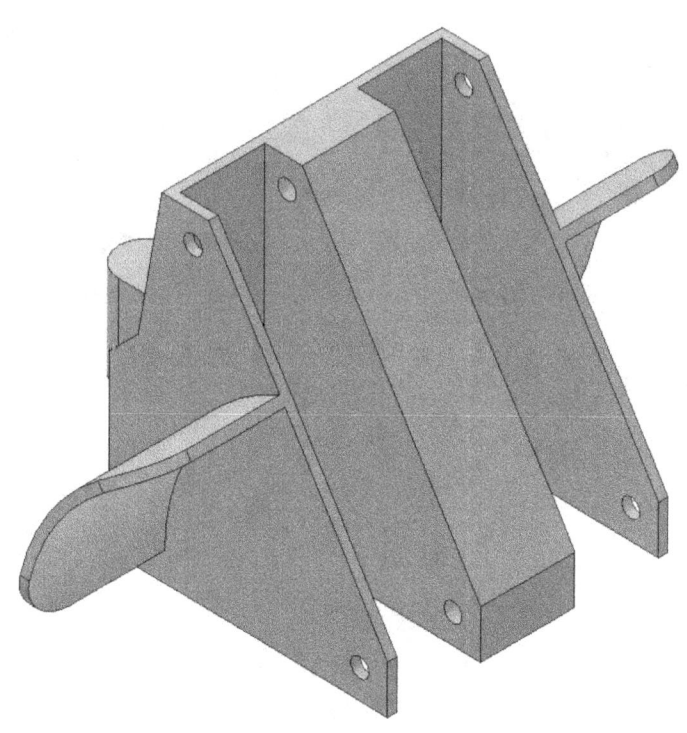

9.1 Bauteil „03-Hubgestell" erstellen

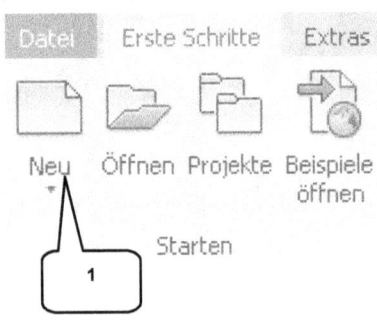

- **Neu** (1)
- Templates (2)
- Bauteil: Norm.ipt (3)
- **Erstellen** (4)

- **Speichern** (5)
- Dateiname: [03-Hubgestell] (6)
- **Speichern** (7)

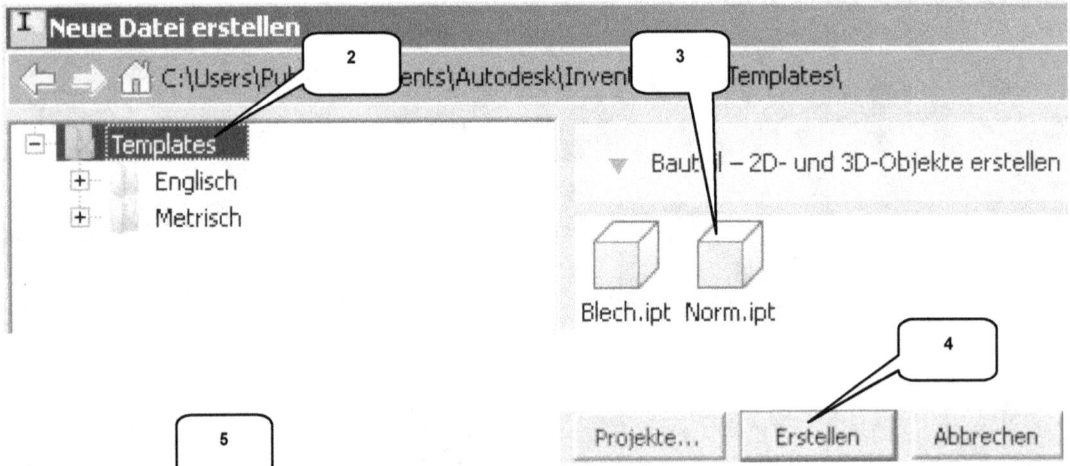

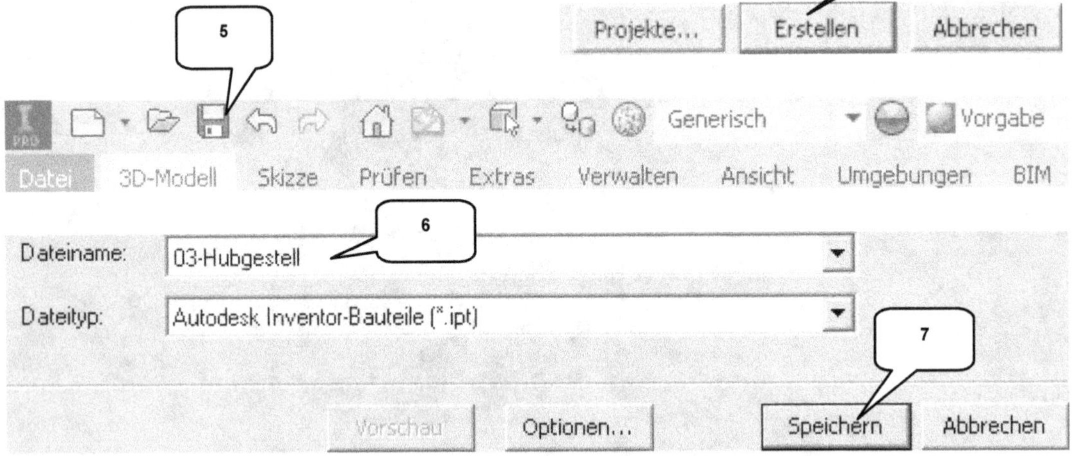

9.2 2D-Skizze auf XY-Ebene öffnen

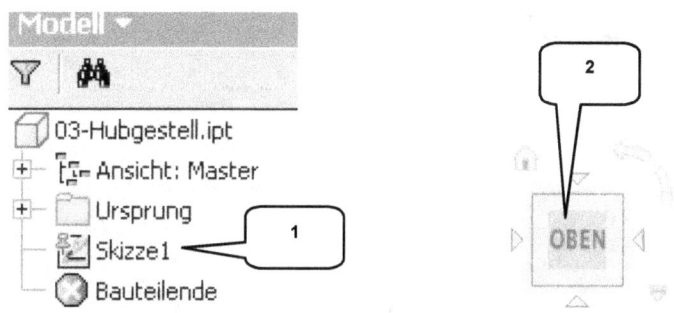

> „Skizze1" im Browser doppelklicken (1)

> **ViewCube-Ansicht: OBEN** (2)

9.3 Achsen projizieren und als Konstruktionsobjekte definieren

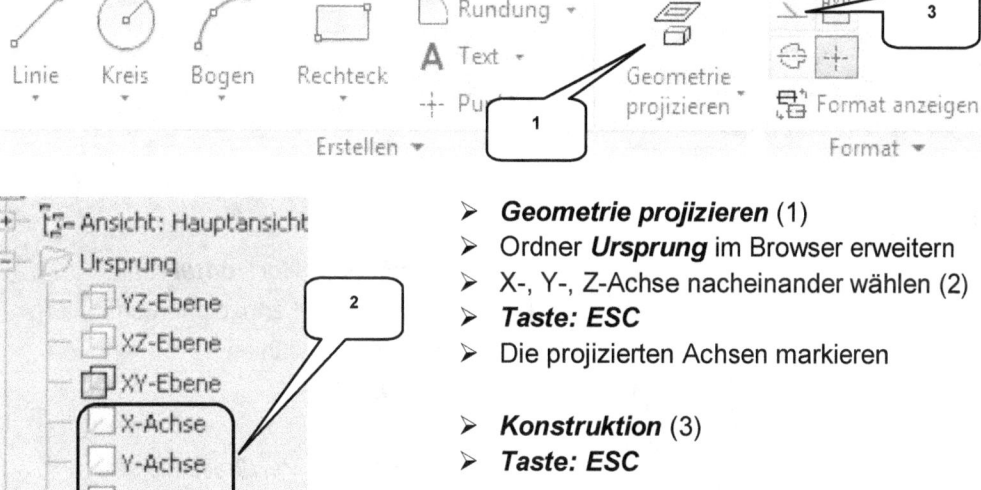

> **Geometrie projizieren** (1)
> Ordner **Ursprung** im Browser erweitern
> X-, Y-, Z-Achse nacheinander wählen (2)
> **Taste: ESC**
> Die projizierten Achsen markieren

> **Konstruktion** (3)
> **Taste: ESC**

9.4 Zeichnen der Basiskontur

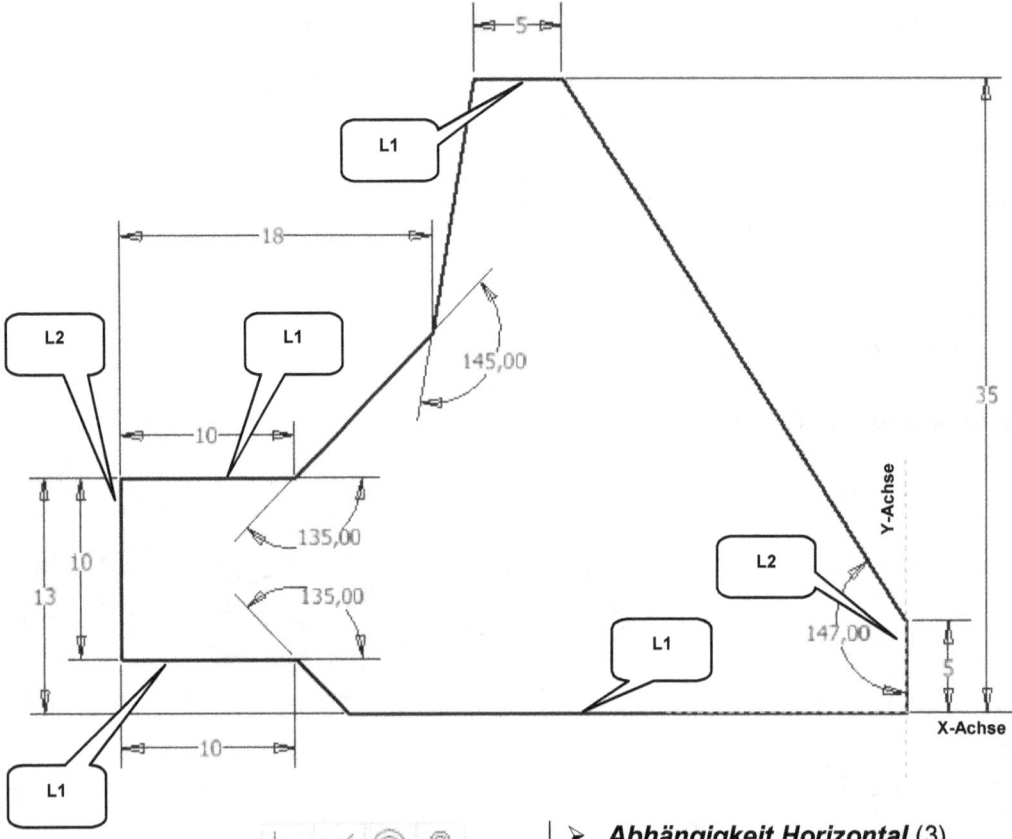

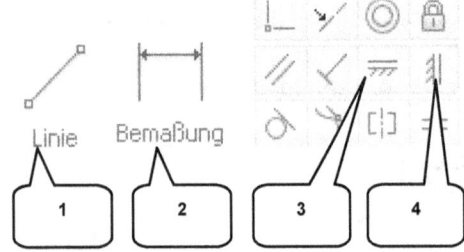

- **Linie** (1)
- Die dargestellte geschlossene Linienkontur aus insgesamt 10 zusammenhängenden Linien zeichnen
- Kontur oberhalb der X-Achse und links neben der Y-Achse zeichnen
- **Taste: ESC**

- **Abhängigkeit Horizontal** (3)
- Alle mit (L1) gekennzeichneten Linien nacheinander wählen
- **Taste: ESC**

- **Abhängigkeit Vertikal** (4)
- Alle mit (L2) gekennzeichneten Linien nacheinander wählen
- **Taste: ESC**

- **Bemaßung** (2)
- Alle Bemaßungen (Längen, Abstände, Winkel) wie dargestellt übernehmen
- **Taste: ESC**

- **Skizze fertig stellen**

9.5 Extrudieren der Basiskontur

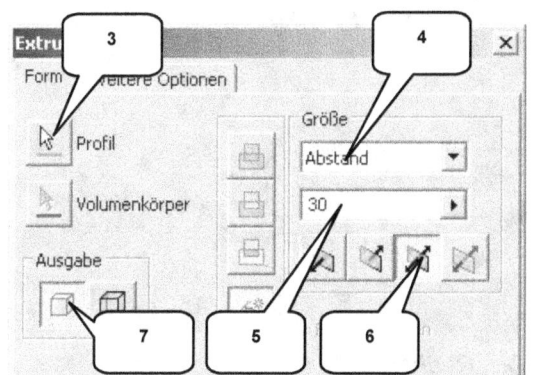

- ➤ **ViewCube-Ansicht: Haussymbol** (1)

- ➤ **Extrusion** (2)
- ➤ Profil: Kontur (3)
- ➤ Größe: Abstand (4)
- ➤ Wert: [30] mm (5)
- ➤ Richtung: Symmetrisch (6)
- ➤ Ausgabe: Volumenkörper (7)
- ➤ **OK**

9.6 2D-Skizze auf XZ-Ebene erzeugen

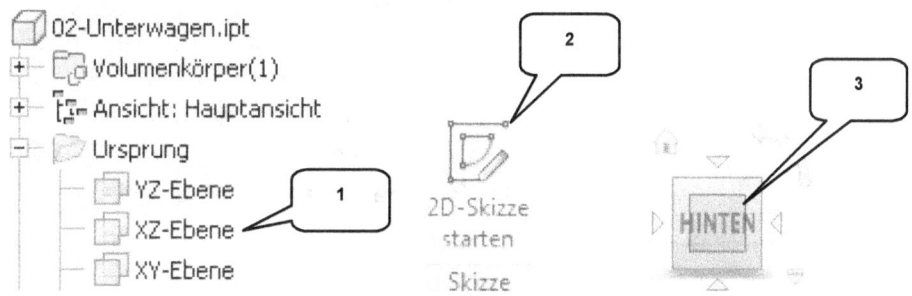

- ➤ Ordner **Ursprung** im Browser erweitern
- ➤ „XZ-Ebene" im Browser markieren (linke Maustaste) (1)

- ➤ **2D-Skizze starten** (2)
- ➤ **ViewCube-Ansicht: HINTEN** (3)

- Bauteil: Hubgestell -

9.7 Achsen projizieren und als Konstruktionsobjekte definieren

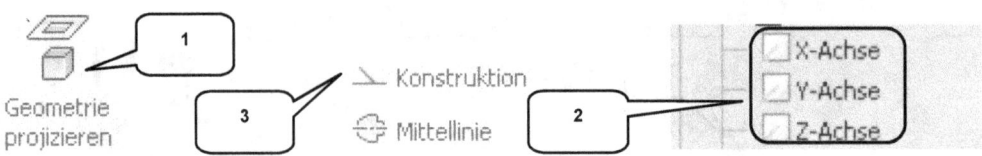

- **Geometrie projizieren** (1)
- X-, Y-, Z-Achse wählen (2)
- **Taste: ESC**
- Die projizierten Achsen markieren

- **Konstruktion** (3)
- **Taste: ESC**
- **Taste: F7** (Skizze freischneiden)

9.8 Zeichnen der Schnittmengengeometrie

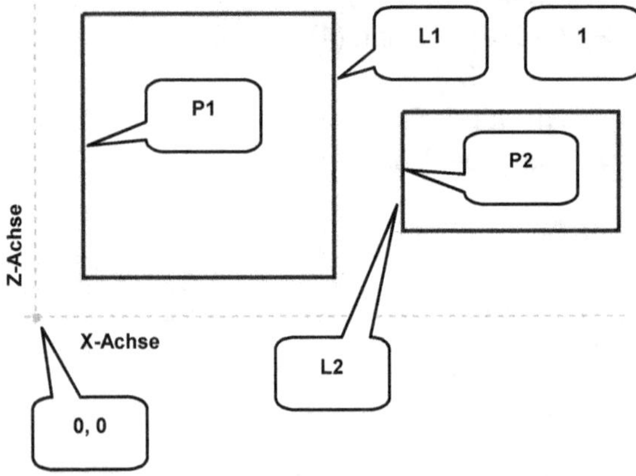

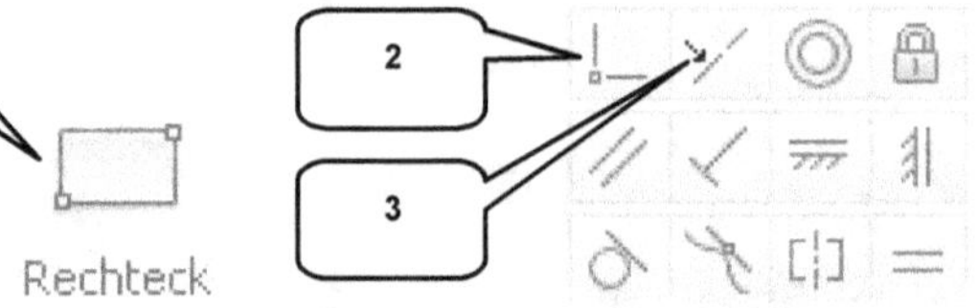

- **Rechteck** (1)
- 2 Rechtecke zeichnen wie dargestellt (oberhalb der X-Achse, rechts neben der Z-Achse)
- **Taste: ESC**

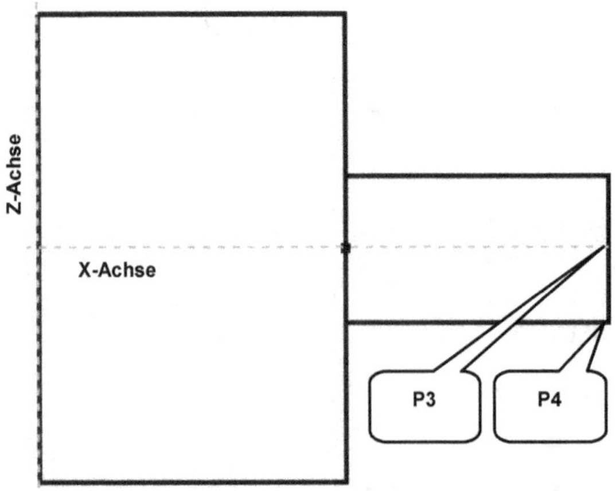

- **Abhängigkeit Koinzident** (2)
- Linienmittelpunkt (P1) wählen
- Koordinatenursprung (0, 0) wählen
- Linienmittelpunkt (P2) wählen
- Projizierte X-Achse wählen
- **Taste: ESC**

- **Abhängigkeit Kollinear** (3)
- Linie (L1) wählen
- Linie (L2) wählen
- **Taste: ESC**

- Bauteil: Hubgestell -

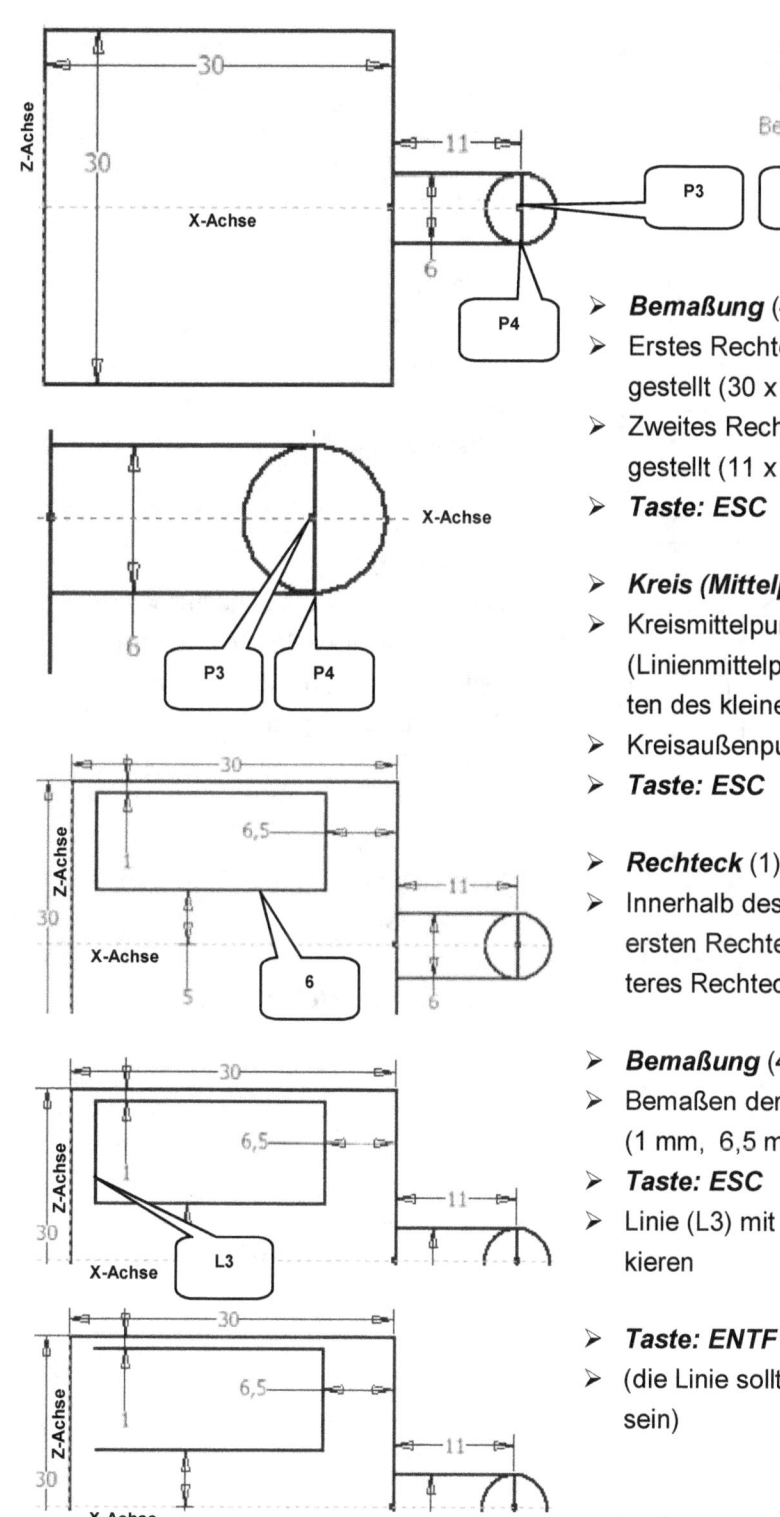

- ***Bemaßung*** (4)
- Erstes Rechteck bemaßen wie dargestellt (30 x 30 mm)
- Zweites Rechteck bemaßen wie dargestellt (11 x 6 mm)
- ***Taste: ESC***

- ***Kreis (Mittelpunkt)*** (5)
- Kreismittelpunkt: Punkt (P3) wählen (Linienmittelpunkt der rechten Senkrechten des kleinen Rechtecks)
- Kreisaußenpunkt: Punkt (P4) wählen
- ***Taste: ESC***

- ***Rechteck*** (1)
- Innerhalb des oberen Bereiches des ersten Rechtecks (30 x 30 mm) ein weiteres Rechteck zeichnen (6)

- ***Bemaßung*** (4)
- Bemaßen der dargestellten Abstände (1 mm, 6,5 mm und 5 mm)
- ***Taste: ESC***
- Linie (L3) mit der linken Maustaste markieren

- ***Taste: ENTF*** (Entfernen)
- (die Linie sollte jetzt gelöscht worden sein)

- Bauteil: Hubgestell -

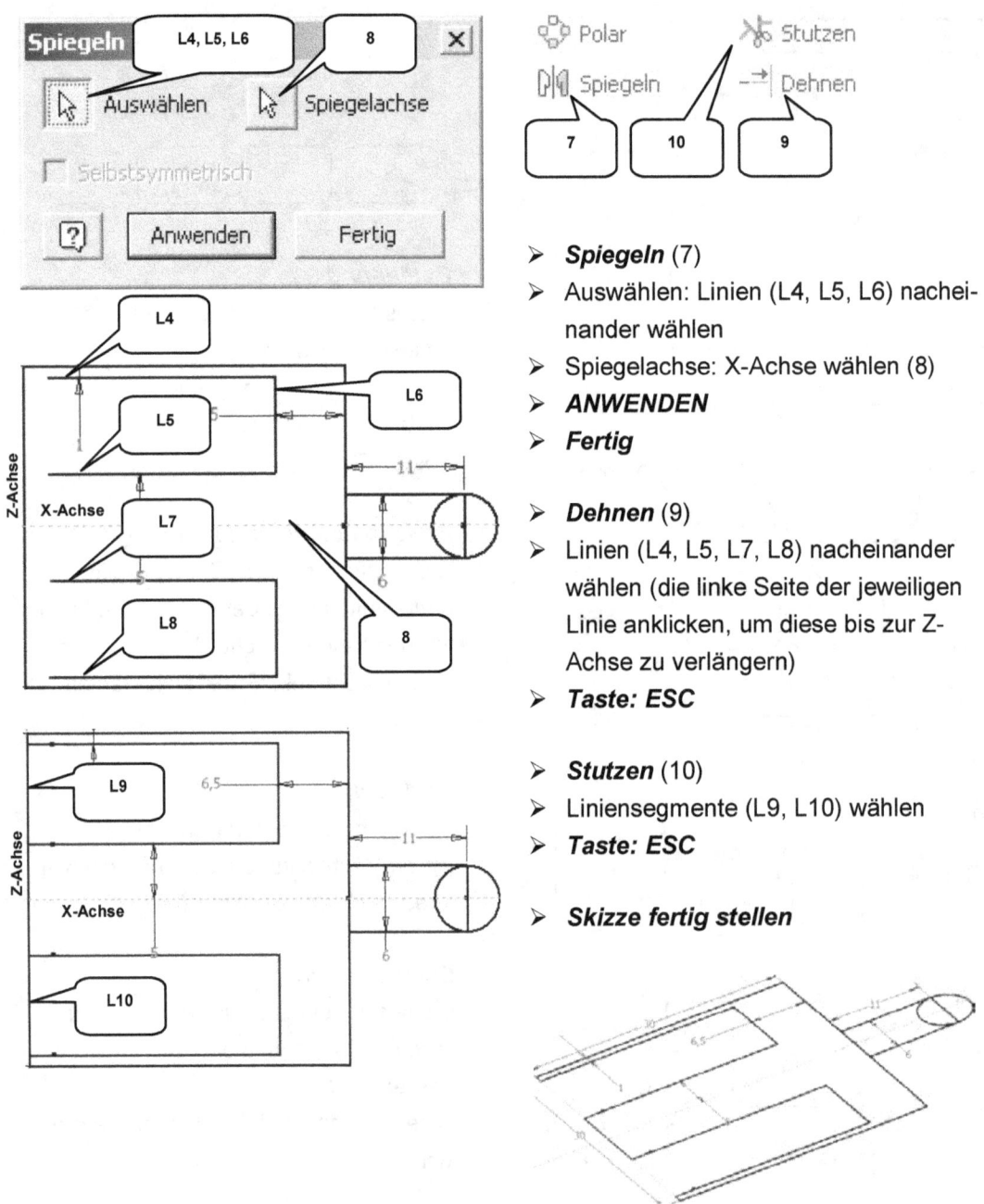

- **Spiegeln** (7)
- Auswählen: Linien (L4, L5, L6) nacheinander wählen
- Spiegelachse: X-Achse wählen (8)
- **ANWENDEN**
- **Fertig**

- **Dehnen** (9)
- Linien (L4, L5, L7, L8) nacheinander wählen (die linke Seite der jeweiligen Linie anklicken, um diese bis zur Z-Achse zu verlängern)
- **Taste: ESC**

- **Stutzen** (10)
- Liniensegmente (L9, L10) wählen
- **Taste: ESC**

- **Skizze fertig stellen**

HINWEIS: Der Befehl **Dehnen** verlängert ein Zeichenelement bis zum nächsten. Das Programm zeigt vor dem Verlängern eine Vorschau.

9.9 Extrudieren der Schnittmengenkontur

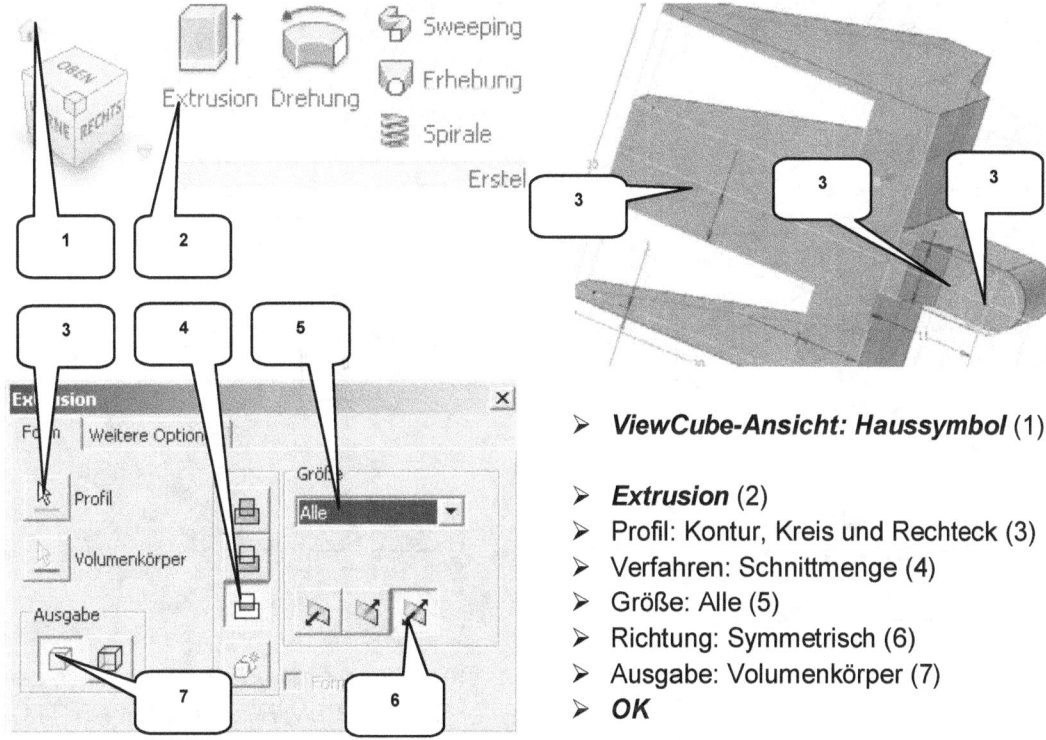

- **ViewCube-Ansicht: Haussymbol** (1)

- **Extrusion** (2)
- Profil: Kontur, Kreis und Rechteck (3)
- Verfahren: Schnittmenge (4)
- Größe: Alle (5)
- Richtung: Symmetrisch (6)
- Ausgabe: Volumenkörper (7)
- **OK**

9.10 Befestigungsbohrungen für die Zylinderbolzen einfügen

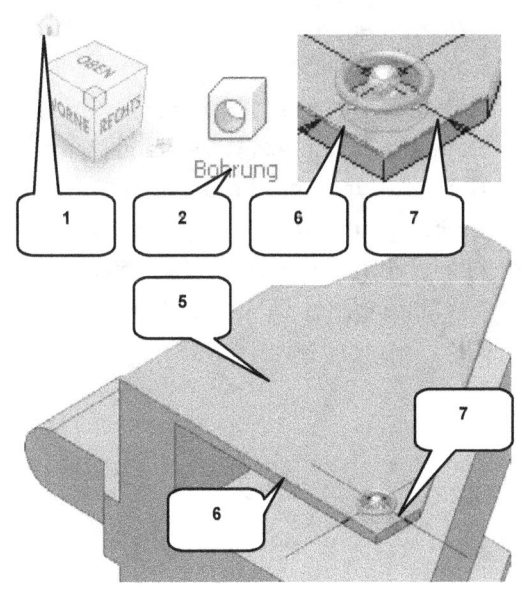

- **ViewCube-Ansicht: Haussymbol** (1)

- **Bohrung** (2)
- Platzierungstyp: Linear (3)
- Typ: Bohren (4)
- Ebene: Markierte Fläche (5)
- Referenz 1: Kante (6) (Abstand [3] mm)
- Referenz 2: Kante (7) (Abstand [3] mm)
- Bohrungstyp: Einfache Bohrung (8)
- Bohrungsdurchmesser: [3] mm (9)
- (Wert **nicht** durch **ENTER** bestätigen!)
- Ausführungstyp: Durch alle (10)
- **ANWENDEN**

- Bauteil: Hubgestell -

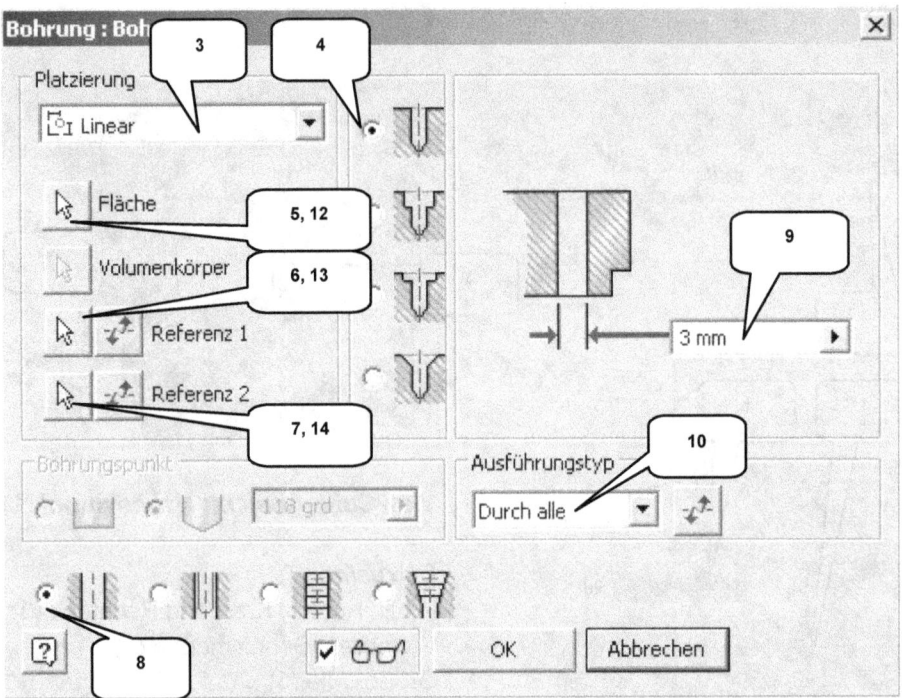

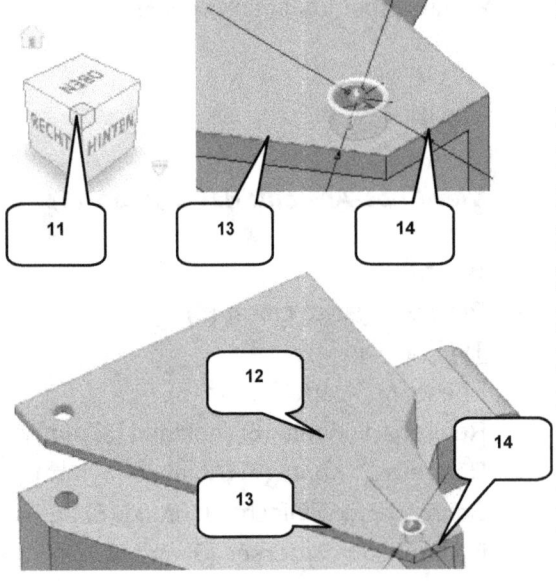

> **ViewCube-Ansicht: Ecke** zwischen den Flächen **OBEN, RECHTS, HINTEN** (11)

> **Bohrung** (2)
> Platzierungstyp: Linear (3)
> Typ: Bohren (4)
> Ebene: Markierte Fläche (12)
> Referenz 1: Kante (13) (Abstand [3] mm)
> Referenz 2: Kante (14) (Abstand [3] mm)
> Bohrungstyp: Einfache Bohrung (8)
> Bohrungsdurchmesser: [3] mm (9)
> (Wert **nicht** durch **ENTER** bestätigen!)
> Ausführungstyp: Durch alle (10)
> **OK**

9.11 Erzeugen einer versetzten Ebene

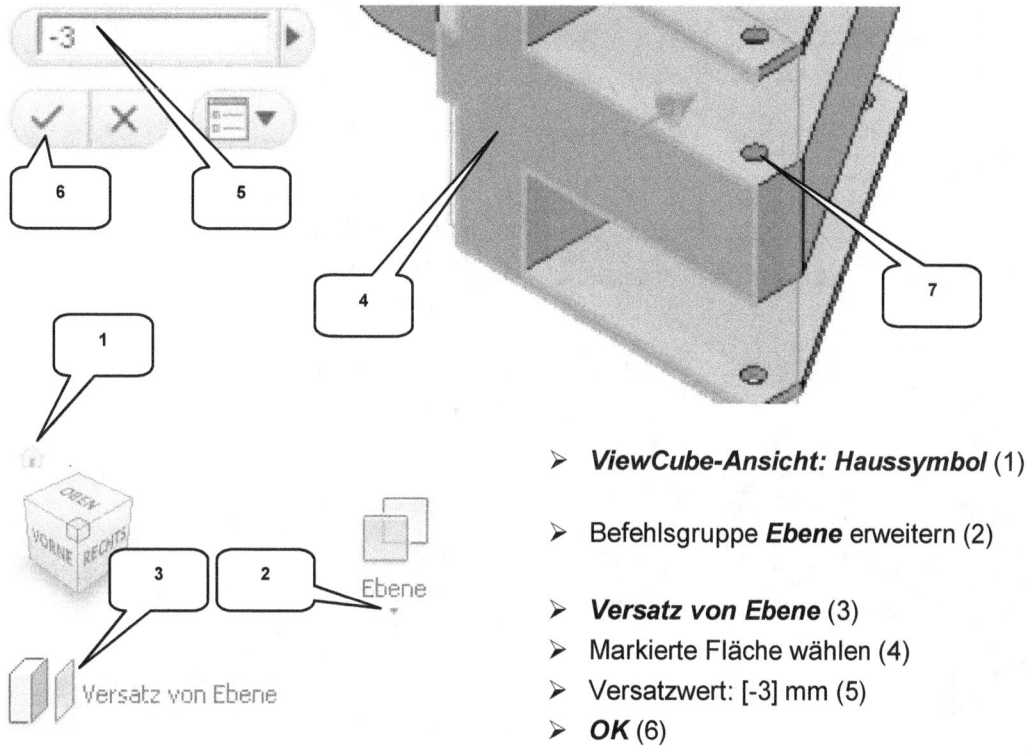

- ViewCube-Ansicht: **Haussymbol** (1)
- Befehlsgruppe **Ebene** erweitern (2)
- **Versatz von Ebene** (3)
- Markierte Fläche wählen (4)
- Versatzwert: [-3] mm (5)
- **OK** (6)

HINWEIS: Die neue Ebene sollte jetzt in den vorhandenen Volumenkörper hinein erzeugt worden sein und dort die **Bohrung1** schneiden (7).

9.12 2D-Skizze auf neuer Ebene erstellen

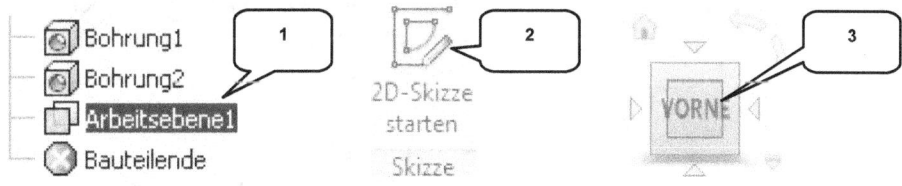

- „Arbeitsebene1" im Browser markieren (linke Maustaste) (1)

- **2D-Skizze starten** (2)
- **ViewCube-Ansicht: VORNE** (3)

- **Taste: F7** (Skizze freischneiden)

- Bauteil: Hubgestell -

9.13 Kanten projizieren, Basiskontur des Schutzblechs zeichnen

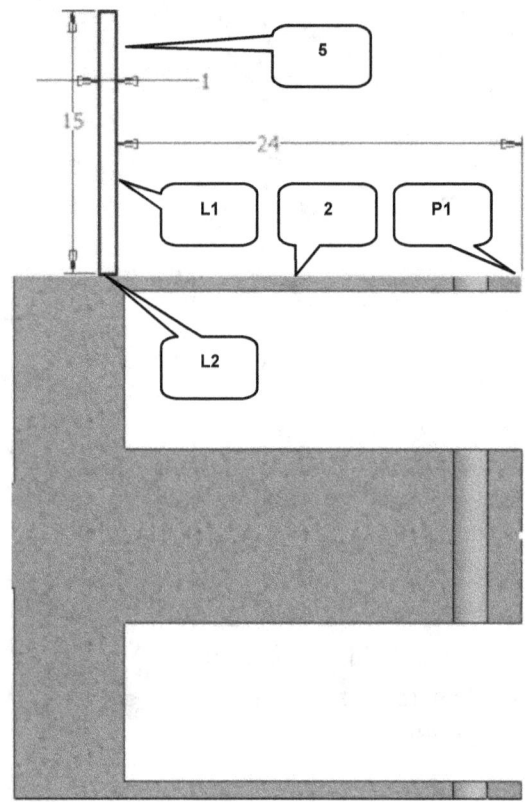

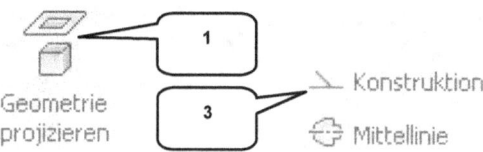

- **Geometrie projizieren** (1)
- Markierte Kante wählen (2)
- *Taste: ESC*
- Projizierte Kante markieren

- **Konstruktion** (3)
- *Taste: ESC*

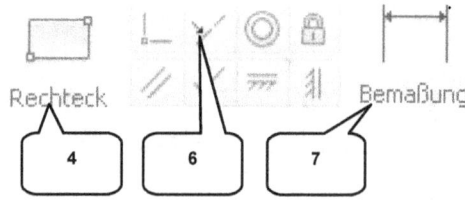

- **Rechteck** (4)
- Rechteck oberhalb der projizierten Kante zeichnen (5)
- *Taste: ESC*

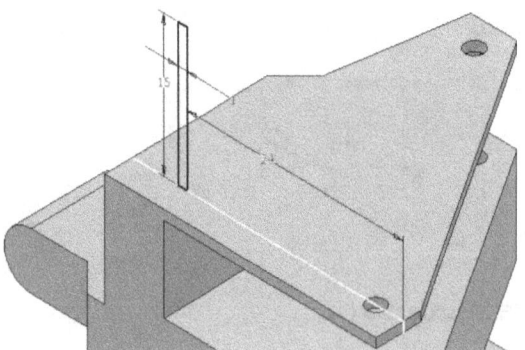

- **Abhängigkeit Kollinear** (6)
- Projizierte Linie wählen (2)
- Untere waagerechte Linie des Rechtecks wählen (L2)
- *Taste: ESC*

- **Bemaßung** (7)
- Rechteck bemaßen (1 x 15 mm)
- Abstand der Linie (L1) zum Endpunkt der projizierten Linie (P1) bemaßen (24 mm)
- *Taste: ESC*

- **Skizze fertig stellen**

9.14 Erzeugen einer Arbeitsachse

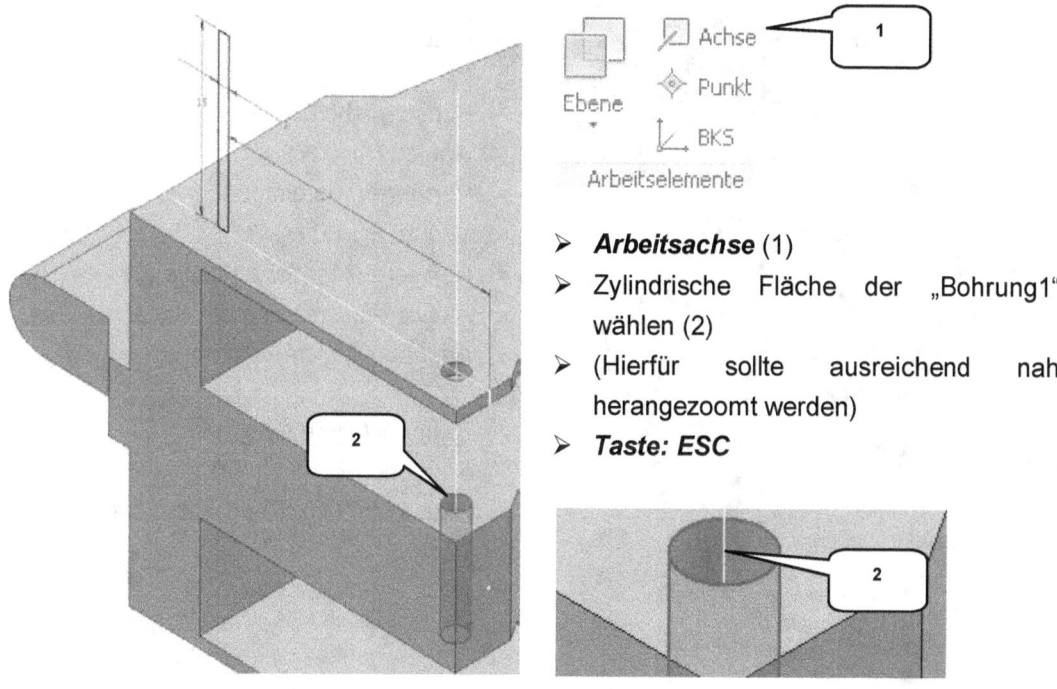

- **Arbeitsachse** (1)
- Zylindrische Fläche der „Bohrung1" wählen (2)
- (Hierfür sollte ausreichend nah herangezoomt werden)
- **Taste: ESC**

9.15 Drehen der Skizzenkontur um die neu erzeugte Arbeitsachse

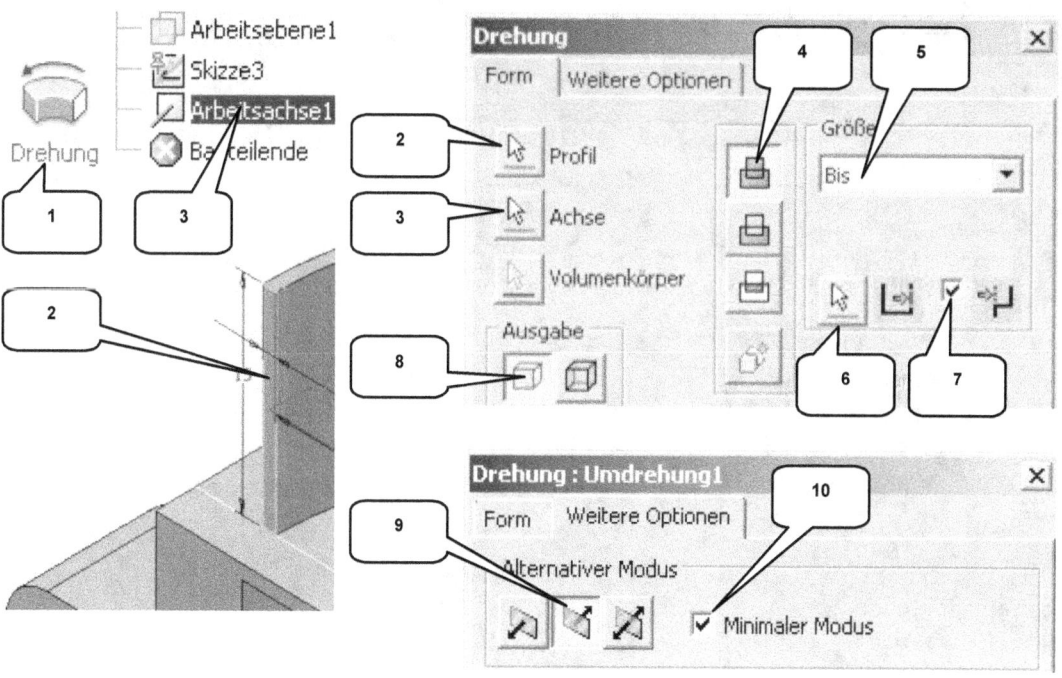

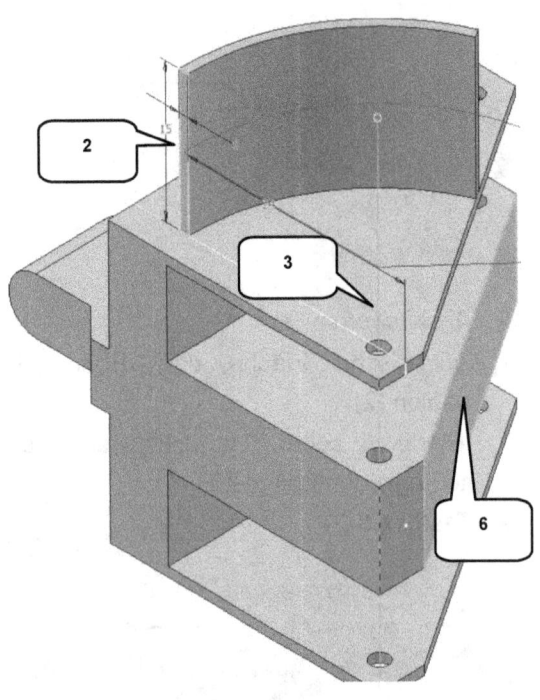

- **Drehung** (1)

- Reiter: Form
- Profil: Rechteck (2) wählen
- Achse: „Arbeitsachse1" im Browser wählen (3)
- Verfahren: Vereinigung (4)
- Größe: Bis (5)
- Referenz: Markierte Fläche (6)
- Aktivieren: Drehelement endet ... (7)
- Ausgabe: Volumenkörper (8)

- Reiter: Weitere Optionen
- Richtung: Richtung 2 (9)
- Aktivieren: Minimaler Modus (10)

- **OK**

9.16 Runden des Schutzblechs

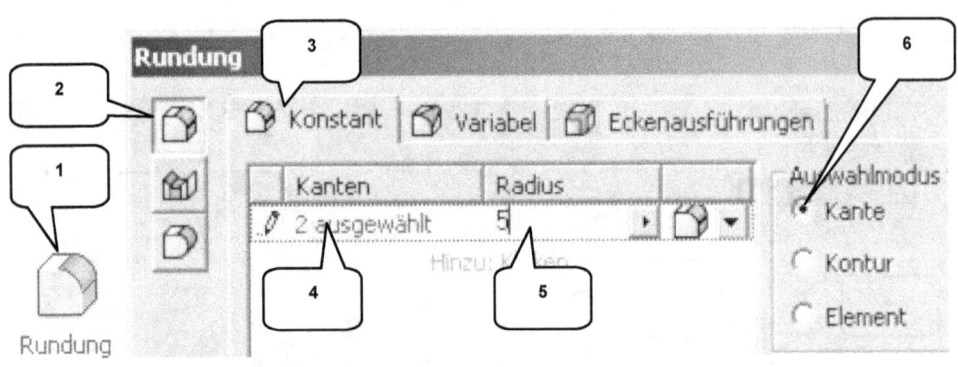

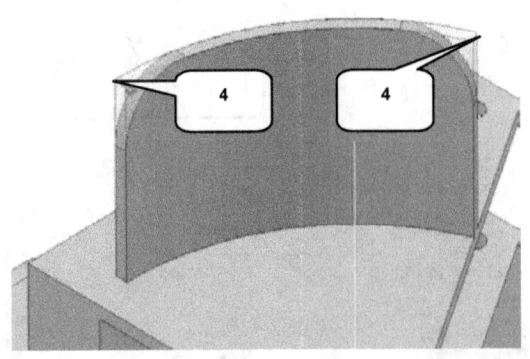

- **Rundung** (1)
- Option: Kantenabrundung (2)
- Reiter: Konstant (3)
- Kanten: 2 markierte Kanten wählen (4)
- Radius: [5] mm (5)
- Auswahlmodus: Kante (6)
- **OK**

9.17 Schutzblech spiegeln

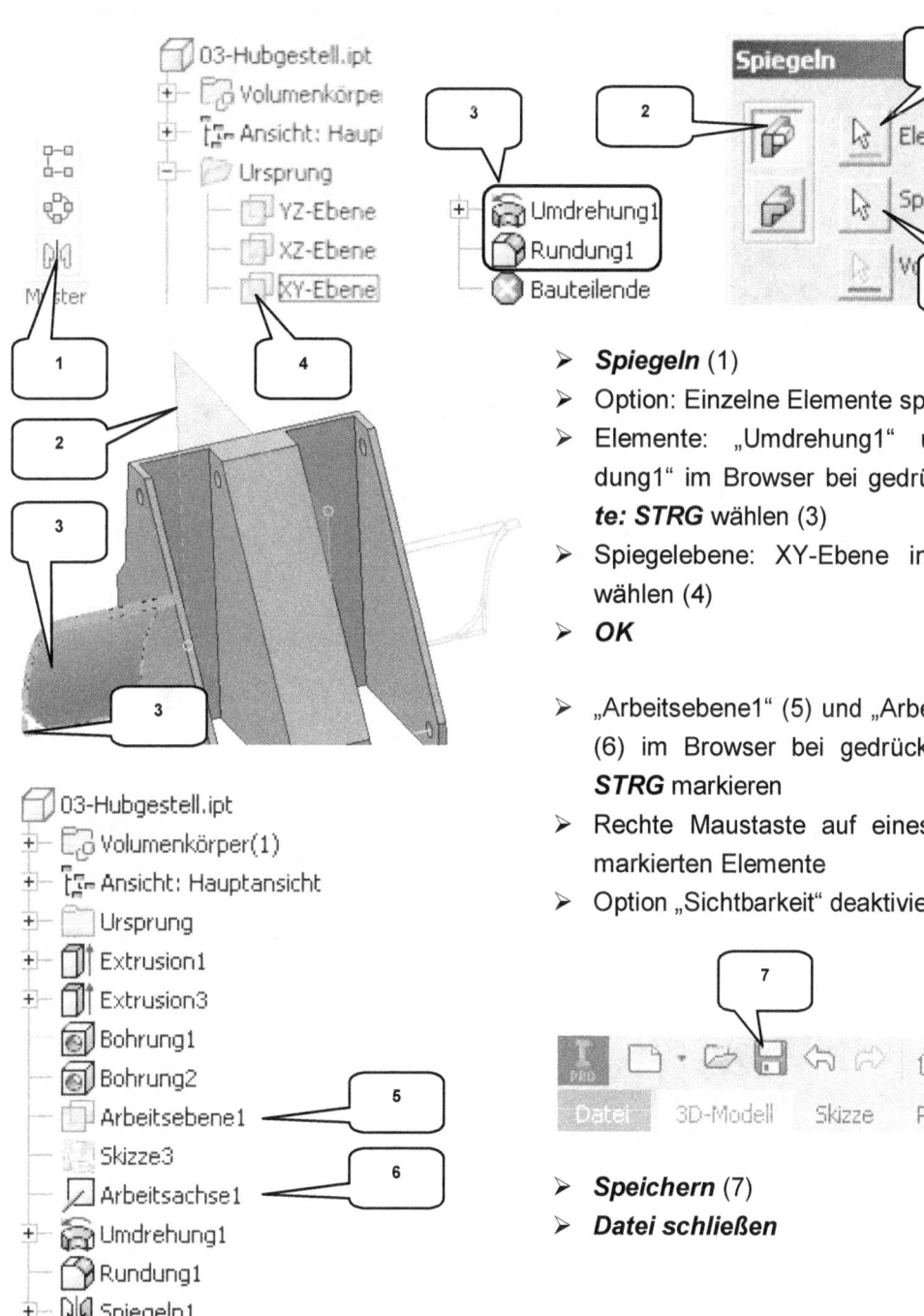

- **Spiegeln** (1)
- Option: Einzelne Elemente spiegeln (2)
- Elemente: „Umdrehung1" und „Rundung1" im Browser bei gedrückter **Taste: STRG** wählen (3)
- Spiegelebene: XY-Ebene im Browser wählen (4)
- **OK**

- „Arbeitsebene1" (5) und „Arbeitsachse1" (6) im Browser bei gedrückter **Taste: STRG** markieren
- Rechte Maustaste auf eines der jetzt markierten Elemente
- Option „Sichtbarkeit" deaktivieren

- **Speichern** (7)
- **Datei schließen**

10 Bauteil: Ausleger

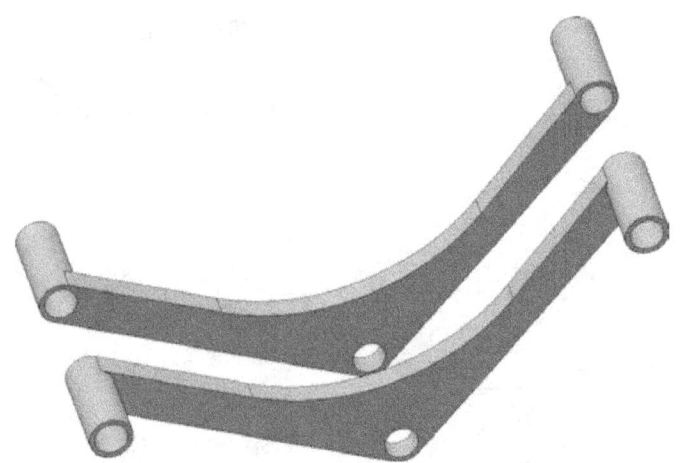

10.1 Bauteil „04-Ausleger" erstellen

- **Neu** (1)
- Templates (2)
- Bauteil: Norm.ipt (3)
- **Erstellen** (4)

- **Speichern** (5)
- Dateiname: [04-Ausleger] (6)
- **Speichern** (7)

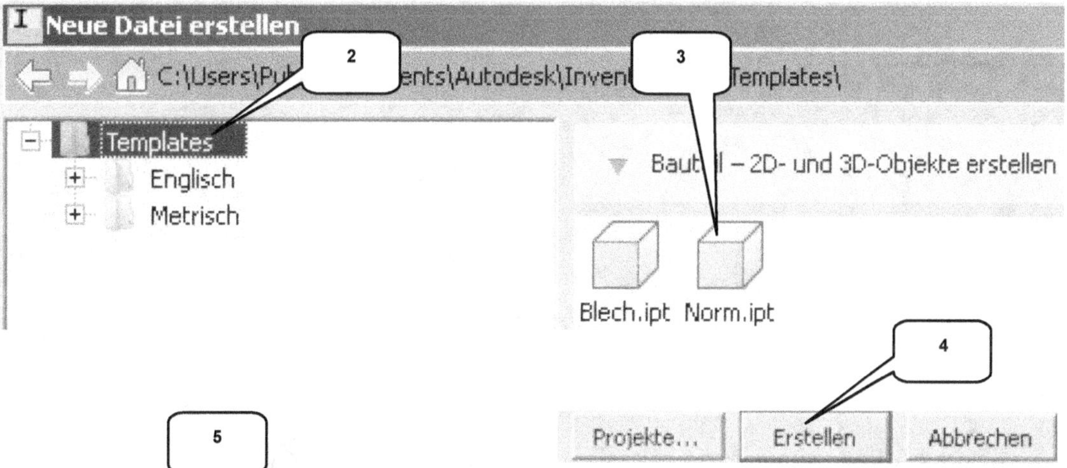

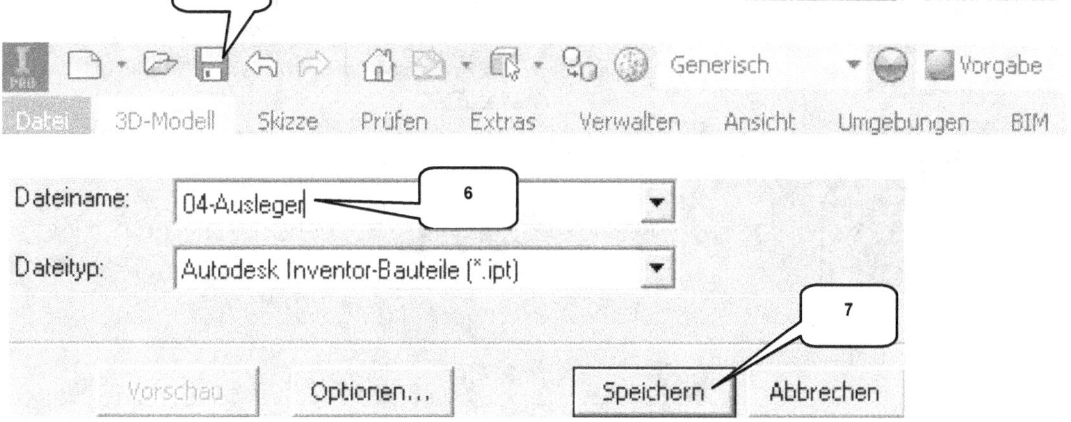

10.2 2D-Skizze auf XY-Ebene öffnen

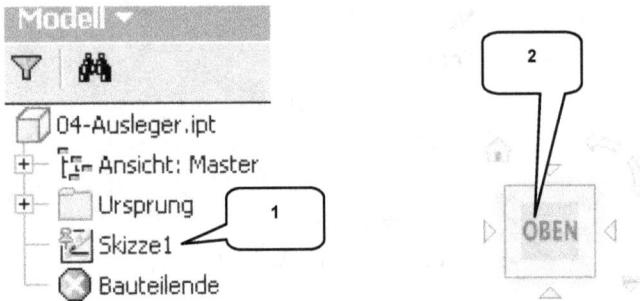

> „Skizze1" im Browser doppelklicken (1)

> **ViewCube-Ansicht: OBEN** (2)

10.3 Achsen projizieren und als Konstruktionsobjekte definieren

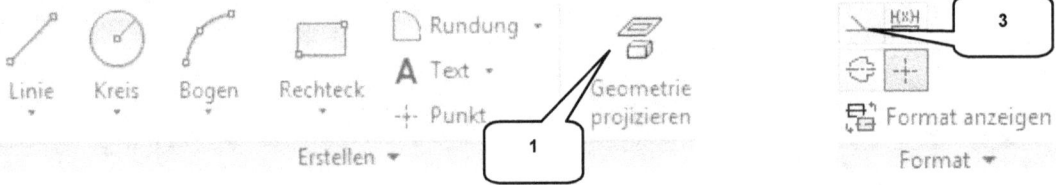

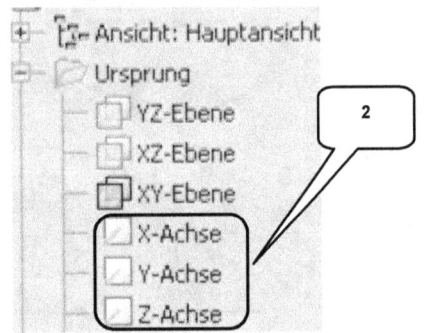

> **Geometrie projizieren** (1)
> Ordner **Ursprung** im Browser aufklappen
> X-, Y-, Z-Achse nacheinander wählen (2)
> **Taste: ESC**
> Die projizierten Achsen markieren

> **Konstruktion** (3)
> **Taste: ESC**

10.4 Zeichnen der Basiskontur

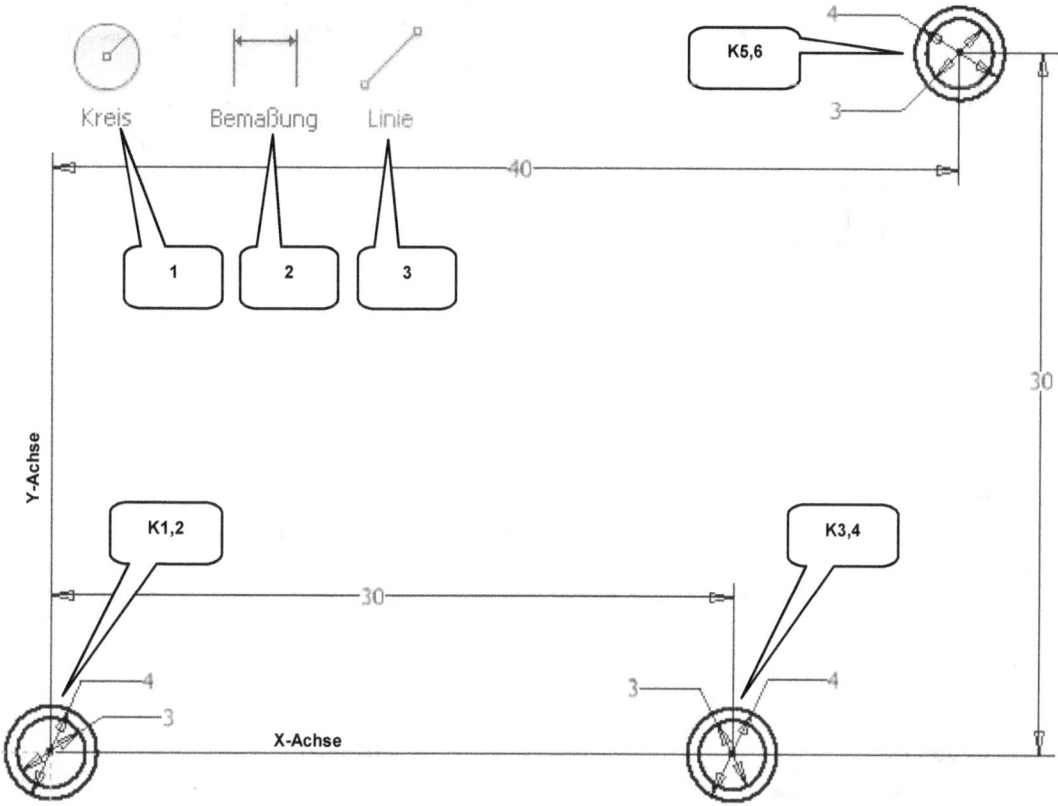

- **Kreis durch Mittelpunkt** (1)
- 6 Kreise zeichnen wie dargestellt (D1= [3] mm, D2= [4] mm) (K1...6)
- **Taste: ESC**

- **Bemaßung** (2)
- Bemaßen wie dargestellt
- **Taste: ESC**

- **Linie** (3)
- Linie (L1) zeichnen (Zw. den Kreisaußenpunkten P1 und P2)
- Linie (L2) zeichnen (Zw. den Kreisaußenpunkten P3 und P4)
- Linie (L3) zeichnen (Zw. den Kreisaußenpunkten P2 und P5)
- Linie (L4) zeichnen (rechts neben der Kontur wie dargestellt)
- **Taste: ESC**

- **Abhängigkeit Tangential** (4)
- Linie (L4) und Kreis (K4) nacheinander wählen (Kreis mit D= 4mm)
- Linie (L4) und Kreis (K6) nacheinander wählen (Kreis mit D= 4mm)
- **Taste: ESC**

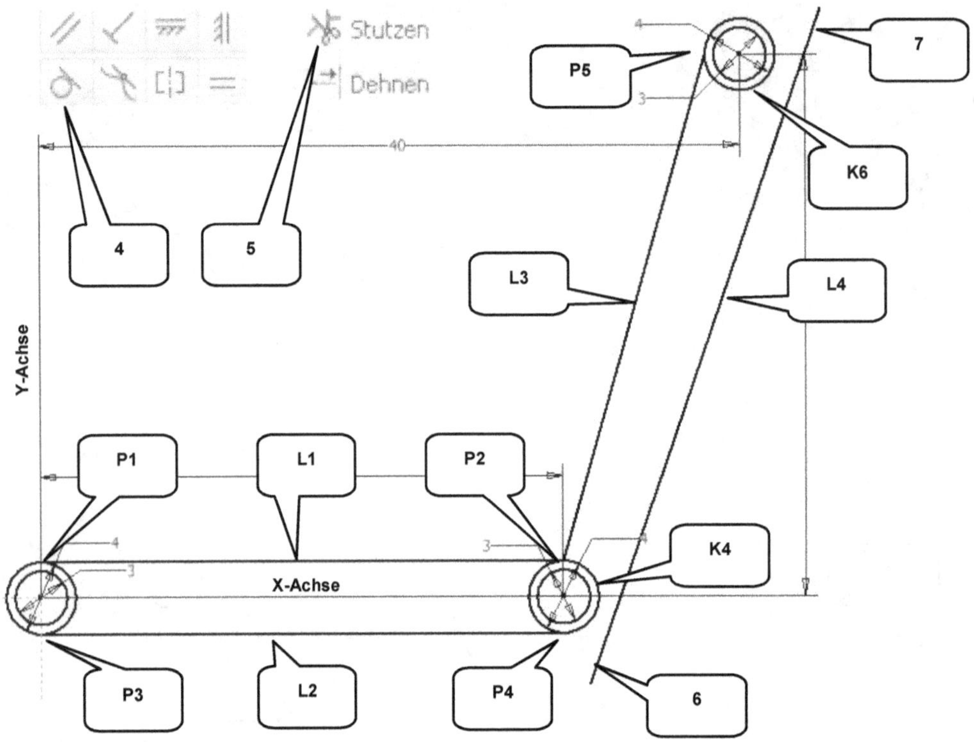

- Bauteil: Ausleger -

- ➤ **Stutzen** (5)
- ➤ Linienende (6) wählen
- ➤ Linienende (7) wählen

- ➤ **Taste: ESC**
- ➤ **Skizze fertig stellen**

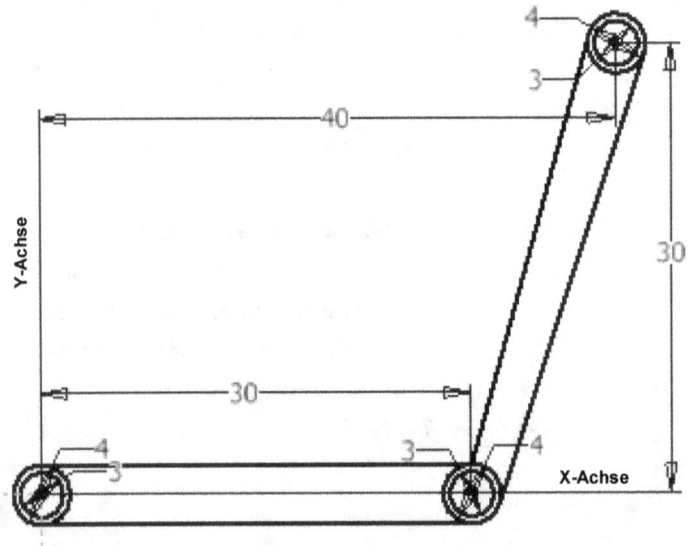

10.5 Extrudieren der beiden äußeren Kreisringe

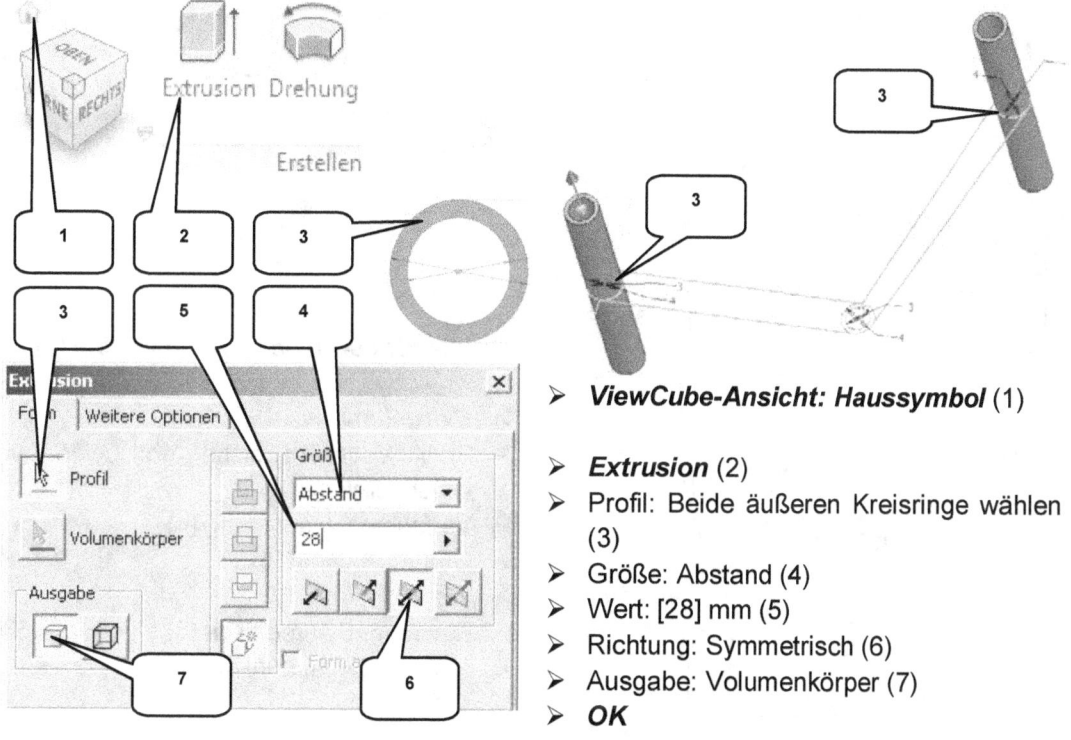

- **ViewCube-Ansicht: Haussymbol** (1)
- **Extrusion** (2)
- Profil: Beide äußeren Kreisringe wählen (3)
- Größe: Abstand (4)
- Wert: [28] mm (5)
- Richtung: Symmetrisch (6)
- Ausgabe: Volumenkörper (7)
- **OK**

HINWEIS: Zu extrudieren sind lediglich die beiden markierten Kreisringe (Pos. (3)). Der mittlere Kreisring und die restlichen Konturen bleiben vorerst unbearbeitet.

10.6 Skizze wieder verwenden

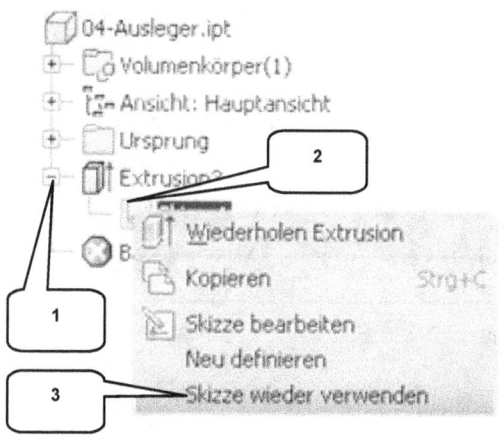

- Extrusion im Browser erweitern (1)
- Rechte Maustaste auf die darin enthaltene Skizze (2)
- Option: Skizze wieder verwenden (3)

HINWEIS: Bereits verbrauchte Skizzen können mit diesem Befehl reaktiviert und wiederverwendet werden.

10.7 Extrudieren der Zwischenbereiche

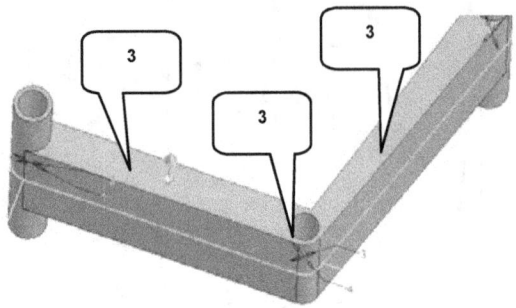
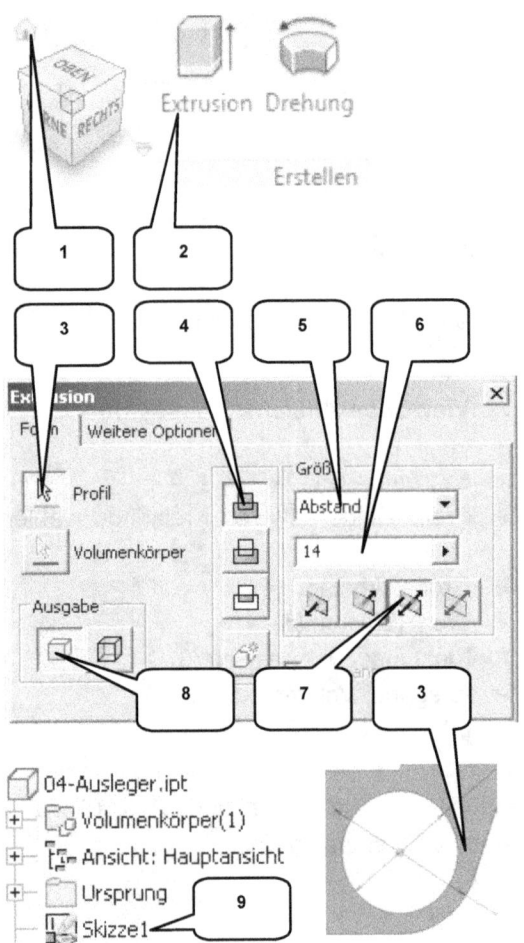

- **ViewCube-Ansicht: Haussymbol** (1)

- **Extrusion** (2)
- Profil: Mittlerer Kreisring und beide Zwischenbereiche (3)
- Verfahren: Vereinigung (4)
- Größe: Abstand (5)
- Wert: [14] mm (6)
- Richtung: Symmetrisch (7)
- Ausgabe: Volumenkörper (8)
- **OK**

- Rechte Maustaste auf die reaktivierte Skizze im Browser (9)
- Option „Sichtbarkeit" deaktivieren

10.8 Runden der inneren Kante

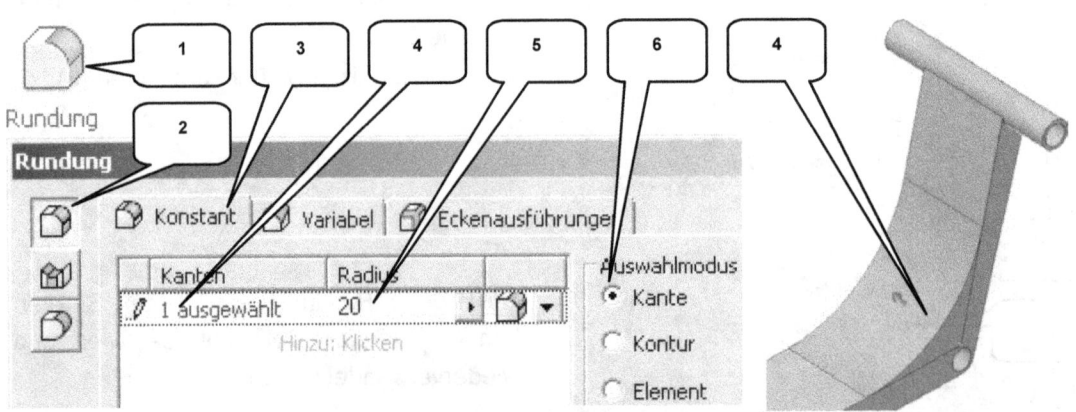

- ➢ **Rundung** (1)
- ➢ Option: Kantenabrundung (2)
- ➢ Reiter: Konstant (3)
- ➢ Kanten: Markierte Kante wählen (4)

- ➢ Radius: [20] mm (5)
- ➢ Auswahlmodus: Kante (6)
- ➢ **OK**

10.9 2D-Skizze auf der XZ-Ebene erzeugen

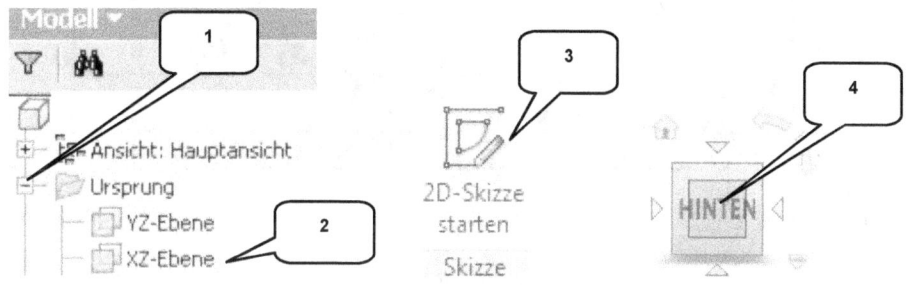

- ➢ Ordner **Ursprung** im Browser erweitern (1)
- ➢ „XZ-Ebene" im Browser markieren (linke Maustaste) (2)

- ➢ **2D-Skizze starten** (3)
- ➢ **ViewCube-Ansicht: HINTEN** (4)

10.10 Achsen projizieren und als Konstruktionsobjekte definieren

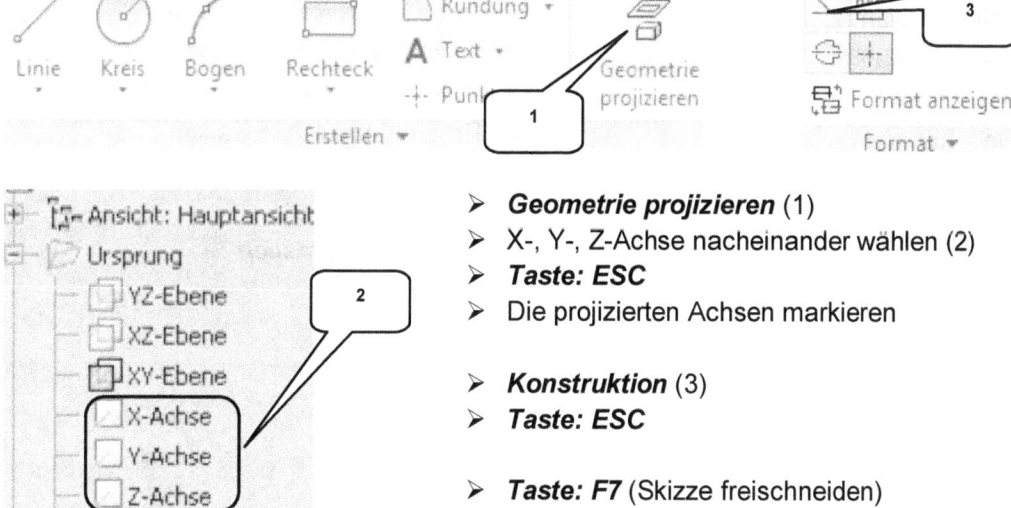

- ➢ **Geometrie projizieren** (1)
- ➢ X-, Y-, Z-Achse nacheinander wählen (2)
- ➢ **Taste: ESC**
- ➢ Die projizierten Achsen markieren

- ➢ **Konstruktion** (3)
- ➢ **Taste: ESC**

- ➢ **Taste: F7** (Skizze freischneiden)

10.11 Zeichnen der Subtraktionsgeometrie

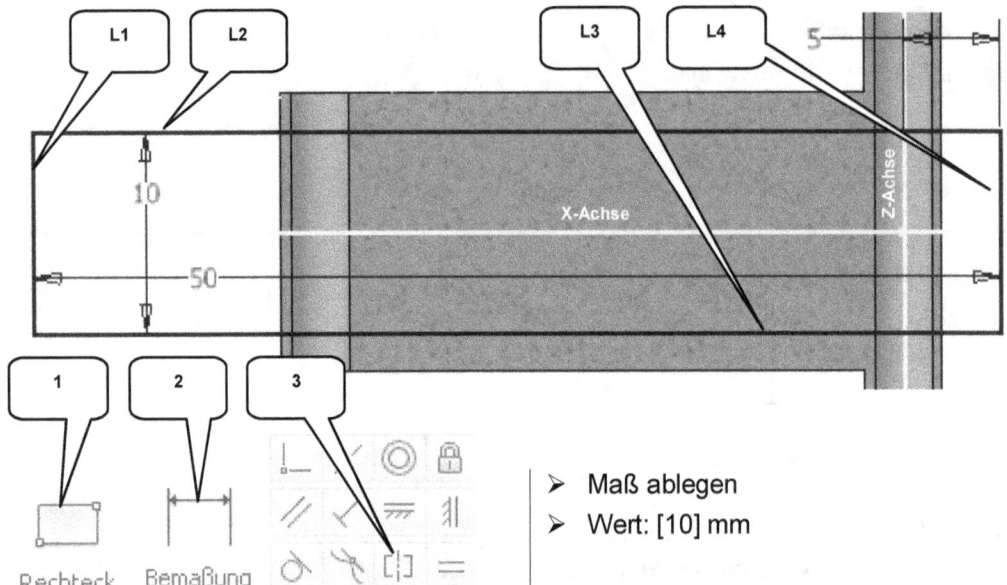

- **Rechteck** (1)
- Rechteck zeichnen wie dargestellt
- **Taste: ESC**

- **Bemaßung** (2)
- Linie (L1) wählen
- Linie (L4) wählen
- Maß ablegen
- Wert: [50] mm

- Linie (L2) wählen
- Linie (L3) wählen
- Maß ablegen
- Wert: [10] mm

- Linie (L4) wählen
- Z-Achse wählen
- Maß ablegen
- Wert: [5] mm
- **Taste: ESC**

- **Abhängigkeit Symmetrisch** (3)
- Linie (L2) wählen
- Linie (L3) wählen
- Projizierte X-Achse wählen
- **Taste: ESC**

- **Skizze fertig stellen**

HINWEIS: Beim Bemaßen des Abstandes zwischen Linie (L4) und der Z-Achse ist darauf zu achten, dass die Linie (L4) *rechts* neben der *Z-Achse* liegt.

- Bauteil: Ausleger -

10.12 Extrudieren der Differenzkontur

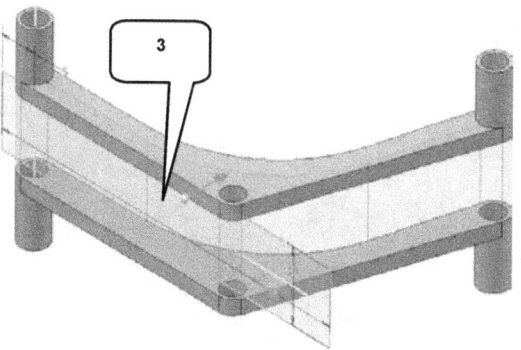

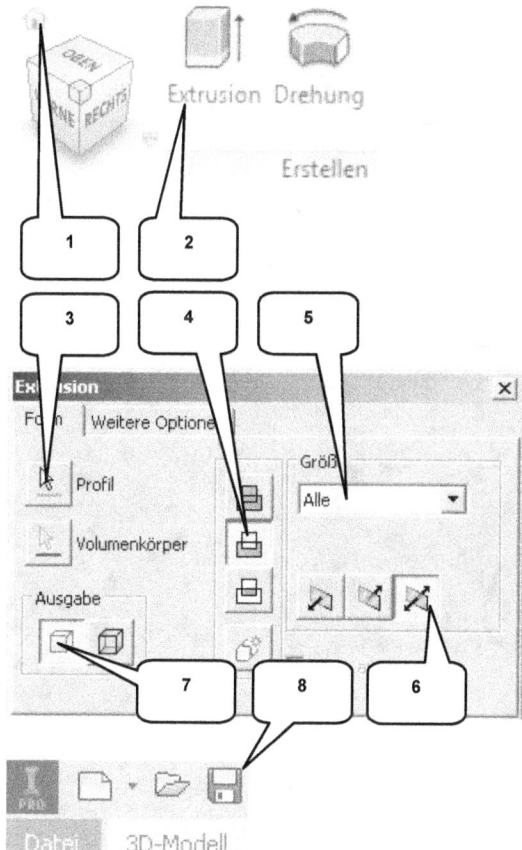

- **ViewCube-Ansicht: Haussymbol** (1)

- **Extrusion** (2)
- Profil: Rechteck (3)
- Verfahren: Differenz (4)
- Größe: Alle (5)
- Richtung: Symmetrisch (6)
- Ausgabe: Volumenkörper (7)
- **OK**

- **Speichern** (8)
- **Datei schließen**

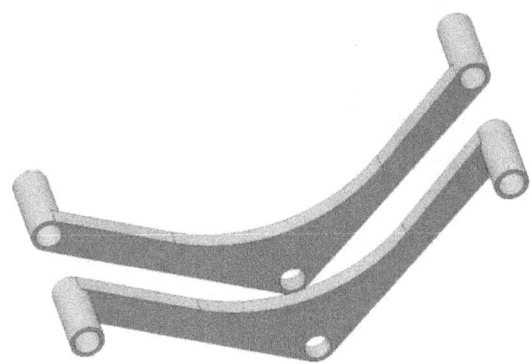

11 Bauteil: Greiferstiel

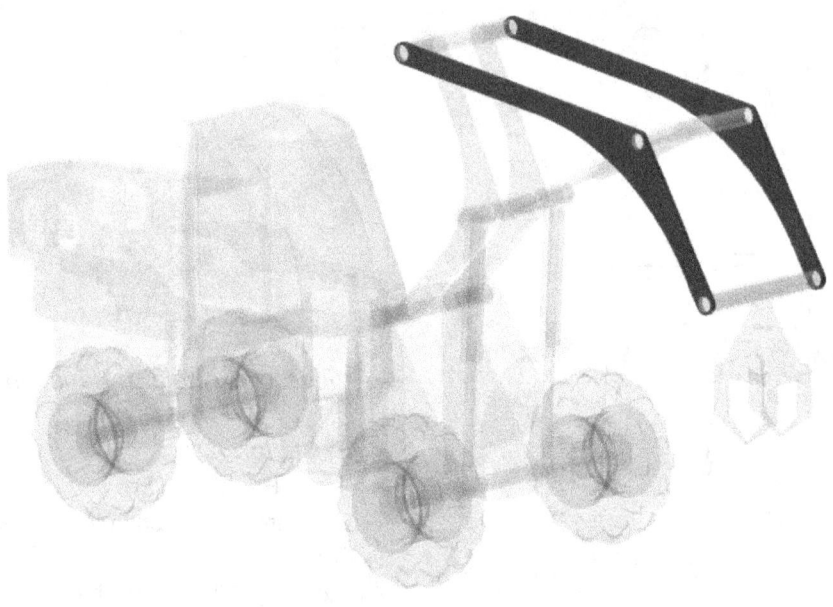

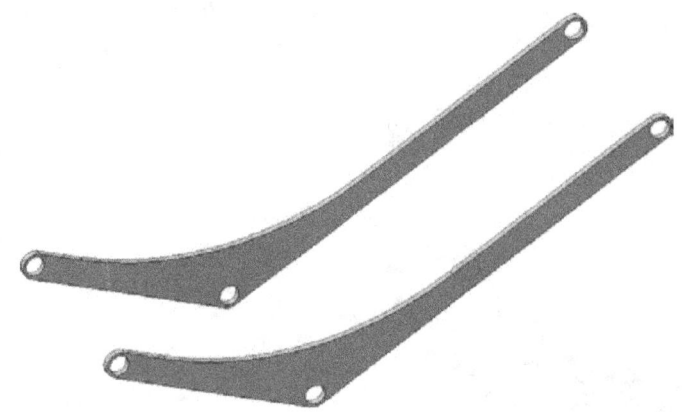

11.1 Bauteil „05-Greiferstiel" erstellen

- **Neu** (1)
- Templates (2)
- Bauteil: Norm.ipt (3)
- **Erstellen** (4)

- **Speichern** (5)
- Dateiname: [05-Greiferstiel] (6)
- **Speichern** (7)

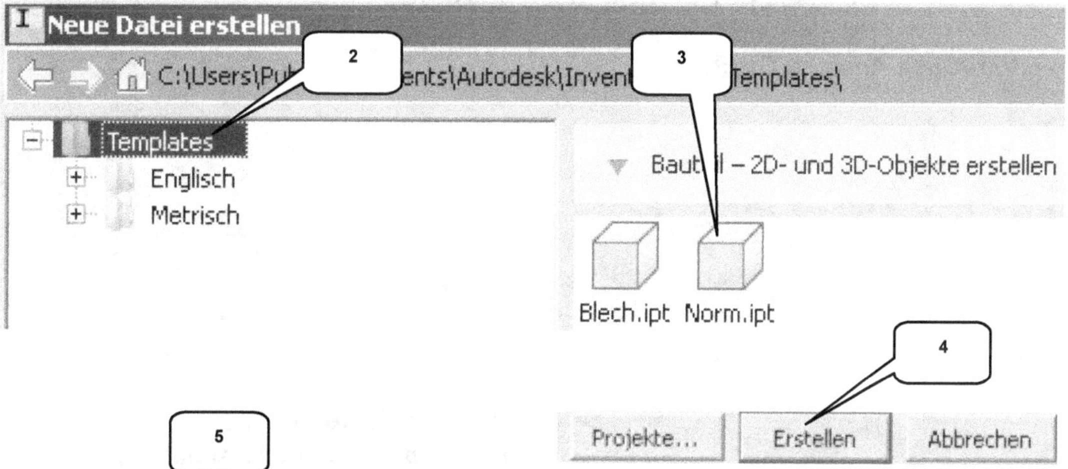

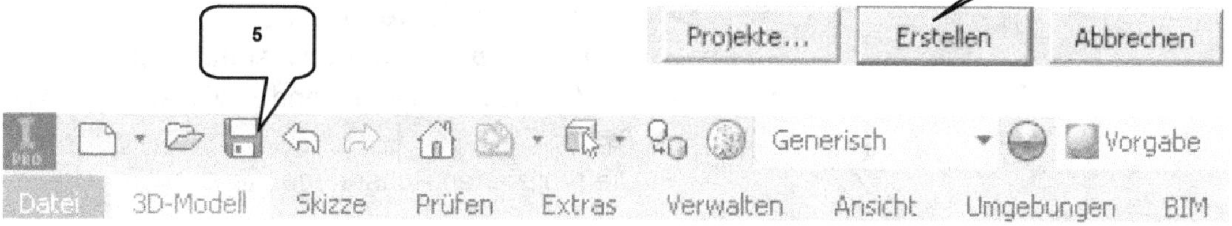

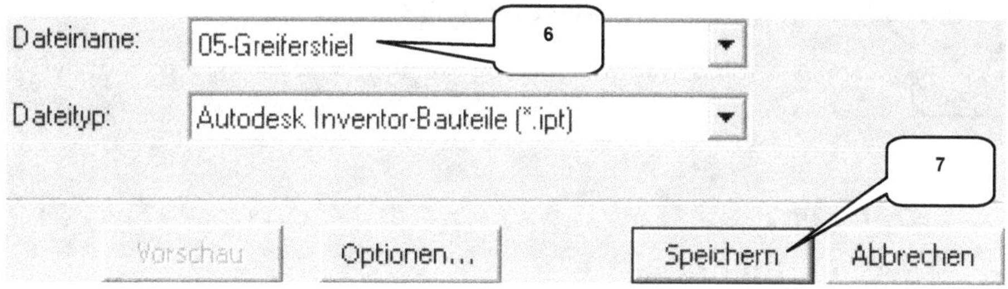

11.2 2D-Skizze auf XY-Ebene öffnen

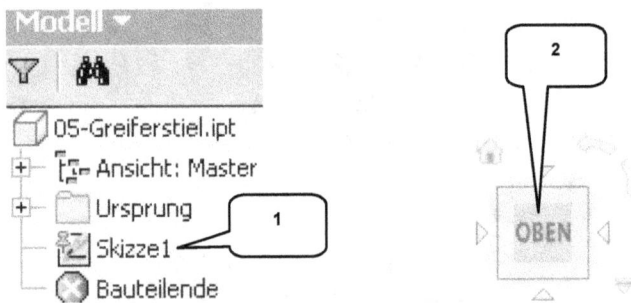

> „Skizze1" im Browser doppelklicken (linke Maustaste) (1)

> **ViewCube-Ansicht: OBEN** (2)

11.3 Achsen projizieren und als Konstruktionsobjekte definieren

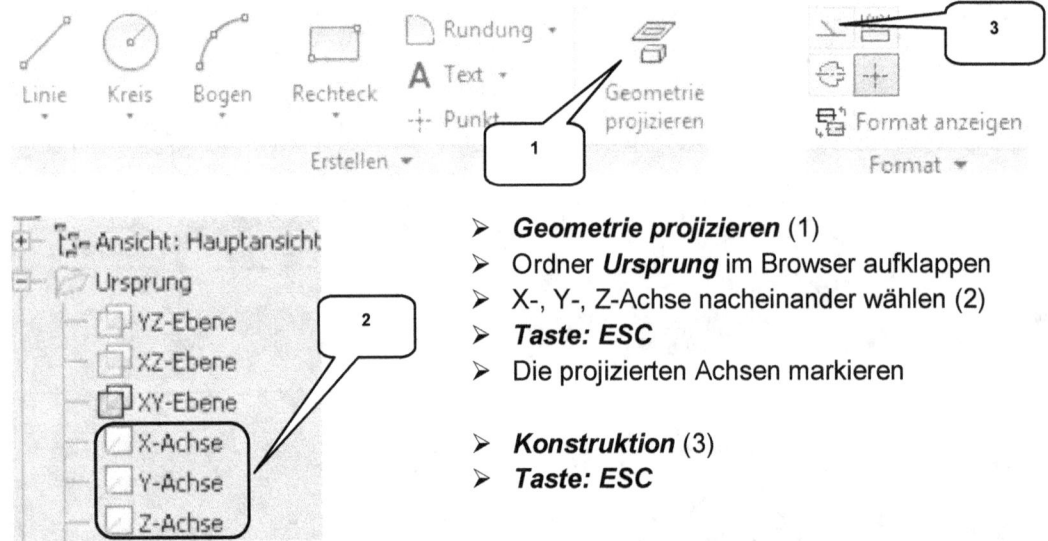

> **Geometrie projizieren** (1)
> Ordner **Ursprung** im Browser aufklappen
> X-, Y-, Z-Achse nacheinander wählen (2)
> **Taste: ESC**
> Die projizierten Achsen markieren

> **Konstruktion** (3)
> **Taste: ESC**

- Bauteil: Greiferstiel -

11.4 Zeichnen der Basiskontur

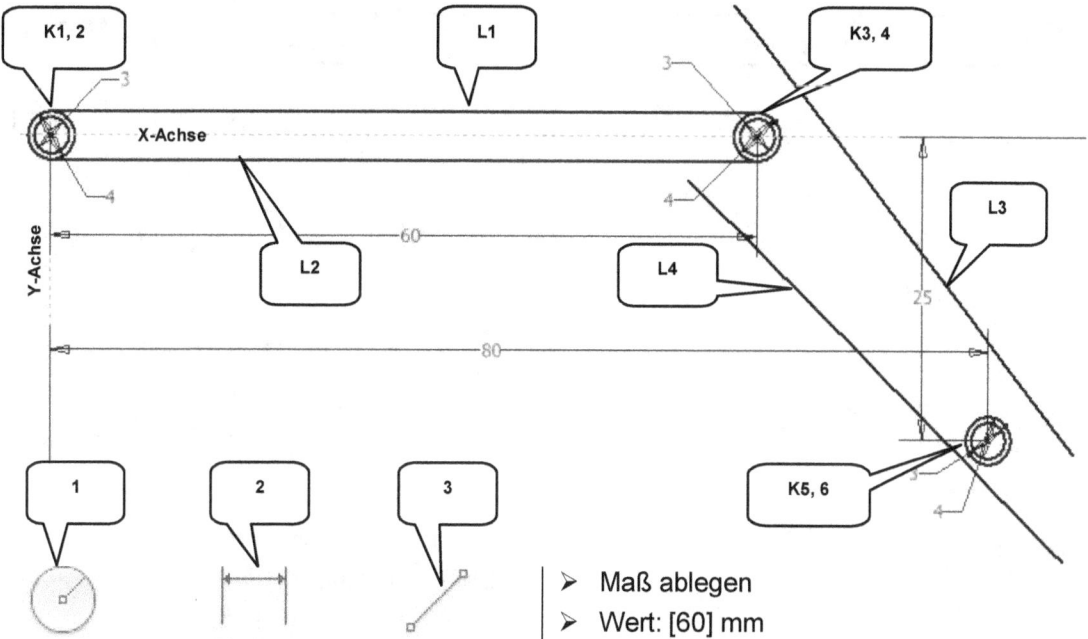

- **Kreis durch Mittelpunkt** (1)
- Zwei konzentrische Kreise im Koordinatenursprung zeichnen (D1= [3] mm, D2= [4] mm) (K1,2)
- Zwei konzentrische Kreise (D1= [3] mm, D2= [4] mm) auf der X-Achse und rechts neben der Y-Achse zeichnen (K3,4)
- Zwei konzentrische Kreise (D1= [3] mm, D2= [4] mm) unterhalb der X-Achse und rechts neben der Y-Achse zeichnen (K5,6)
- **Taste: ESC**

- **Bemaßung** (2)
- Mittelpunkte der Kreise (K3,4) wählen
- Projizierte Y-Achse wählen
- Maß ablegen
- Wert: [60] mm
- Mittelpunkte der Kreise (K5,6) wählen
- Projizierte Y-Achse wählen
- Maß ablegen
- Wert: [80] mm
- Mittelpunkte der Kreise (K5,6) wählen
- Projizierte X-Achse wählen
- Maß ablegen
- Wert: [25] mm
- **Taste: ESC**

- **Linie** (3)
- Linie (L1) zeichnen (Linie verbindet die oberen Kreispunkte von K1,2 und K3,4)
- Linie (L2) zeichnen (Linie verbindet die unteren Kreispunkte von K1,2 und K3,4)
- Eine freiliegende Linie (L3) zeichnen
- Eine freiliegende Linie (L4) zeichnen
- **Taste: ESC**

- Bauteil: Greiferstiel -

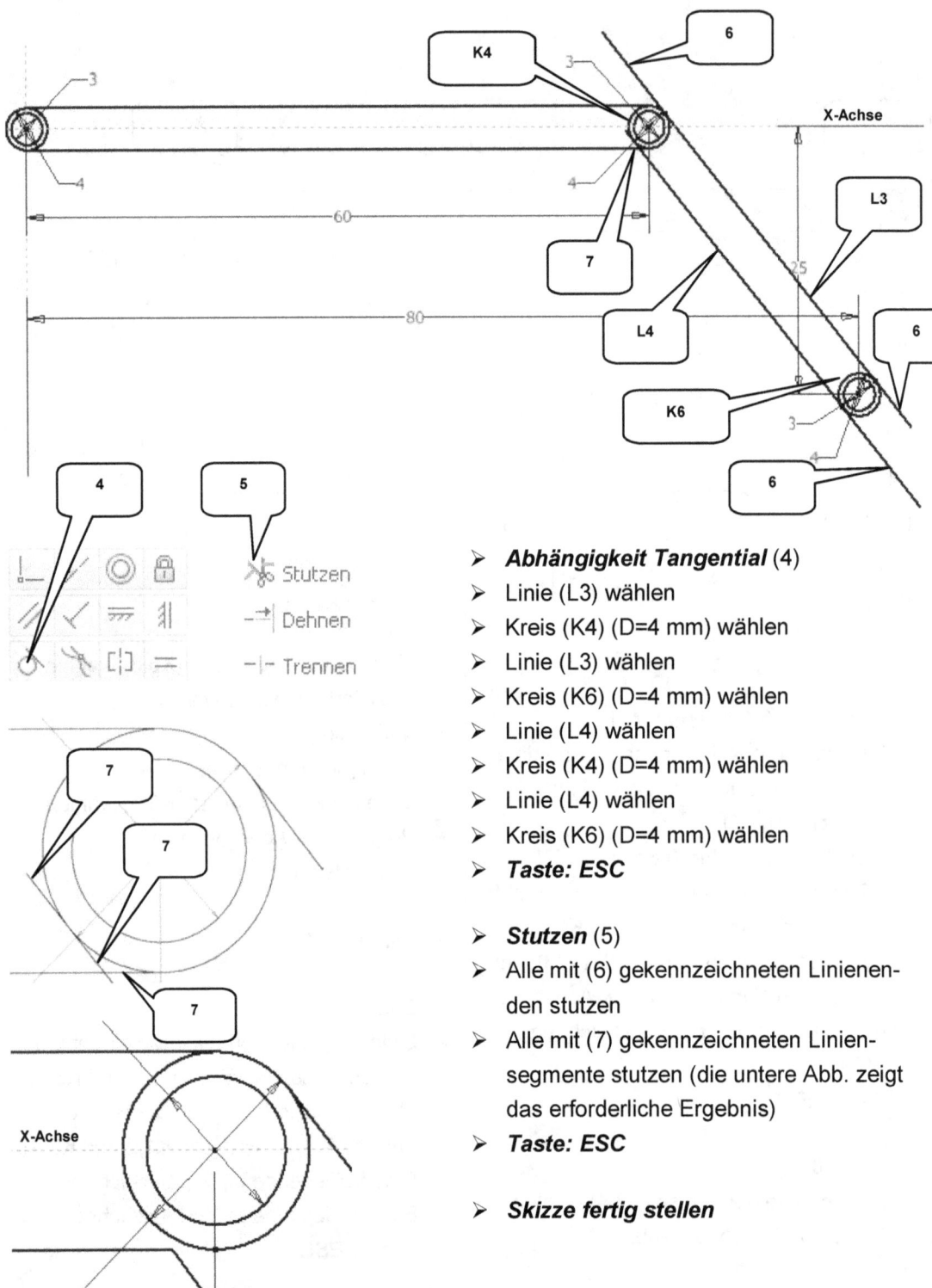

- **Abhängigkeit Tangential** (4)
- Linie (L3) wählen
- Kreis (K4) (D=4 mm) wählen
- Linie (L3) wählen
- Kreis (K6) (D=4 mm) wählen
- Linie (L4) wählen
- Kreis (K4) (D=4 mm) wählen
- Linie (L4) wählen
- Kreis (K6) (D=4 mm) wählen
- **Taste: ESC**

- **Stutzen** (5)
- Alle mit (6) gekennzeichneten Linienenden stutzen
- Alle mit (7) gekennzeichneten Liniensegmente stutzen (die untere Abb. zeigt das erforderliche Ergebnis)
- **Taste: ESC**

- **Skizze fertig stellen**

11.5 Extrudieren der Basiskontur

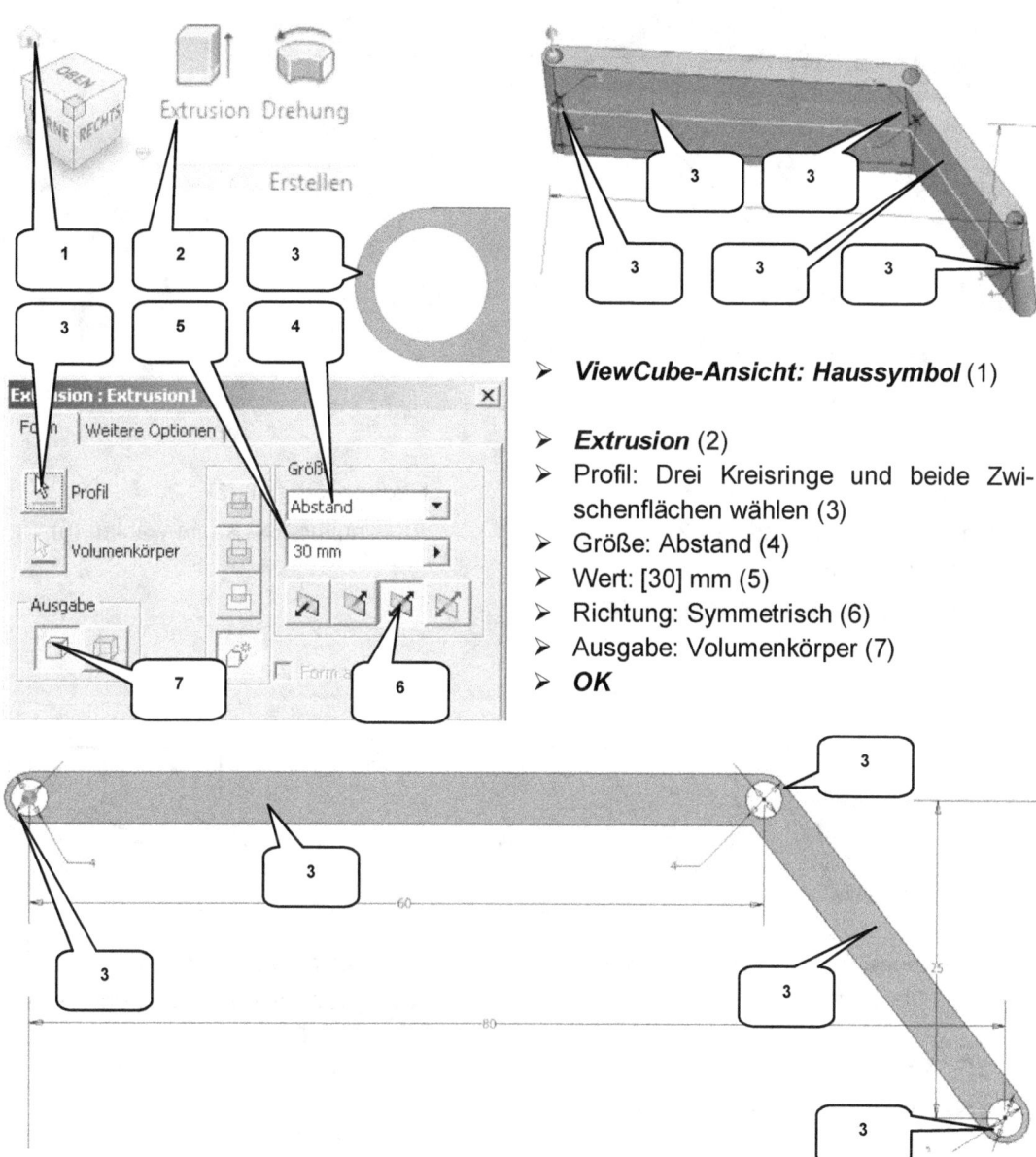

- **ViewCube-Ansicht: Haussymbol** (1)
- **Extrusion** (2)
- Profil: Drei Kreisringe und beide Zwischenflächen wählen (3)
- Größe: Abstand (4)
- Wert: [30] mm (5)
- Richtung: Symmetrisch (6)
- Ausgabe: Volumenkörper (7)
- **OK**

HINWEIS: Neben den beiden großflächigen Konturen sind die 3 Kreisflächen (Bereiche zwischen den Durchmessern 3 und 4 mm) zu extrudieren. Die Bohrungen (D=3 mm) sollen nicht extrudiert werden.

11.6 Runden der inneren Kante

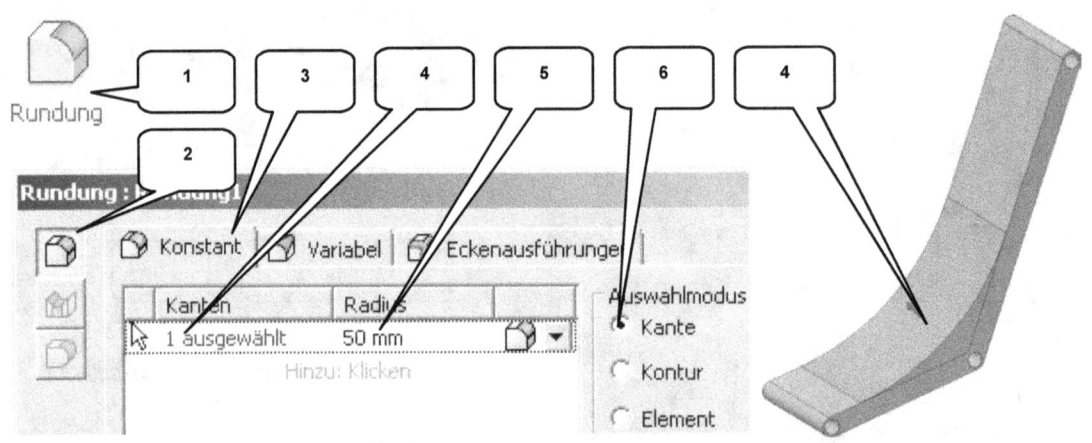

- **Rundung** (1)
- Option: Kantenabrundung (2)
- Reiter: Konstant (3)
- Kanten: Markierte Kante wählen (4)

- Radius: [50] mm (5)
- Auswahlmodus: Kante wählen (5)
- **OK**

11.7 2D-Skizze auf der XZ-Ebene erzeugen

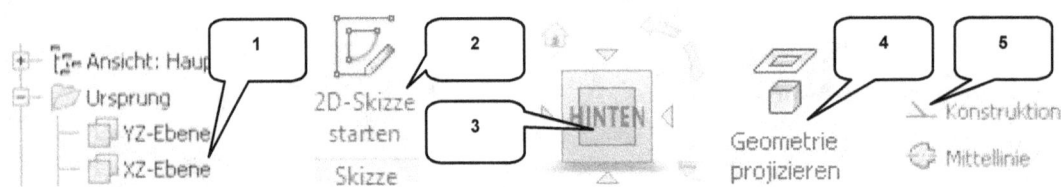

- „XZ-Ebene" im Browser markieren (linke Maustaste) (1)

- **2D-Skizze starten** (2)
- **ViewCube-Ansicht: HINTEN** (3)

- **Taste: F7** (Skizze freischneiden)

- **Geometrie projizieren** (4)
- X-, Y-, Z-Achse nacheinander wählen
- **Taste: ESC**
- Die projizierten Achsen markieren

- **Konstruktion** (5)
- **Taste: ESC**

- Bauteil: Greiferstiel -

11.8 Zeichnen der Subtraktionsgeometrie

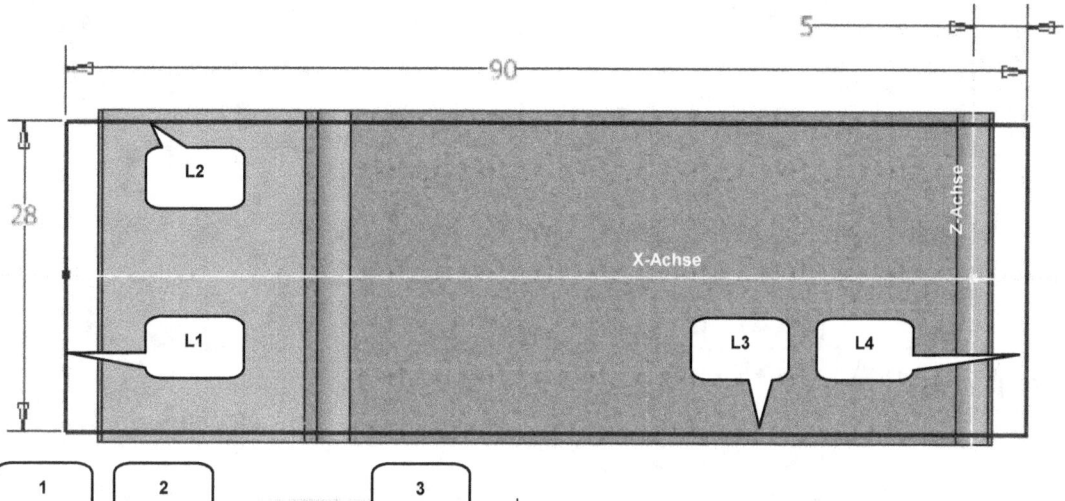

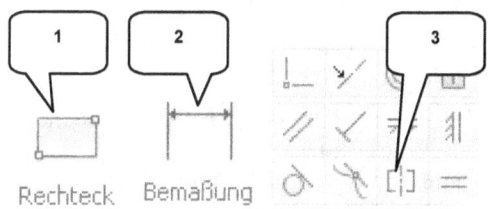

- ➤ **Rechteck** (1)
- ➤ Rechteck zeichnen wie dargestellt
- ➤ **Taste: ESC**

- ➤ **Bemaßung** (2)

- ➤ Linie (L1) wählen
- ➤ Linie (L4) wählen
- ➤ Maß ablegen
- ➤ Wert: [90] mm

- ➤ Linie (L2) wählen
- ➤ Linie (L3) wählen

- ➤ Maß ablegen
- ➤ Wert: [28] mm

- ➤ Linie (L4) wählen
- ➤ Projizierte Z-Achse wählen
- ➤ Maß ablegen
- ➤ Wert: [5] mm
- ➤ **Taste: ESC**

- ➤ **Abhängigkeit Symmetrisch** (3)
- ➤ Linie (L2) wählen
- ➤ Linie (L3) wählen
- ➤ Projizierte X-Achse wählen
- ➤ **Taste: ESC**

- ➤ **Skizze fertig stellen**

HINWEIS: Auch bei diesem Rechteck muss die rechte Senkrechte 5 mm rechts neben der Z-Achse liegen.

11.9 Extrudieren der Subtraktionsgeometrie

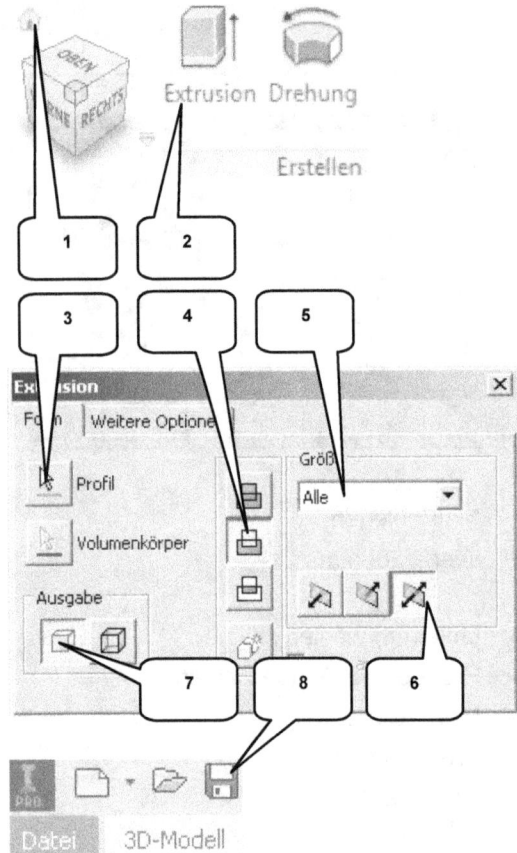

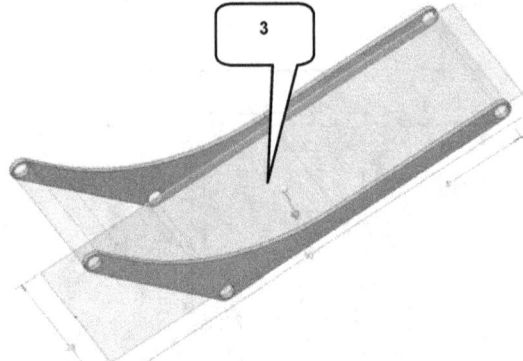

- **ViewCube-Ansicht: Haussymbol** (1)

- **Extrusion** (2)
- Profil: Rechteck (3)
- Verfahren: Differenz (4)
- Größe: Alle (5)
- Richtung: Symmetrisch (6)
- Ausgabe: Volumenkörper (7)
- **OK**

- **Speichern** (8)
- **Datei schließen**

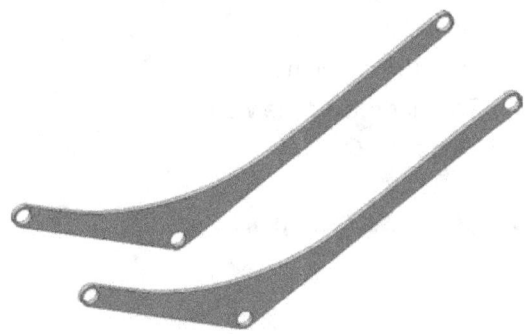

12 Bauteil: Greifer

12.1 Bauteil „06-Greifer" erstellen

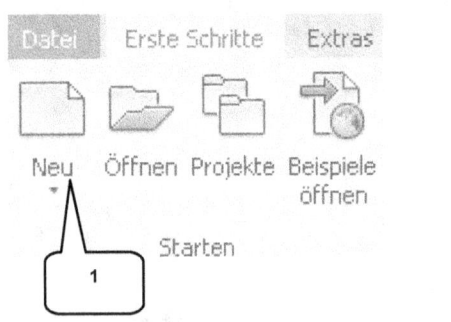

- **Neu** (1)
- Templates (2)
- Bauteil: Norm.ipt (3)
- **Erstellen** (4)

- **Speichern** (5)
- Dateiname: [06-Greifer] (6)
- **Speichern** (7)

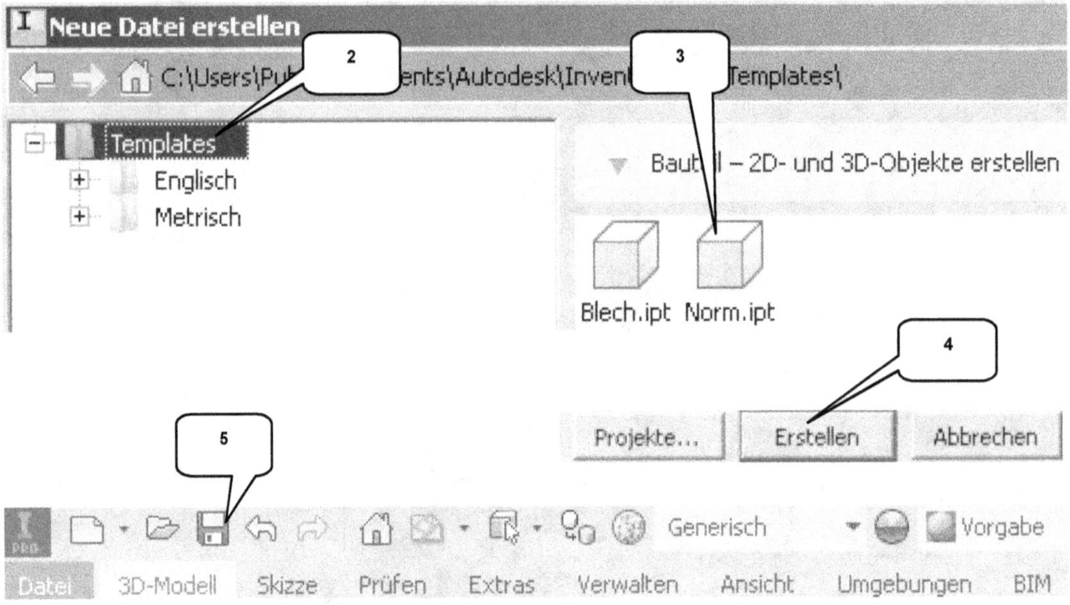

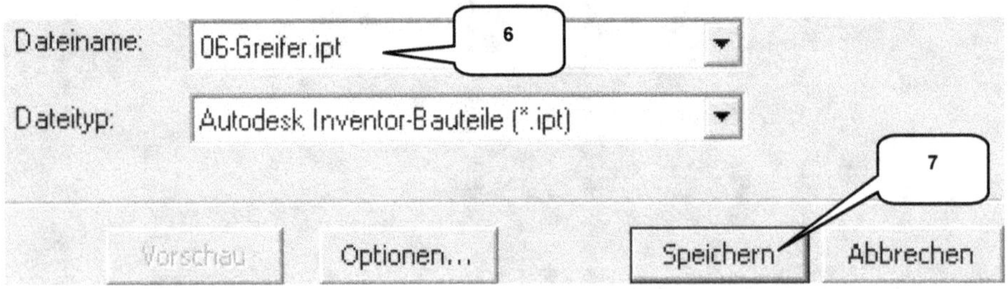

12.2 Basiskontur mittels Zylinder erzeugen

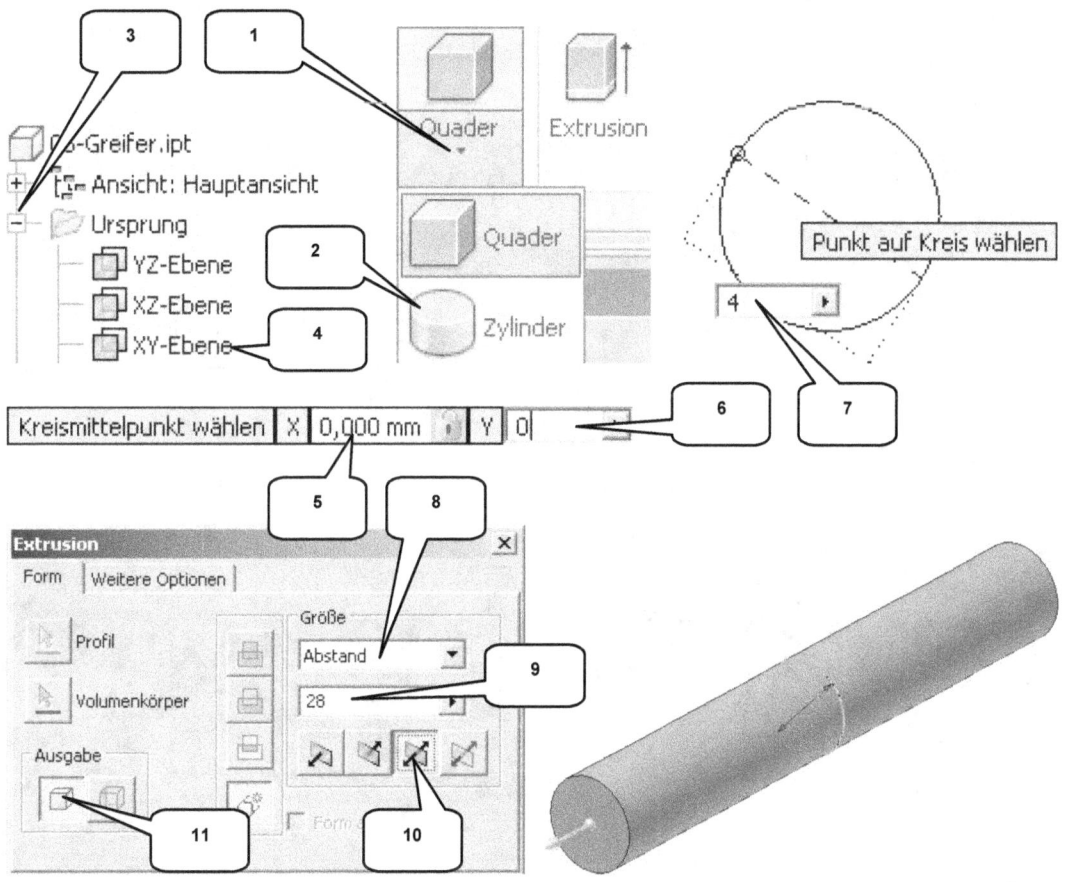

- Gruppe „Grundkörper" aufklappen (1)

- ***Zylinder*** (2)
- Ordner ***Ursprung*** im Browser aufklappen (3)
- „XY-Ebene" wählen (4)
- Mauspfeil in den Zeichenbereich ziehen

- Koordinaten für Kreismittelpunkt:
- ***Taste: TAB***
- X-Wert: [0] (5)
- ***Taste: TAB***

- Y-Wert: [0] (6)
- ***Taste: ENTER***

- Wert für Durchmesser des Kreises:
- Durchmesser: [4] mm (7)
- ***Taste: ENTER***

- Im Befehl Extrusion:
- Größe: Abstand (8)
- Wert: [28] mm (9)
- Richtung: Symmetrisch (10)
- Ausgabe: Volumenkörper (11)
- ***OK***

- Bauteil: Greifer -

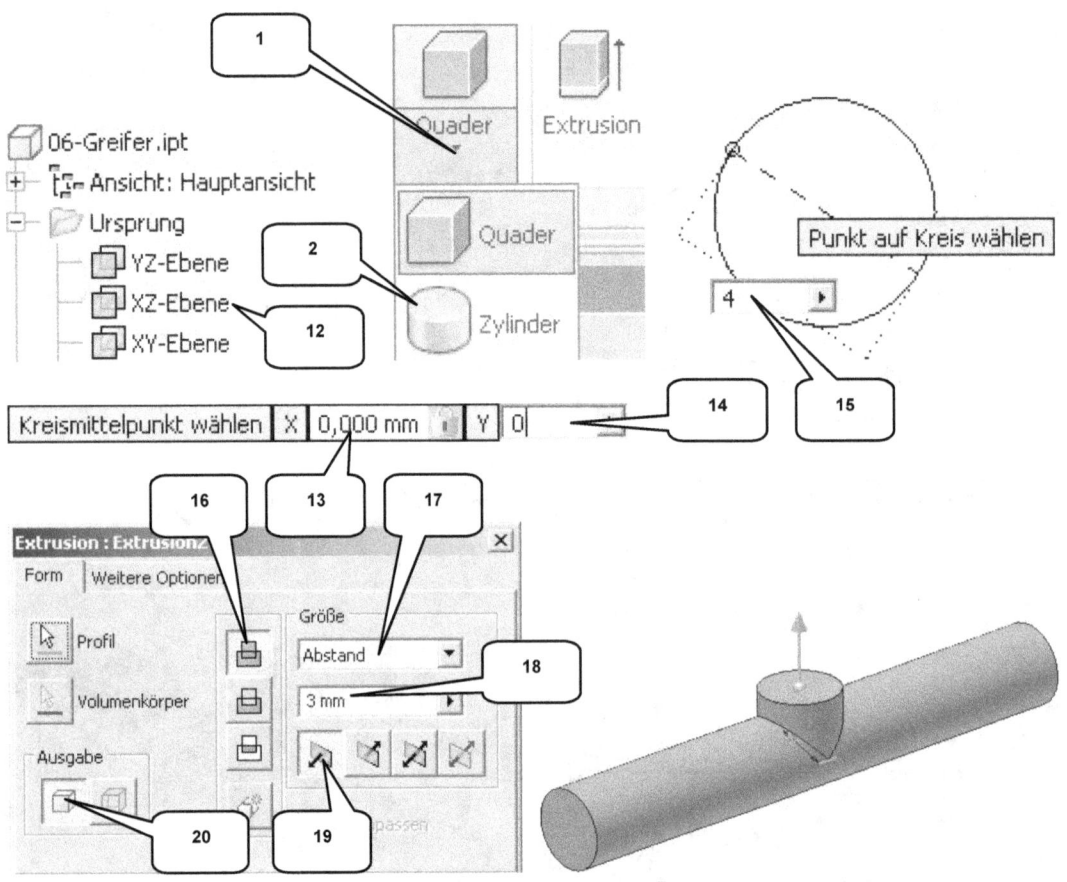

- ➢ Gruppe „Grundkörper" aufklappen (1)

- ➢ **Zylinder** (2)
- ➢ „XZ-Ebene" im Browser wählen (12)
- ➢ Mauspfeil in den Zeichenbereich ziehen

- ➢ Koordinaten für Kreismittelpunkt:
- ➢ **Taste: TAB**
- ➢ X-Wert: [0] (13)
- ➢ **Taste: TAB**
- ➢ Y-Wert: [0] (14)
- ➢ **Taste: ENTER**

- ➢ Wert für Durchmesser des Kreises:
- ➢ Durchmesser: [4] mm (15)
- ➢ **Taste: ENTER**

- ➢ Im Befehl Extrusion:
- ➢ Verfahren: Vereinigung (16)
- ➢ Größe: Abstand (17)
- ➢ Wert: [3] mm (18)
- ➢ Richtung: Richtung 1 (19)
- ➢ Ausgabe: Volumenkörper (20)
- ➢ **OK**

12.3 Erzeugen einer Ebene mit Versatz

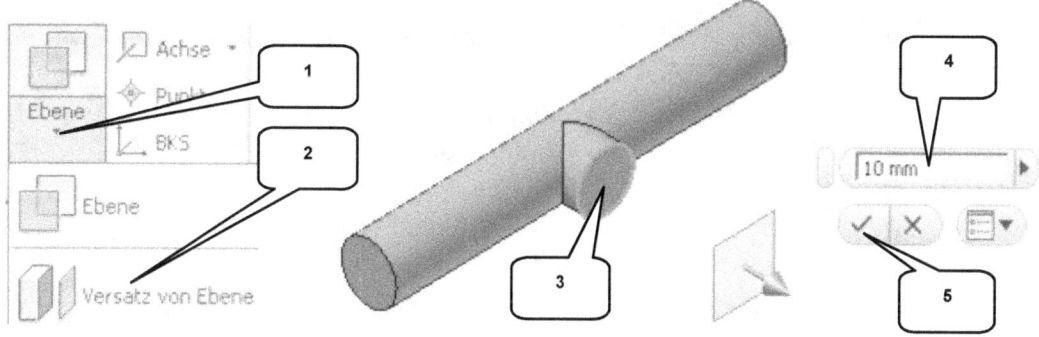

- Befehlsgruppe **Ebene** erweitern (1)
- **Versatz von Ebene** (2)
- Markierte Fläche wählen (3)
- Versatz: [10] mm (4)
- **OK** (5)

12.4 2D-Skizze auf neuer Ebene erzeugen

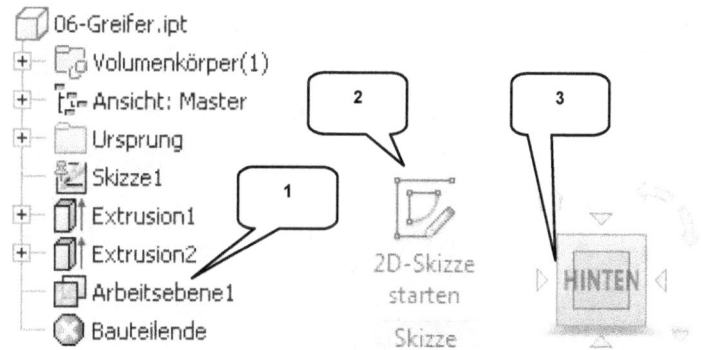

- Neue Arbeitsebene im Browser markieren (linke Maustaste) (1)

- **2D-Skizze starten** (2)
- **ViewCube-Ansicht: HINTEN** (3)

12.5 Achsen projizieren und als Konstruktionsobjekte definieren

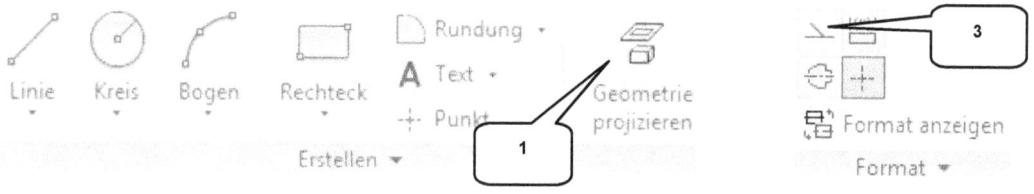

- Bauteil: Greifer -

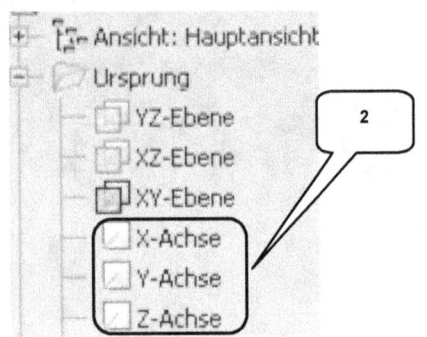

- **Geometrie projizieren** (1)
- X-, Y-, Z-Achse nacheinander wählen (2)
- **Taste: ESC**
- Die projizierten Achsen markieren

- **Konstruktion** (3)
- **Taste: ESC**

12.6 Zeichnen der Basiskontur

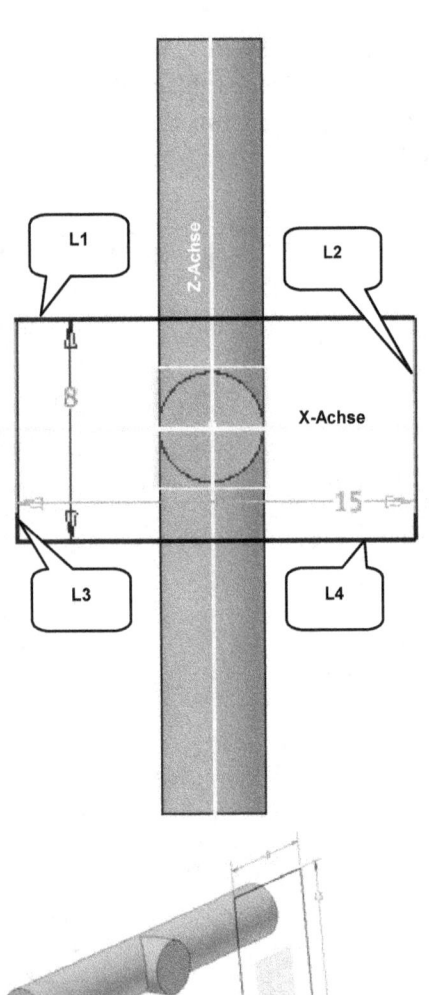

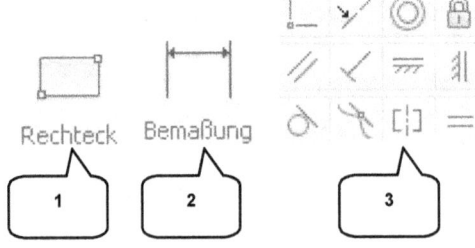

- **Rechteck** (1)
- Rechteck zeichnen wie dargestellt
- **Taste: ESC**

- **Bemaßung** (2)
- Linie (L1) wählen
- Linie (L4) wählen
- Maß ablegen
- Wert: [8] mm
- Linie (L2) wählen
- Linie (L3) wählen
- Maß ablegen
- Wert: [15] mm
- **Taste: ESC**

- Bauteil: Greifer -

> ➤ **Abhängigkeit Symmetrisch** (3)
> ➤ Linie (L1) wählen
> ➤ Linie (L4) wählen
> ➤ Projizierte X-Achse wählen
> ➤ *Taste: ESC*

> ➤ **Abhängigkeit Symmetrisch** (3)
> ➤ Linie (L3) wählen
> ➤ Linie (L2) wählen
> ➤ Projizierte Z-Achse wählen
> ➤ *Taste: ESC*
>
> ➤ *Skizze fertig stellen*

12.7 Extrudieren der Skizzengeometrie

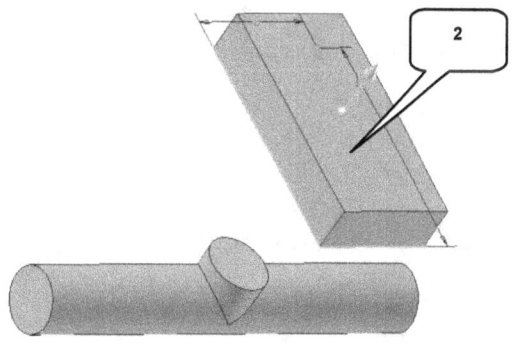

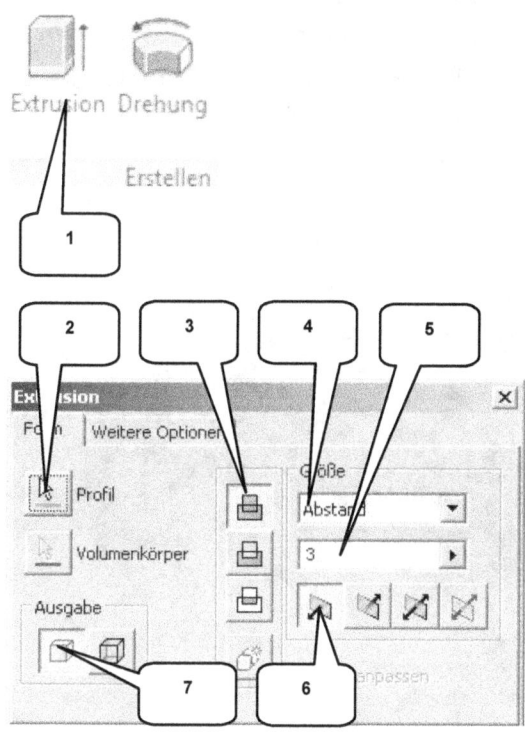

➤ **Extrusion** (1)
➤ Profil: Rechteck (2)
➤ Verfahren: Vereinigung (3)
➤ Größe: Abstand (4)
➤ Wert: [3] mm (5)
➤ Richtung: Richtung 1 (6)
➤ Ausgabe: Volumenkörper (7)
➤ **OK**

12.8 Deaktivieren der Arbeitsebene

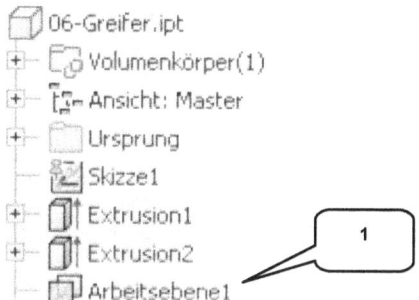

➤ Rechte Maustaste auf die Arbeitsebene im Browser (1)
➤ Option „Sichtbarkeit" deaktivieren

12.9 unden der letzten Extrusion

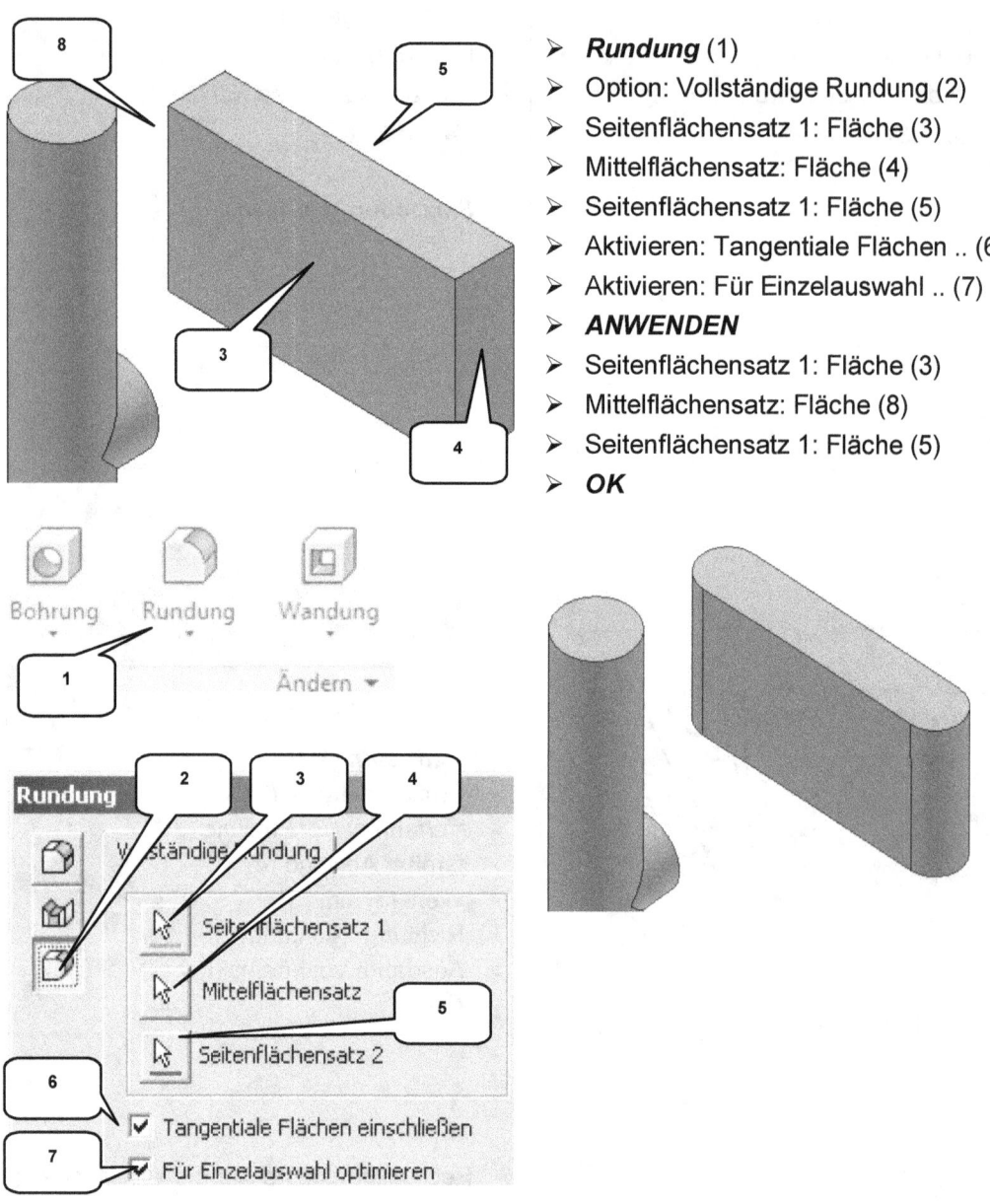

- **Rundung** (1)
- Option: Vollständige Rundung (2)
- Seitenflächensatz 1: Fläche (3)
- Mittelflächensatz: Fläche (4)
- Seitenflächensatz 1: Fläche (5)
- Aktivieren: Tangentiale Flächen .. (6)
- Aktivieren: Für Einzelauswahl .. (7)
- **ANWENDEN**
- Seitenflächensatz 1: Fläche (3)
- Mittelflächensatz: Fläche (8)
- Seitenflächensatz 1: Fläche (5)
- **OK**

HINWEIS: Die Flächen (5) und (8) sind zwei in der oberen Abbildung nicht sichtbare (verdeckte) Flächen. In der unteren Abbildung ist der gewünschte Ergebnis zu sehen.

12.10 Bohren der Greiferführung

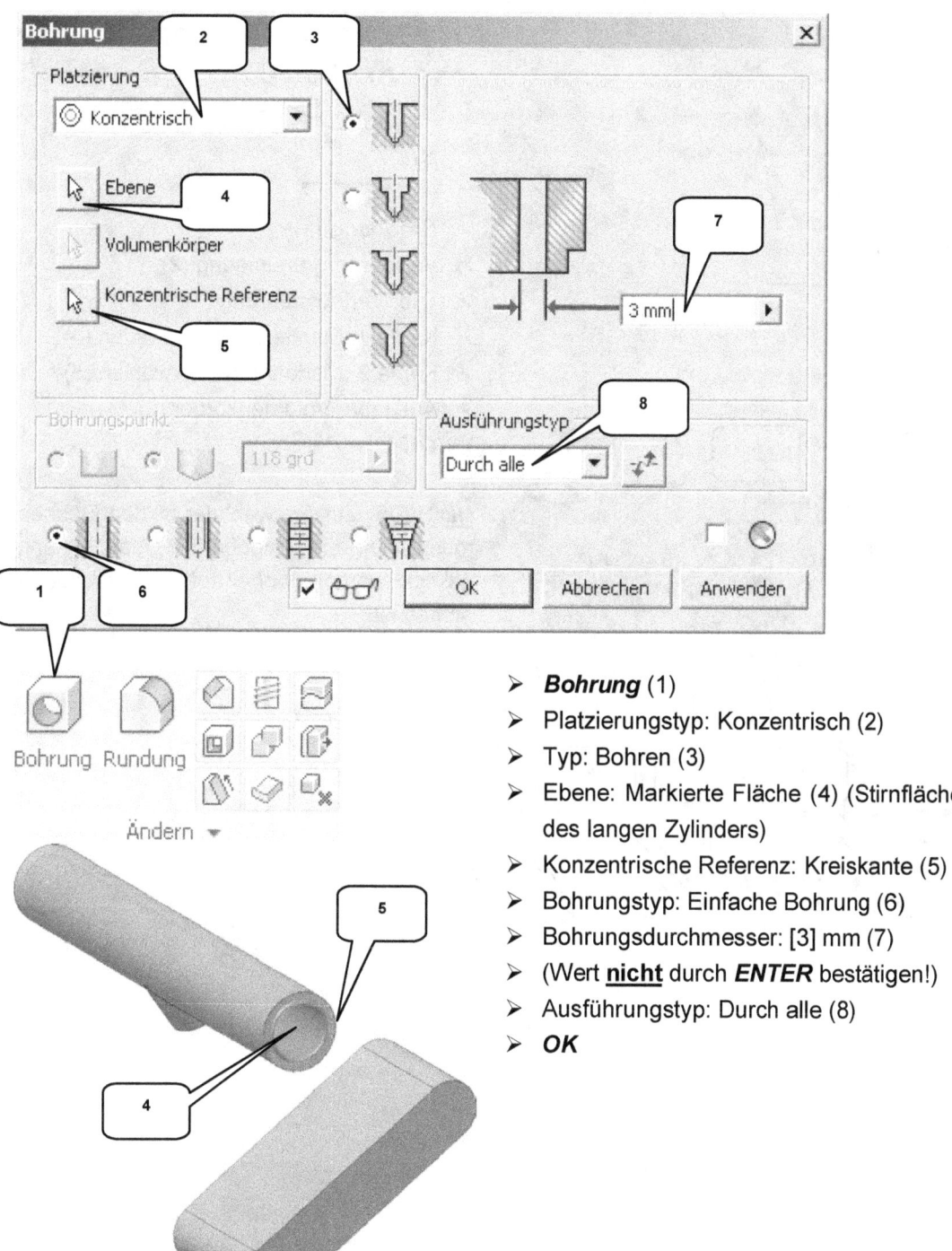

- **Bohrung** (1)
- Platzierungstyp: Konzentrisch (2)
- Typ: Bohren (3)
- Ebene: Markierte Fläche (4) (Stirnfläche des langen Zylinders)
- Konzentrische Referenz: Kreiskante (5)
- Bohrungstyp: Einfache Bohrung (6)
- Bohrungsdurchmesser: [3] mm (7)
- (Wert **nicht** durch **ENTER** bestätigen!)
- Ausführungstyp: Durch alle (8)
- **OK**

12.11 Erzeugen einer Erhebung

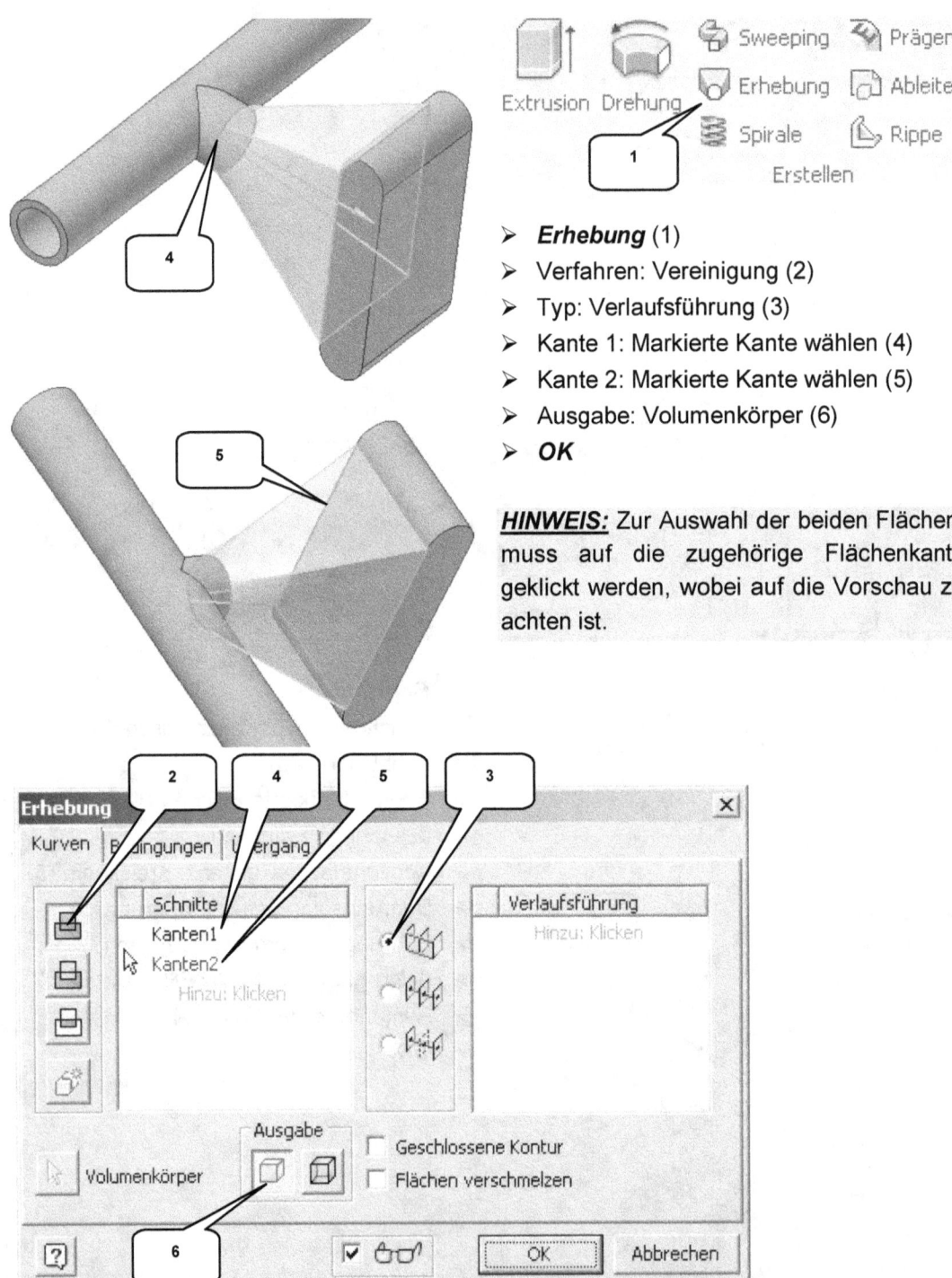

- **Erhebung** (1)
- Verfahren: Vereinigung (2)
- Typ: Verlaufsführung (3)
- Kante 1: Markierte Kante wählen (4)
- Kante 2: Markierte Kante wählen (5)
- Ausgabe: Volumenkörper (6)
- **OK**

HINWEIS: Zur Auswahl der beiden Flächen, muss auf die zugehörige Flächenkante geklickt werden, wobei auf die Vorschau zu achten ist.

12.12 Erstellen einer weiteren 2D-Skizze

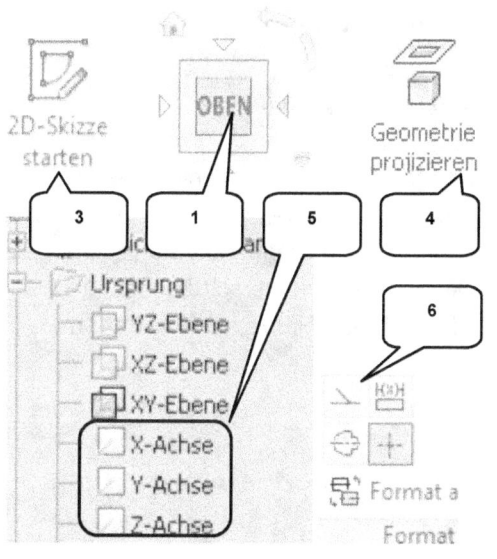

- ➤ **ViewCube-Ansicht: OBEN** (1)
- ➤ Markierte Seitenfläche wählen (2)
- ➤ **2D-Skizze starten** (3)
- ➤ **Geometrie projizieren** (4)
- ➤ X-, Y-, Z-Achse wählen (5)
- ➤ Markierte Fläche erneut wählen (2)
- ➤ **Taste: ESC**
- ➤ Die projizierten Achsen markieren
- ➤ **Konstruktion** (6)
- ➤ **Taste: ESC**

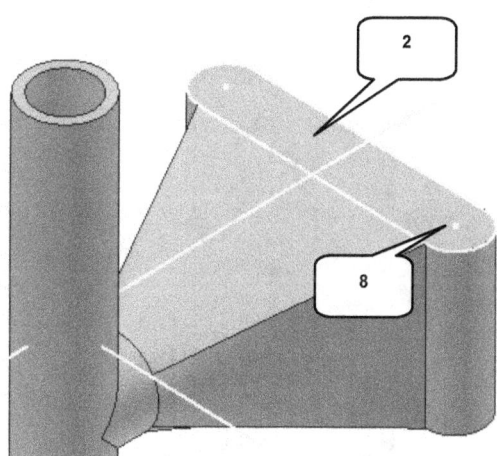

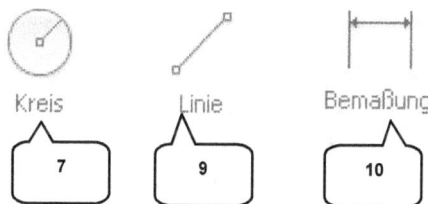

- ➤ **Kreis durch Mittelpunkt** (7)
- ➤ Kreis (D = 3mm) zeichnen (Kreismittelpunkt (8) liegt im Mittelpunkt der projizierten Kreiskante)
- ➤ **Taste: ESC**

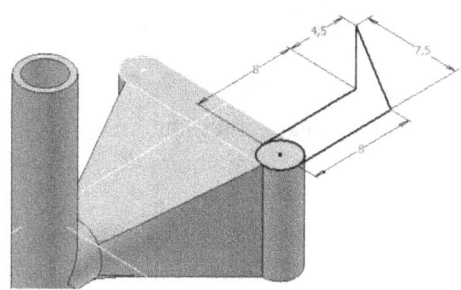

- ➤ **Linie** (9)
- ➤ Kontur aus 5 Linien zeichnen wie dargestellt
- ➤ Senkrechte Linien sind tangential an die äußeren Kreispunkte anzuschließen
- ➤ **Taste: ESC**

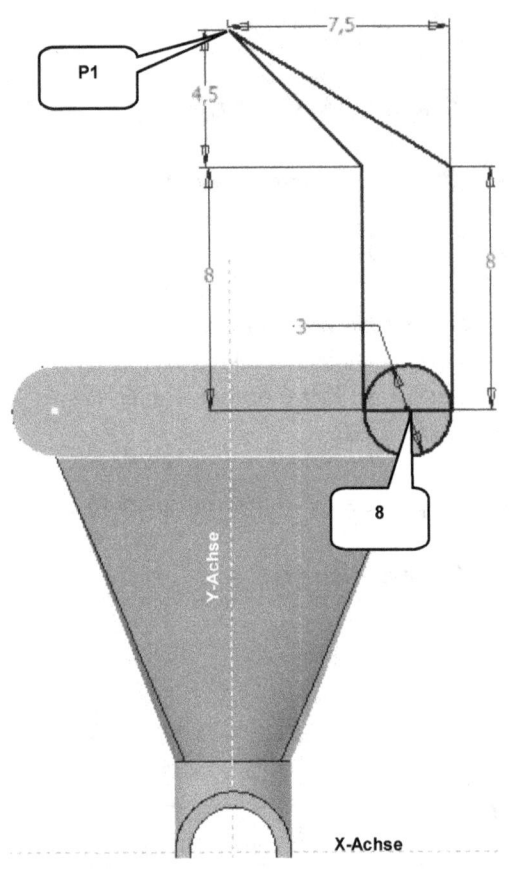

- **Bemaßung** (10)
- Linien bemaßen wie dargestellt
- **Taste: ESC**

- **Skizze fertig stellen**

HINWEIS: Die beiden senkrechten Linien starten jeweils an den äußeren Punkten des Kreises. An deren oberen Endpunkte schließen die beiden schrägen Linien an, welche sich dann im Punkt (P1) treffen.

12.13 Extrudieren des ersten Greiferfingers

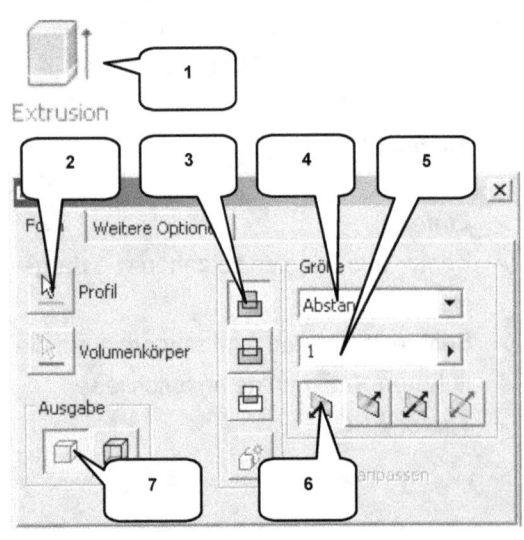

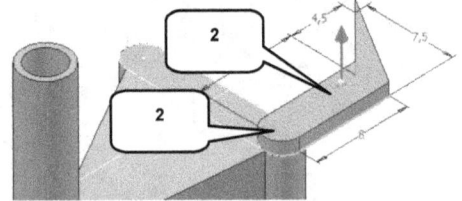

- **Extrusion** (1)
- Profil: Linienkontur und Kreis (2)
- Verfahren: Vereinigung (3)
- Größe: Abstand (4)
- Wert: [1] mm (5)
- Richtung: Richtung 1 (6)
- Ausgabe: Volumenkörper (7)
- **OK**

12.14 Spiegeln des ersten Greiferfingers

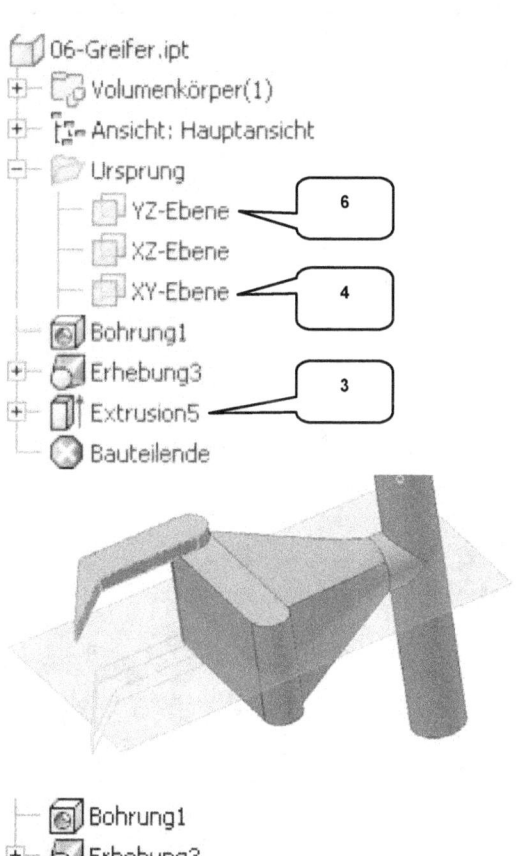

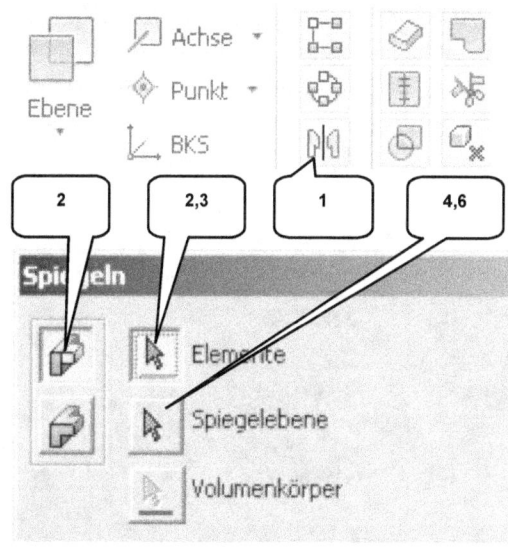

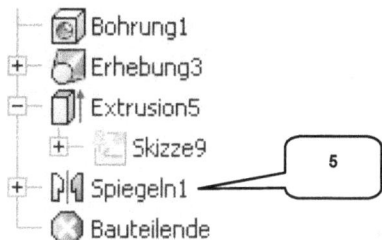

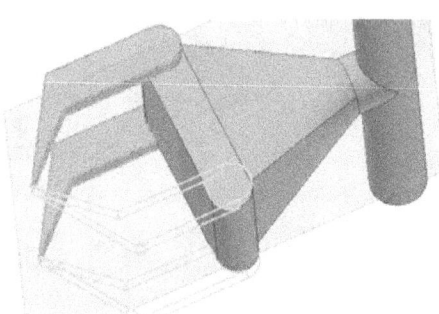

- **Spiegeln** (1)
- Option: Einzelne Elemente ... (2)
- Elemente: Letzte Extrusion (erster Greiferfinger) im Browser wählen (3)
- Spiegelebene: XY-Ebene im Browser wählen (4)
- **OK**

- **Spiegeln** (1)
- Option: Einzelne Elemente ... (2)
- Elemente: Zuletzt erzeugtes Spiegelelement im Browser wählen (5)
- Spiegelebene: YZ-Ebene im Browser wählen (6)
- **OK**

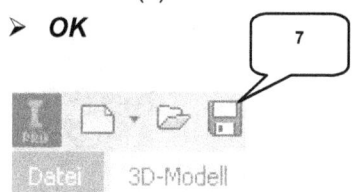

- **Speichern** (7)
- **Datei schließen**

13 Unterbaugruppe: Rad

13.1 Bauteil „07-1-Rad-Basisskizze" erstellen

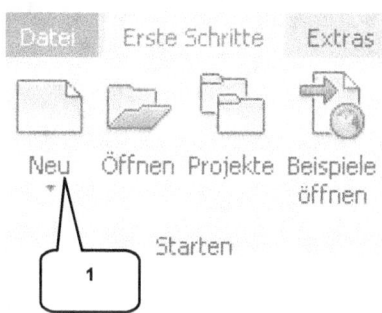

- **Neu** (1)
- Templates (2)
- Bauteil: Norm.ipt (3)
- **Erstellen** (4)

- **Speichern** (5)
- Dateiname: [07-01-Rad-Basisskizze] (6)
- **Speichern** (7)

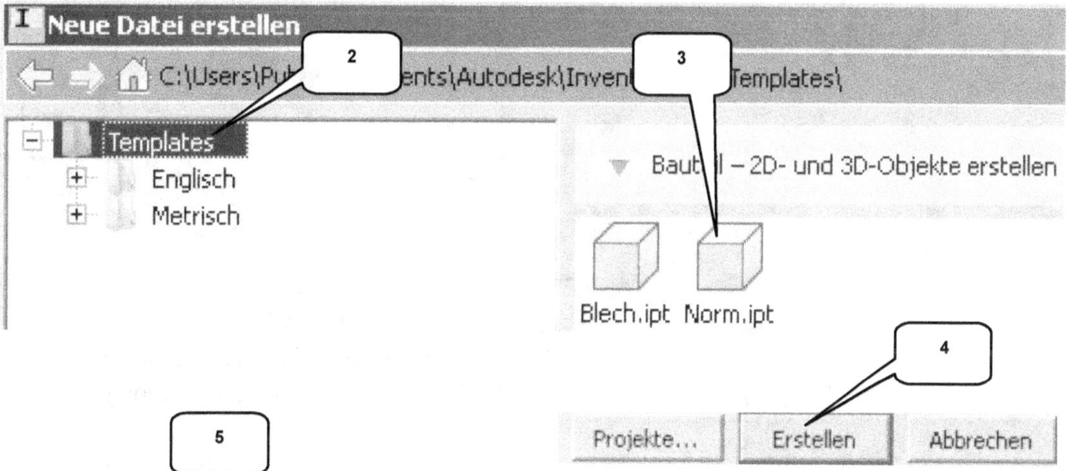

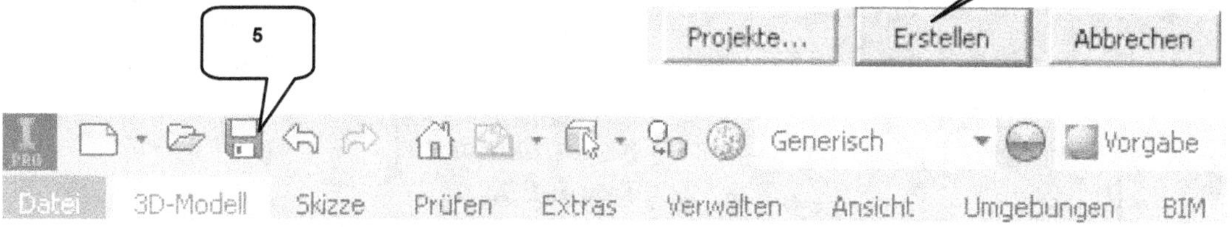

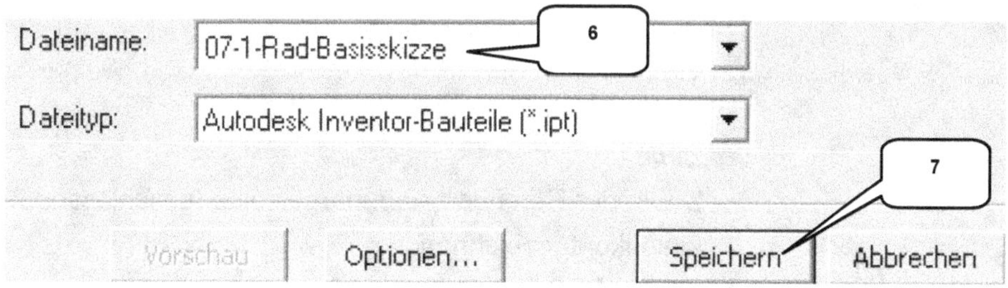

13.2 2D-Skizze auf XY-Ebene öffnen

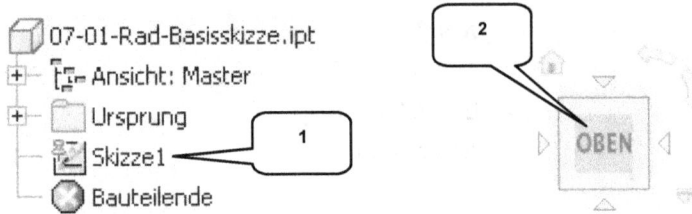

- „Skizze1" im Browser doppelklicken (linke Maustaste) (1)
- **ViewCube-Ansicht: OBEN** (2)

13.3 Achsen projizieren und als Konstruktionsobjekte definieren

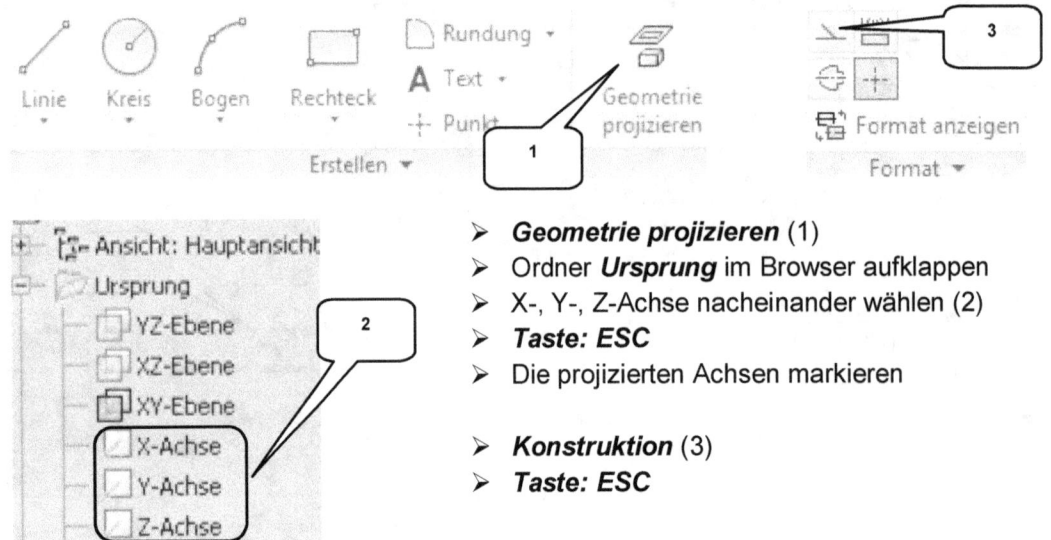

- **Geometrie projizieren** (1)
- Ordner **Ursprung** im Browser aufklappen
- X-, Y-, Z-Achse nacheinander wählen (2)
- **Taste: ESC**
- Die projizierten Achsen markieren

- **Konstruktion** (3)
- **Taste: ESC**

13.4 Zeichnen der Basiskontur

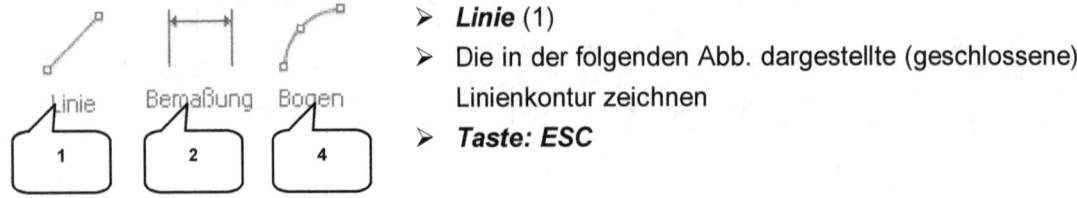

- **Linie** (1)
- Die in der folgenden Abb. dargestellte (geschlossene) Linienkontur zeichnen
- **Taste: ESC**

- Unterbaugruppe: Rad -

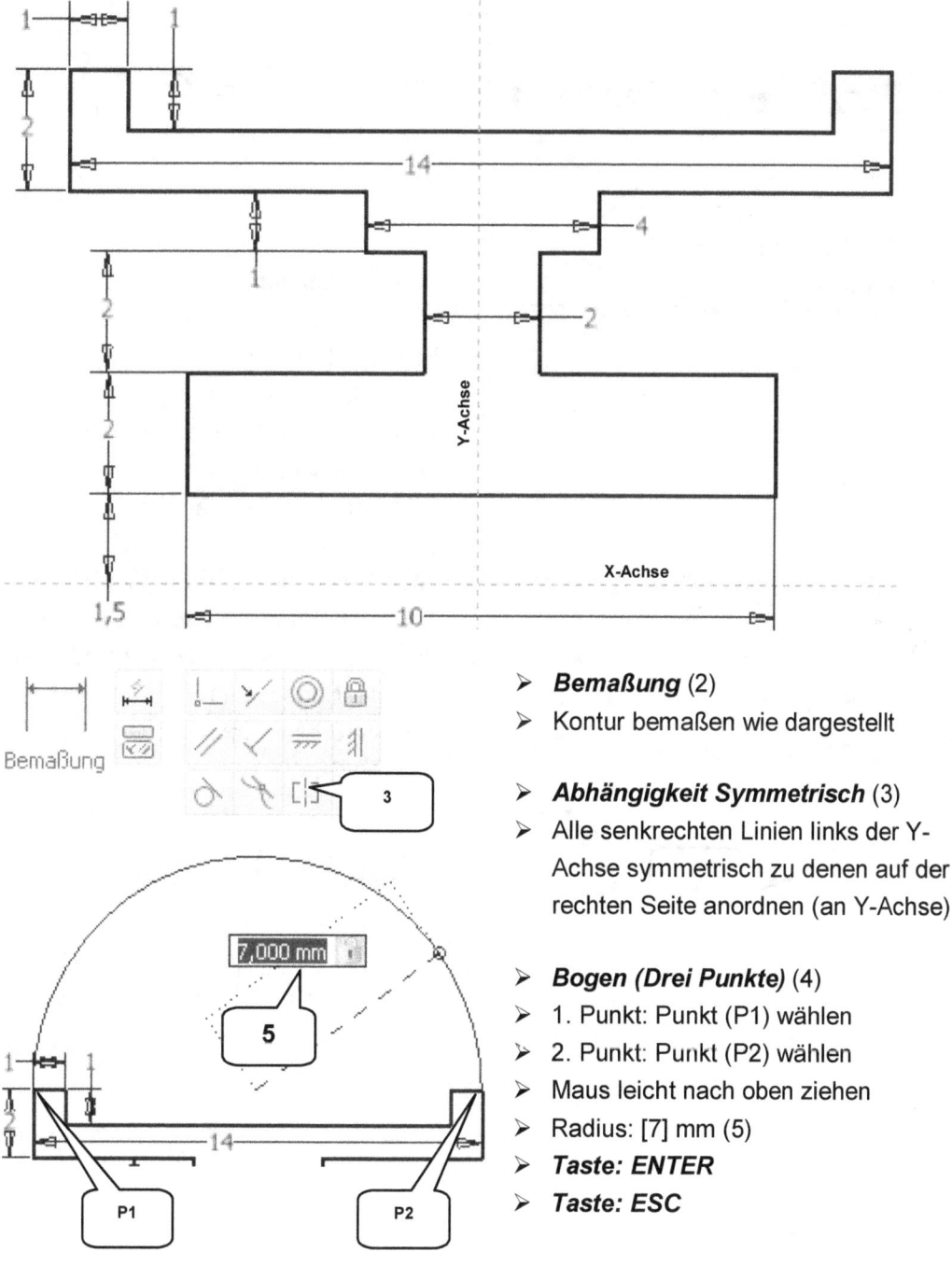

- **Bemaßung** (2)
- Kontur bemaßen wie dargestellt

- **Abhängigkeit Symmetrisch** (3)
- Alle senkrechten Linien links der Y-Achse symmetrisch zu denen auf der rechten Seite anordnen (an Y-Achse)

- **Bogen (Drei Punkte)** (4)
- 1. Punkt: Punkt (P1) wählen
- 2. Punkt: Punkt (P2) wählen
- Maus leicht nach oben ziehen
- Radius: [7] mm (5)
- **Taste: ENTER**
- **Taste: ESC**

HINWEIS: Die Kontur aus den 20 Linien muss geschlossen sein und symmetrisch zur Y-Achse angeordnet werden. Der Bogen ist bündig an den beiden Punkten (P1, P2) anzuschließen. Die Skizze ist weiterhin geöffnet zu lassen!

13.5 Bauteile aus der Skizze heraus exportieren

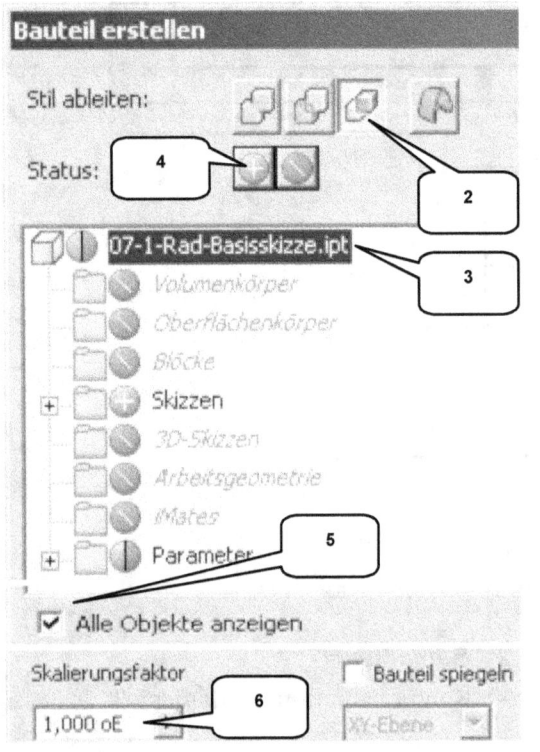

- **Bauteil erstellen** (1)
- Stil ableiten: Jeden Volumenkörper .. (2)
- Bauteil in Liste aktivieren (3)
- Status: Objekt ableiten (4)
- Aktivieren: Alle Objekte anzeigen (5)
- Skalierungsfaktor: [1] (6)
- Bauteilname: [07-1-Rad-Felge] (7)
- Vorlage: Norm.ipt (8)
- Speicherort: Ihr Projektordner (9)
- Aktivieren: Bauteil in Zielbaugr. .. (10)
- Name der Zielbaugruppe: [07-Rad] (11)
- Vorlage: Norm.iam (12)
- Speicherort: Ihr Projektordner (13)
- **ANWENDEN**

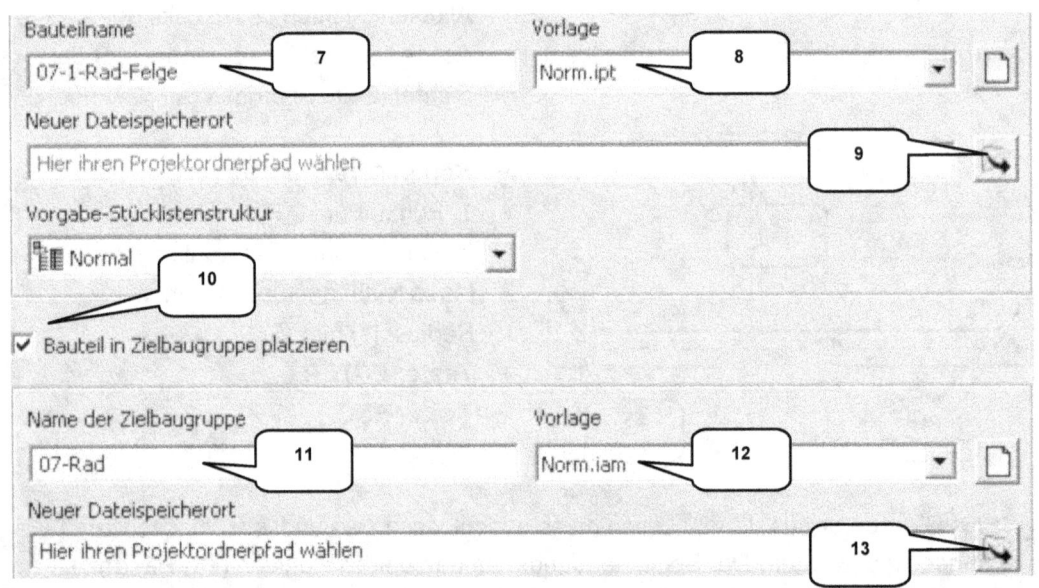

- Unterbaugruppe: Rad -

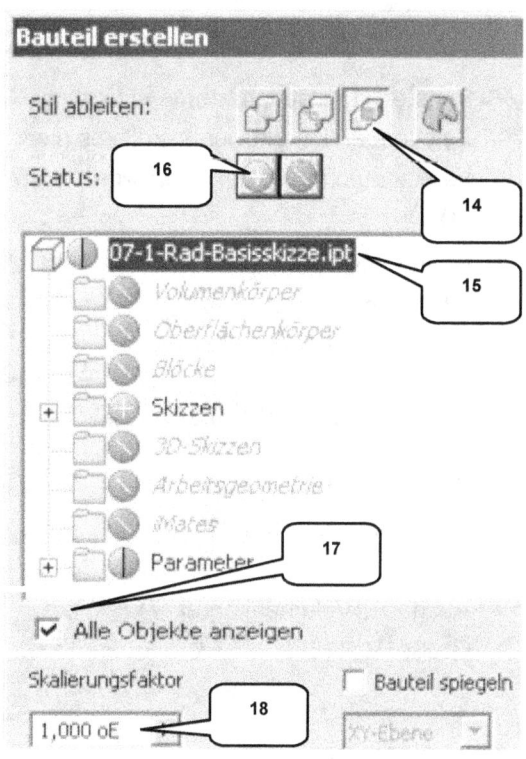

- Stil ableiten: Jeden Volumenk. .. (14)
- Bauteil in Liste aktivieren (15)
- Status: Objekt ableiten (16)
- Aktivieren: Alle Objekte anzeigen (17)
- Skalierungsfaktor: [1] (18)
- Bauteilname: [07-2-Rad-Reifen] (19)
- Vorlage: Norm.ipt (20)
- Speicherort: Ihr Projektordner (21)
- Aktivieren: Bauteil in Zielbaugr. .. (22)
- Name der Zielbaugruppe: [07-Rad] (23)
- Vorlage: Norm.iam (24)
- Speicherort: Ihr Projektordner (25)
- **OK**

HINWEIS: Das Bauteil [07-1-Rad-Felge] darf nur durch **Anwenden** bestätigt werden, nicht durch **OK**!

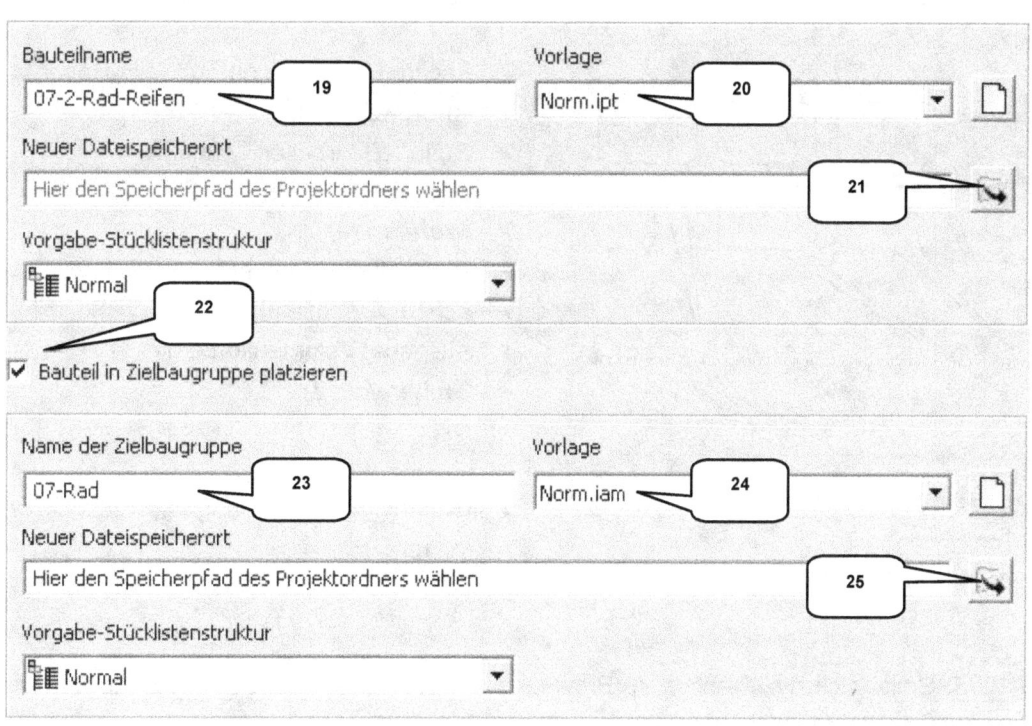

13.6 Felge und Reifen in Volumenkörper konvertieren

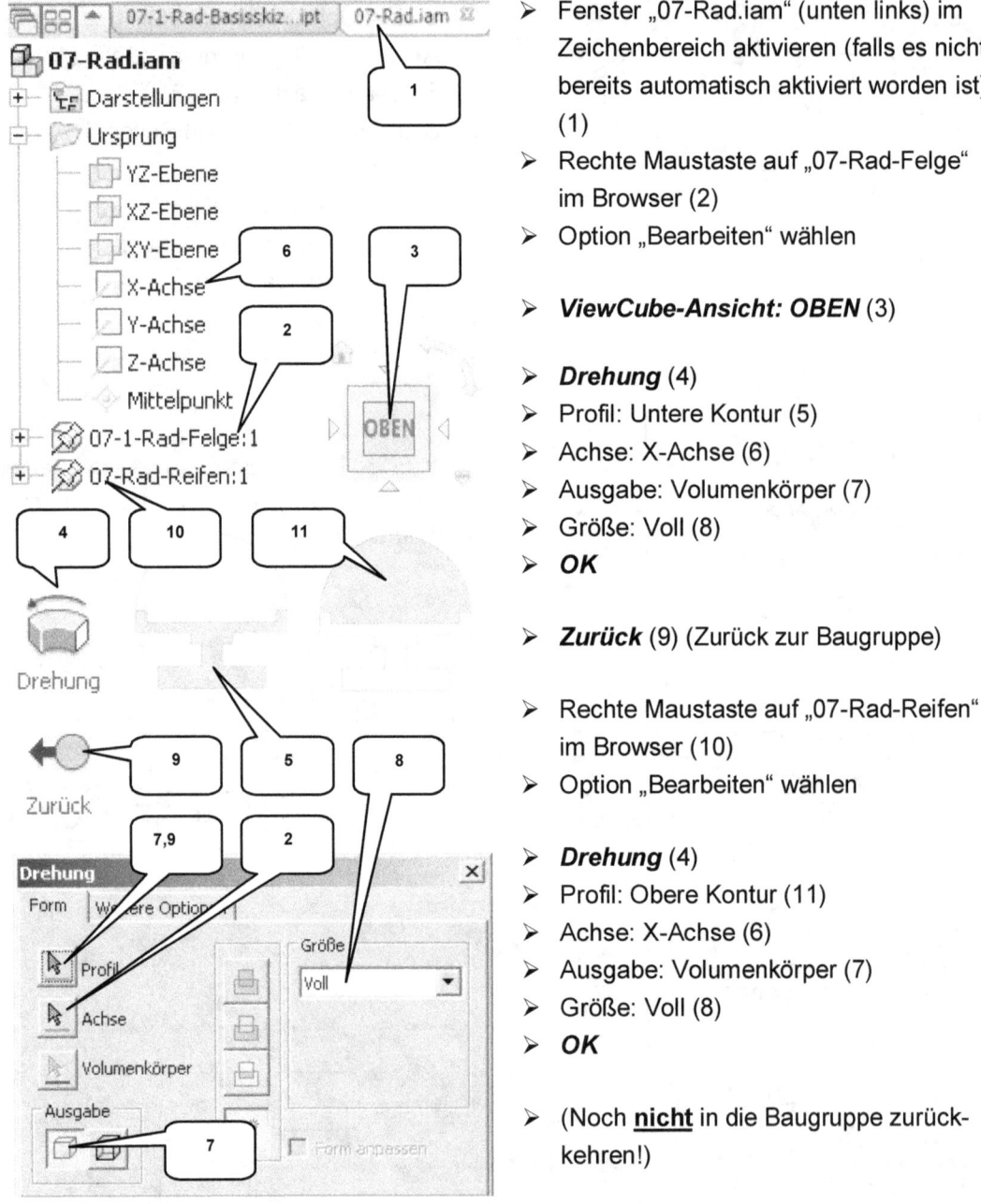

› Fenster „07-Rad.iam" (unten links) im Zeichenbereich aktivieren (falls es nicht bereits automatisch aktiviert worden ist) (1)
› Rechte Maustaste auf „07-Rad-Felge" im Browser (2)
› Option „Bearbeiten" wählen

› **ViewCube-Ansicht: OBEN** (3)

› **Drehung** (4)
› Profil: Untere Kontur (5)
› Achse: X-Achse (6)
› Ausgabe: Volumenkörper (7)
› Größe: Voll (8)
› **OK**

› **Zurück** (9) (Zurück zur Baugruppe)

› Rechte Maustaste auf „07-Rad-Reifen" im Browser (10)
› Option „Bearbeiten" wählen

› **Drehung** (4)
› Profil: Obere Kontur (11)
› Achse: X-Achse (6)
› Ausgabe: Volumenkörper (7)
› Größe: Voll (8)
› **OK**

› (Noch **nicht** in die Baugruppe zurückkehren!)

HINWEIS: Sollte sich die X-Achse im Browser nicht auswählen lassen, ist stattdessen die projizierte X-Achse im Zeichenbereich zu verwenden.

13.7 Ebene und Skizze für Reifenprofil erzeugen

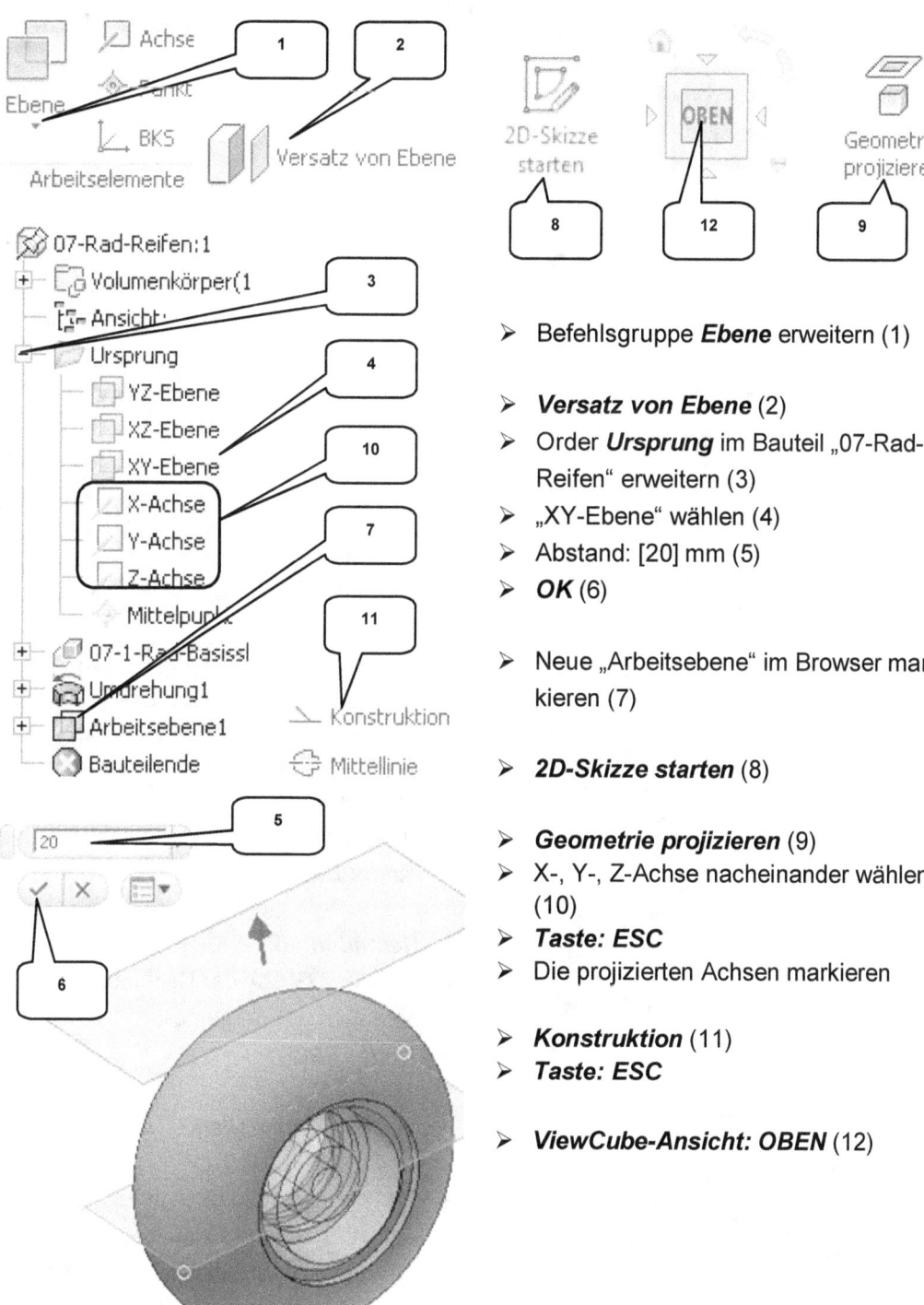

- Befehlsgruppe *Ebene* erweitern (1)

- *Versatz von Ebene* (2)
- Order *Ursprung* im Bauteil „07-Rad-Reifen" erweitern (3)
- „XY-Ebene" wählen (4)
- Abstand: [20] mm (5)
- *OK* (6)

- Neue „Arbeitsebene" im Browser markieren (7)

- *2D-Skizze starten* (8)

- *Geometrie projizieren* (9)
- X-, Y-, Z-Achse nacheinander wählen (10)
- *Taste: ESC*
- Die projizierten Achsen markieren

- *Konstruktion* (11)
- *Taste: ESC*

- *ViewCube-Ansicht: OBEN* (12)

13.8 Basisskizze für Reifenprofil zeichnen

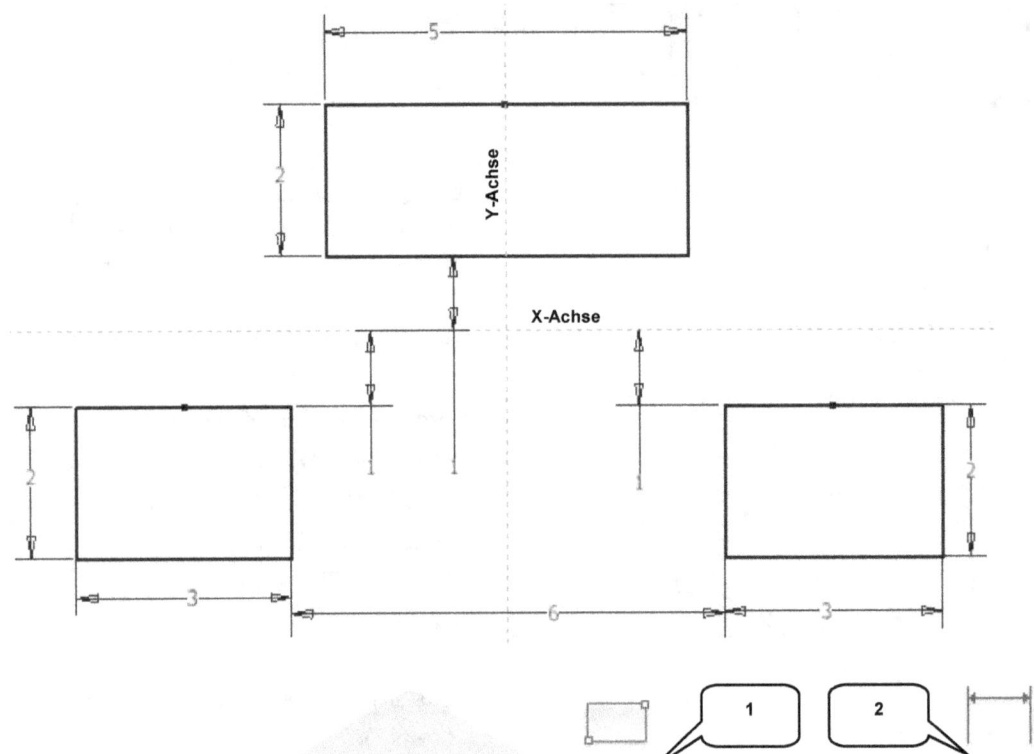

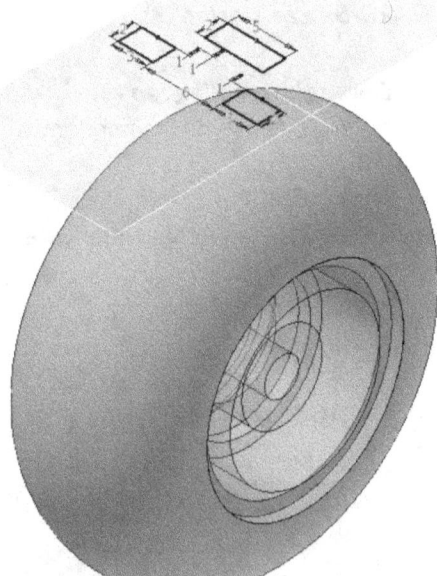

- ➤ **Rechteck** (1)
- ➤ Drei Rechtecke zeichnen wie dargestellt
- ➤ *Taste: ESC*

- ➤ **Bemaßung** (2)
- ➤ Lage und Größe der Rechtecke bemaßen wie dargestellt
- ➤ *Taste: ESC*

- ➤ **Skizze fertig stellen**

- ➤ Das obere Rechteck symmetrisch zur Y-Achse zeichnen, die beiden unteren symmetrisch zu dieser anordnen (Abhängigkeit **Symmetrisch**).

13.9 Prägen des Reifenprofils

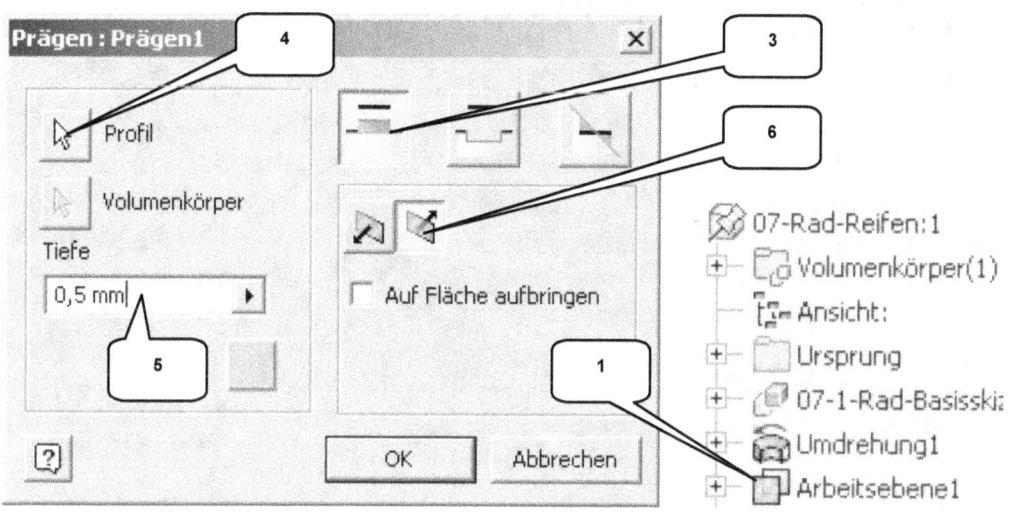

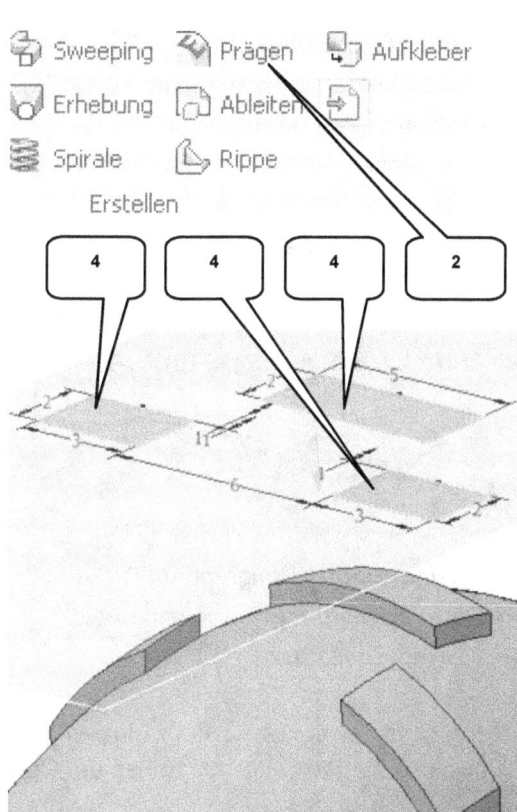

- Rechte Maustaste auf „Arbeitsebene1" im Browser (1)
- Option „Sichtbarkeit" deaktivieren

- **Prägen** (2)
- Option: Von Fläche prägen (3)
- Profil: Drei Rechtecke (4)
- Tiefe: [0,5] mm (5)
- Richtung: Richtung 2 (6)
- **OK**

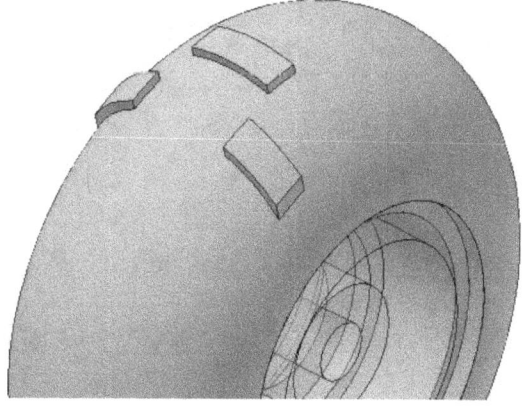

13.10 Prägung mittels runder Anordnung kopieren

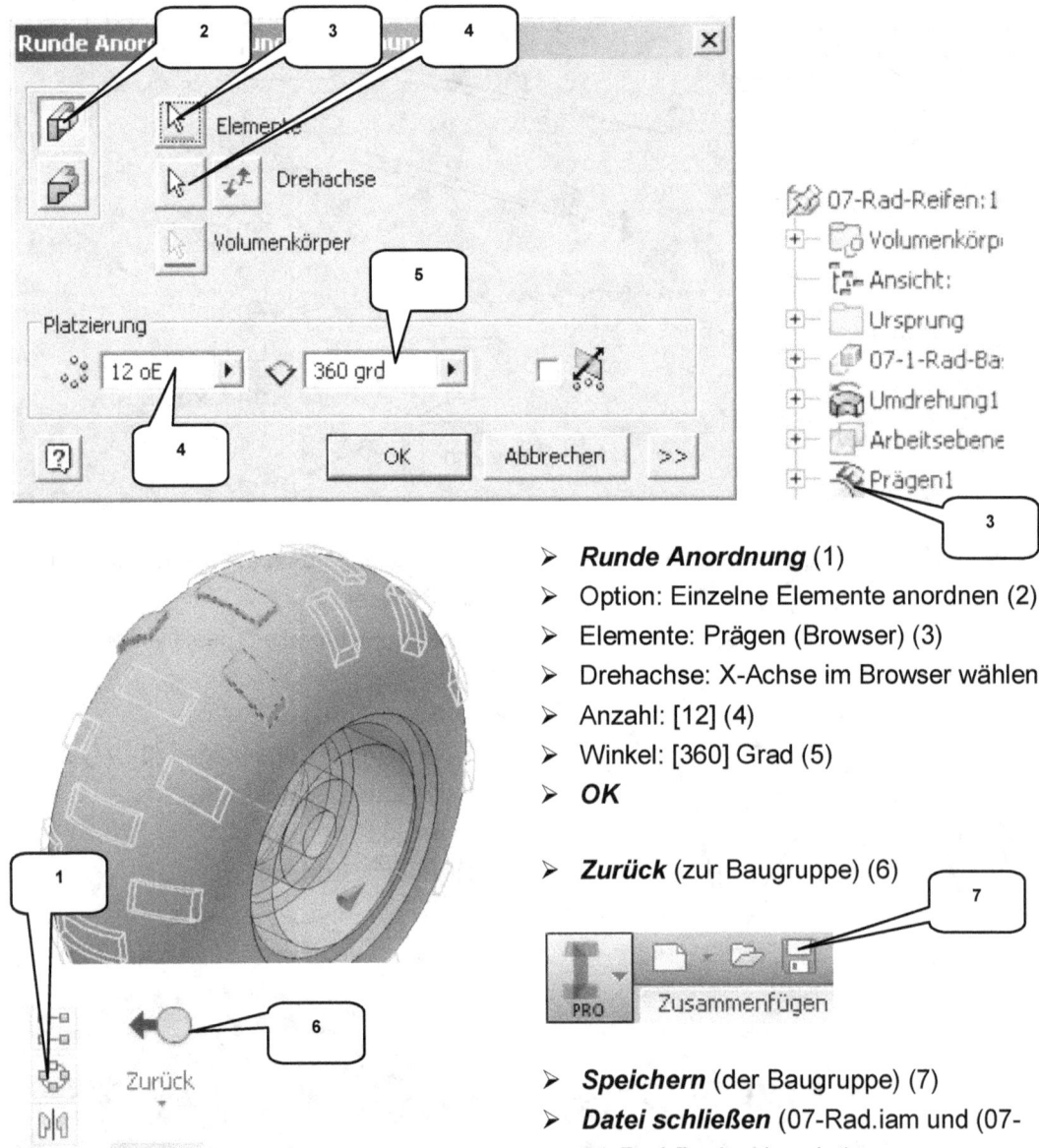

- **Runde Anordnung** (1)
- Option: Einzelne Elemente anordnen (2)
- Elemente: Prägen (Browser) (3)
- Drehachse: X-Achse im Browser wählen
- Anzahl: [12] (4)
- Winkel: [360] Grad (5)
- **OK**

- **Zurück** (zur Baugruppe) (6)

- **Speichern** (der Baugruppe) (7)
- **Datei schließen** (07-Rad.iam und (07-01-Rad-Basisskizze.ipt)

HINWEIS: Der Befehl **Speichern** öffnet ein weiteres Fenster in dem darauf hingewiesen wird, dass eine Erstspeicherung erforderlich ist. Um diese zu gewährleisten, muss die Option **Ja für alle** aktiviert und mit **OK** bestätigt werden.

14 Unterbaugruppe: Hydraulikzylinder

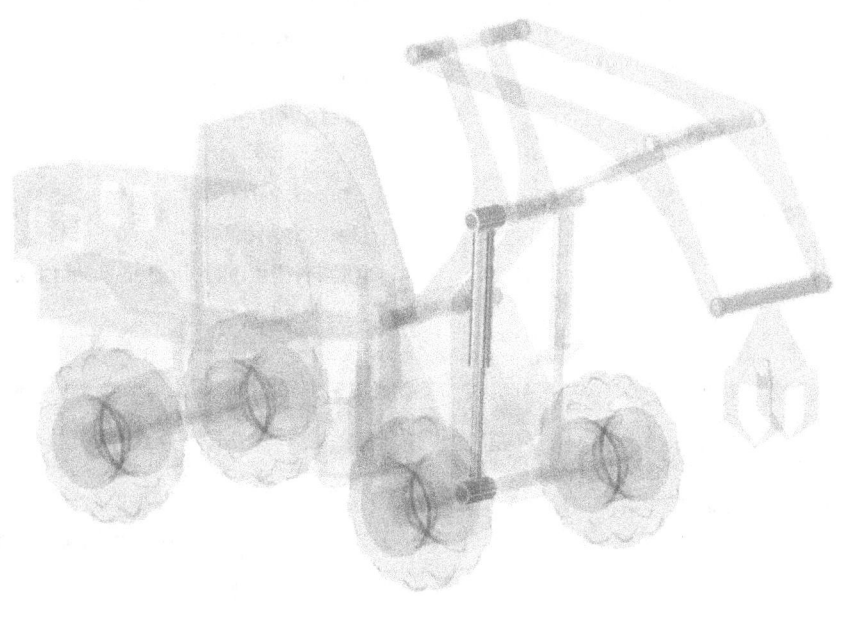

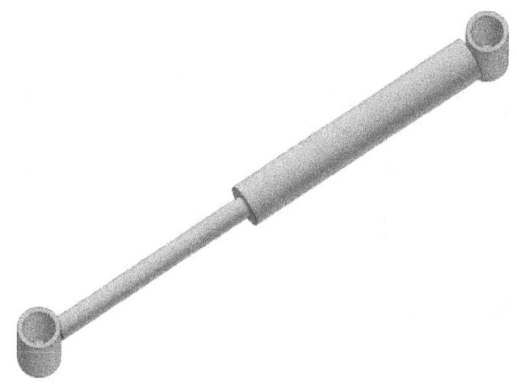

14.1 Bauteil „08-Hydraulikzylinder-Basisskizze" erstellen

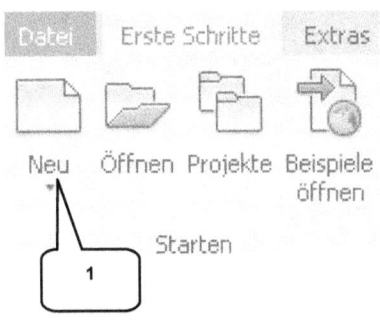

- **Neu** (1)
- Templates (2)
- Bauteil: Norm.ipt (3)
- **Erstellen** (4)

- **Speichern** (5)
- Dateiname: [08-Hydraulikzylinder-Basisskizze] (6)
- **Speichern** (7)

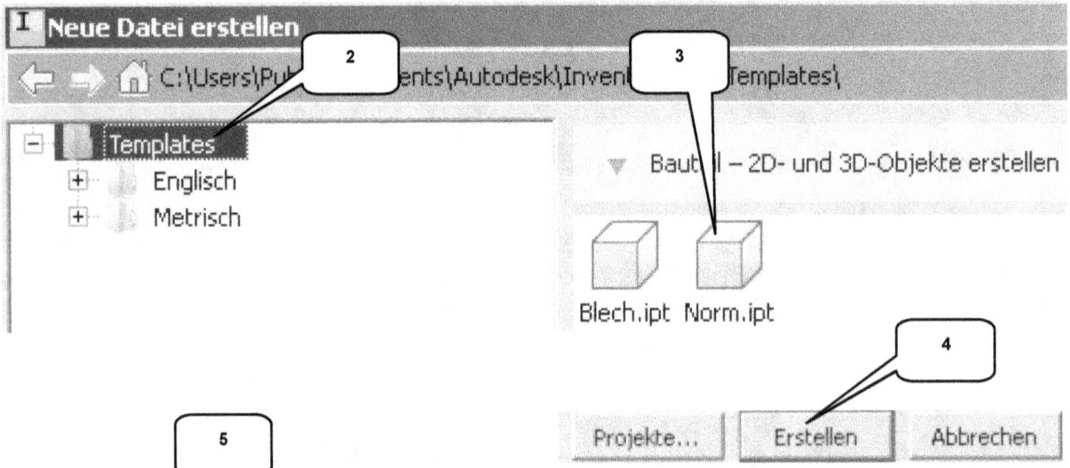

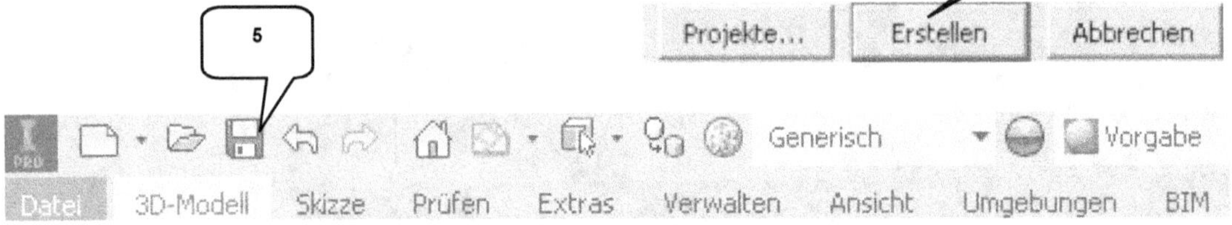

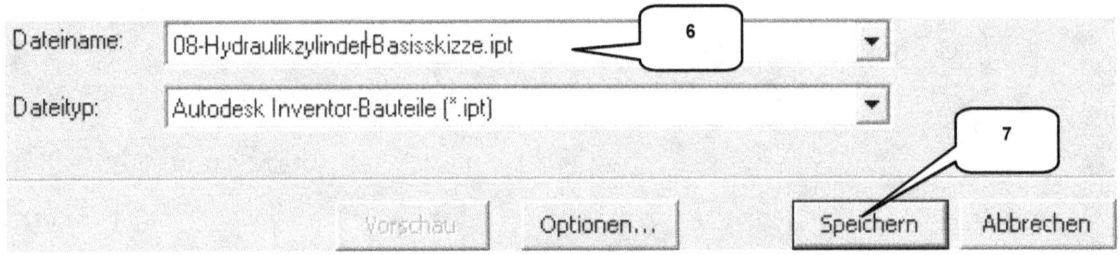

14.2 2D-Skizze auf XY-Ebene öffnen

> „Skizze1" im Browser doppelklicken (1)

> **ViewCube-Ansicht: OBEN** (2)

14.3 Achsen projizieren und als Konstruktionsobjekte definieren

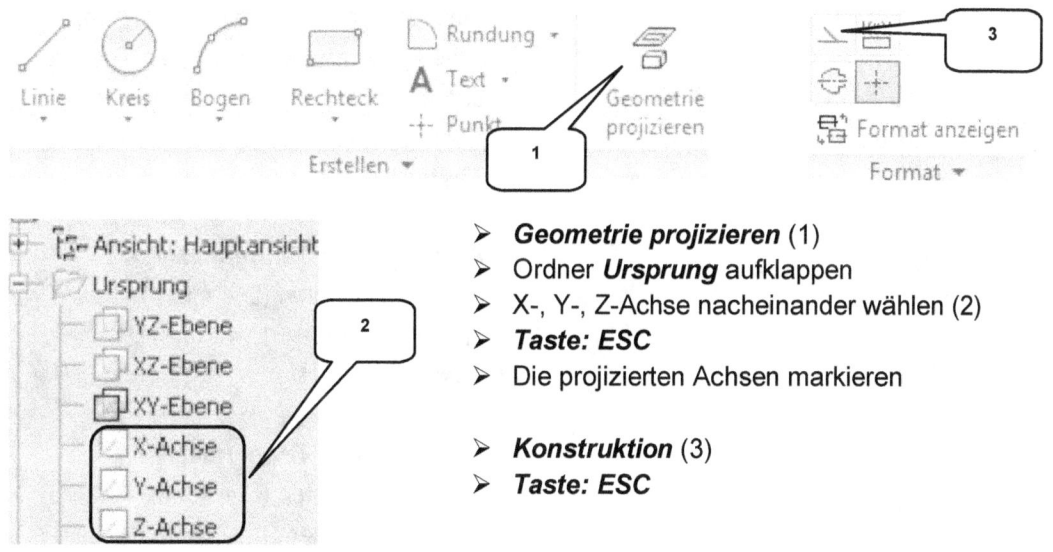

> **Geometrie projizieren** (1)
> Ordner **Ursprung** aufklappen
> X-, Y-, Z-Achse nacheinander wählen (2)
> **Taste: ESC**
> Die projizierten Achsen markieren

> **Konstruktion** (3)
> **Taste: ESC**

14.4 Zeichnen der Basisskizze

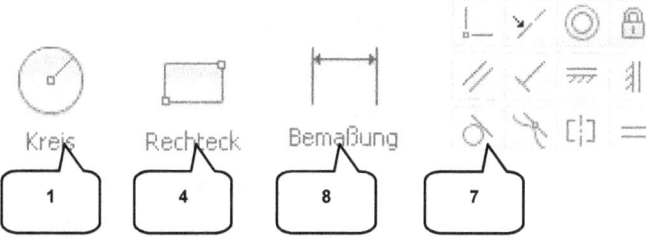

- Unterbaugruppe: Hydraulikzylinder -

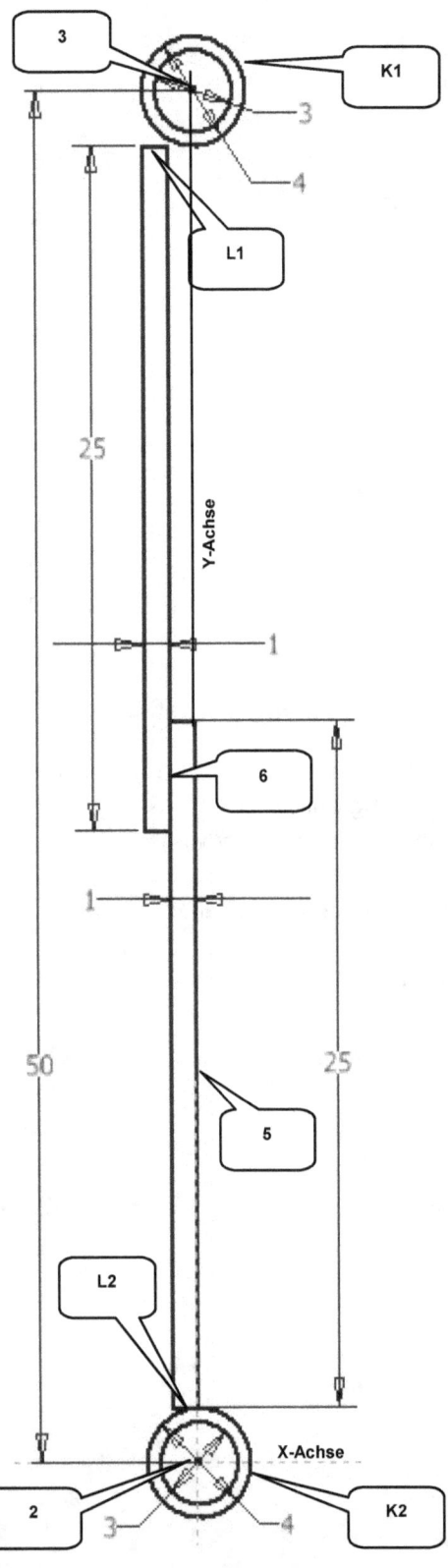

- ➢ **Kreis** (1)
- ➢ Zwei Kreise zeichnen (2), deren Mittelpunkte im Koordinatenursprung liegen (D1 = 3 mm, D2 = 4 mm)
- ➢ Zwei Kreise oberhalb der X-Achse zeichnen (3), deren Mittelpunkte auf der Y-Achse liegen (D1 = 3 mm, D2 = 4 mm)
- ➢ *Taste: ESC*

- ➢ **Rechteck** (4)
- ➢ Ein Rechteck zeichnen (1 x 25 mm), dessen rechte Senkrechte auf der projizierten Y-Achse liegt (5)
- ➢ Ein Rechteck zeichnen (1 x 25 mm), dessen rechte Senkrechte ein Teil auf der linken Senkrechten des ersten Rechtecks liegt (6)
- ➢ *Taste: ESC*

- ➢ **Abhängigkeit Tangential** (7)
- ➢ Kreis (K1) wählen (D = 4 mm)
- ➢ Linie (L1) wählen (L = 1 mm)
- ➢ *Taste: ESC*

- ➢ **Abhängigkeit Tangential** (7)
- ➢ Kreis (K2) wählen (D = 4 mm)
- ➢ Linie (L2) wählen (L = 1 mm)
- ➢ *Taste: ESC*

- ➢ **Bemaßung** (8)
- ➢ Alle Bemaßungen übernehmen wie dargestellt
- ➢ *Taste: ESC*

- ➢ (Die Skizze **nicht** verlassen!)

14.5 Bauteile aus der Skizze heraus exportieren

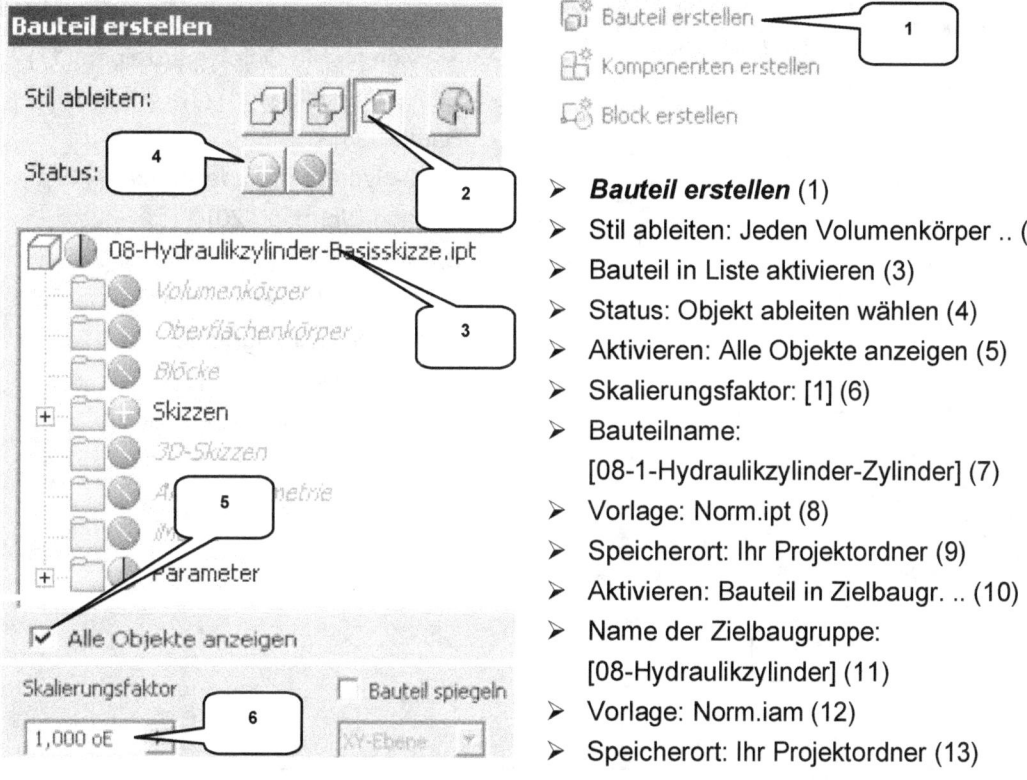

- **Bauteil erstellen** (1)
- Stil ableiten: Jeden Volumenkörper .. (2)
- Bauteil in Liste aktivieren (3)
- Status: Objekt ableiten wählen (4)
- Aktivieren: Alle Objekte anzeigen (5)
- Skalierungsfaktor: [1] (6)
- Bauteilname:
  [08-1-Hydraulikzylinder-Zylinder] (7)
- Vorlage: Norm.ipt (8)
- Speicherort: Ihr Projektordner (9)
- Aktivieren: Bauteil in Zielbaugr. .. (10)
- Name der Zielbaugruppe:
  [08-Hydraulikzylinder] (11)
- Vorlage: Norm.iam (12)
- Speicherort: Ihr Projektordner (13)
- **ANWENDEN**

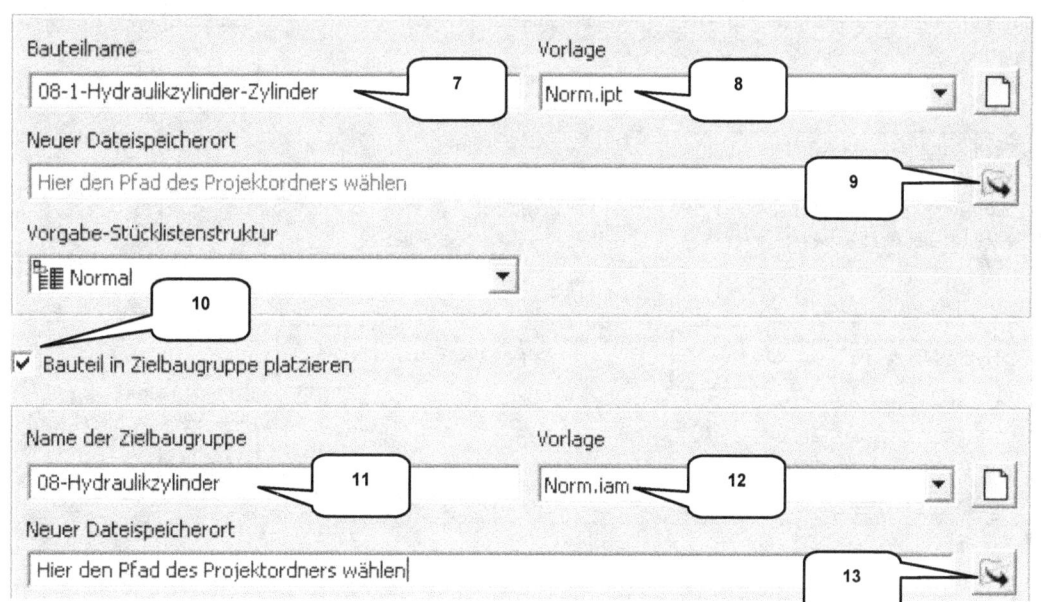

- Unterbaugruppe: Hydraulikzylinder -

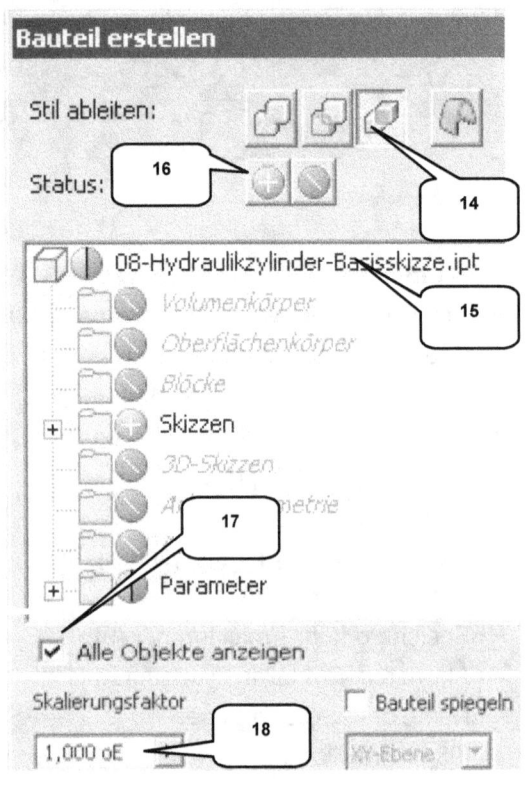

- Stil ableiten: Jeden Volumenk. .. (14)
- Bauteil in Liste aktivieren (15)
- Status: Objekt ableiten wählen (16)
- Aktivieren: Alle Objekte anzeigen (17)
- Skalierungsfaktor: [1] (18)
- Bauteilname: [08-2-Hydraulikzylinder-Kolben] (19)
- Vorlage: Norm.ipt (20)
- Speicherort: Ihr Projektordner (21)
- Aktivieren: Bauteil in Zielbaugr. .. (22)
- Name der Zielbaugruppe: [08-Hydraulikzylinder] (23)
- Vorlage: Norm.iam (24)
- Speicherort: Ihr Projektordner (25)
- **OK**

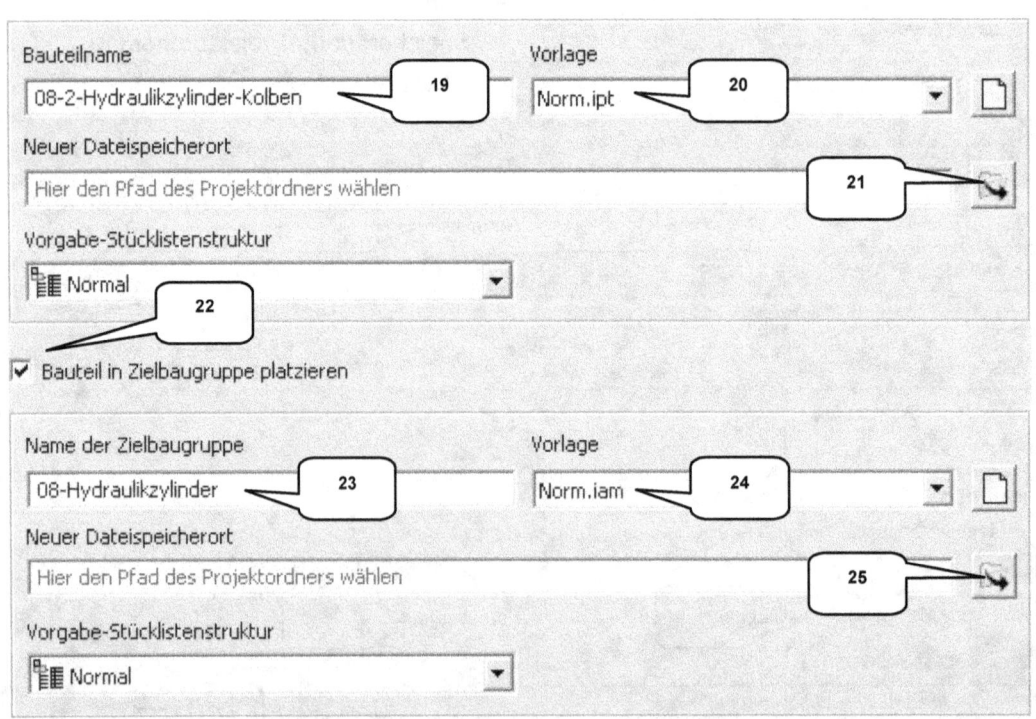

14.6 Bearbeiten des Zylinders

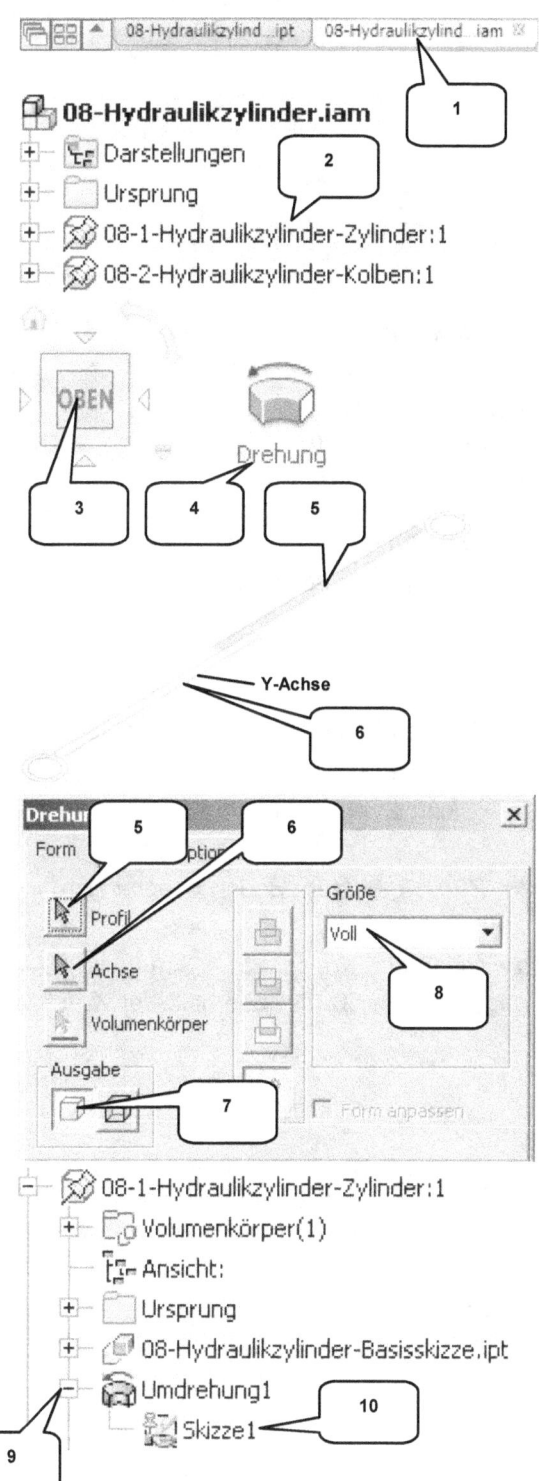

- Fenster „08-Hydraulikzylinder.iam" (unten links) im Zeichenbereich aktivieren (falls es nicht bereits automatisch aktiviert worden ist) (1)
- Rechte Maustaste auf „08-1-Hydraulikzylinder-Zylinder" im Browser (2)
- Option „Bearbeiten" wählen

- ***ViewCube-Ansicht: OBEN* (3)**
- ***Drehung* (4)**
-
- Profil: Oberes Rechteck (5)
- Achse: Projizierte Y-Achse (Skizze) (6)
- Ausgabe: Volumenkörper (7)
- Größe: Voll (8)
- **OK**

- „Umdrehung1" im Browser erweitern (9)
- Rechte Maustaste auf die darin enthaltene Skizze (10)
- Option „Sichtbarkeit" aktivieren

HINWEIS: Sollte die Option „Sichtbarkeit" im Kontextmenü der rechten Maustaste nicht vorhanden sein oder der folgende Befehl zurückgewiesen werden, kann alternativ die Option „Skizze wieder verwenden" gewählt werden.

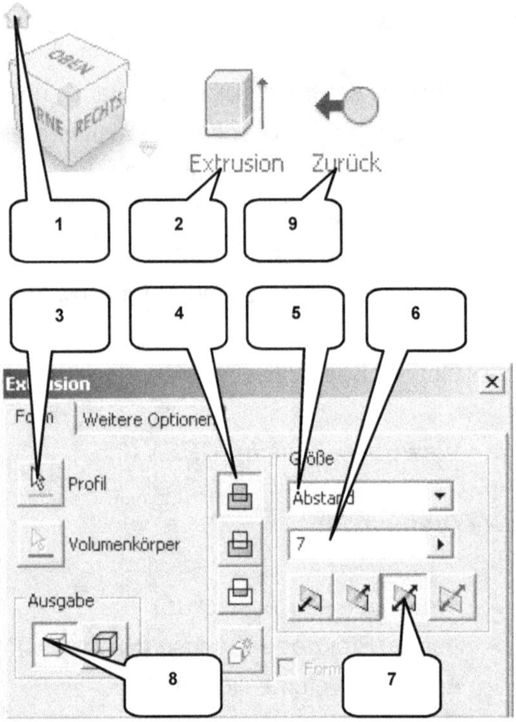

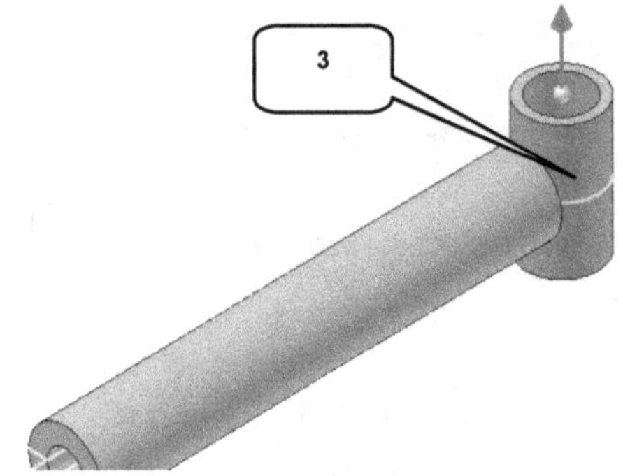

- Unterbaugruppe: Hydraulikzylinder -

- **ViewCube-Ansicht: Haussymbol** (1)

- **Extrusion** (2)
- Profil: Kreisring (3)
- Verfahren: Vereinigung (4)
- Größe: Abstand (5)
- Wert: [7] mm (6)
- Richtung: Symmetrisch (7)
- Ausgabe: Volumenkörper (8)
- **OK**

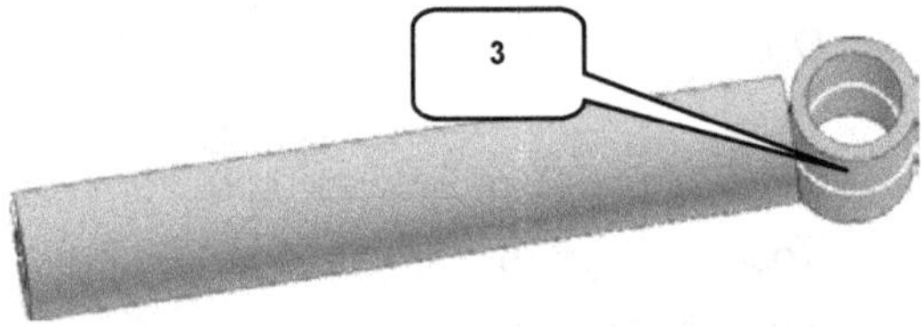

- Rechte Maustaste auf die reaktivierte Skizze im Browser
- „Sichtbarkeit" deaktivieren

- **Zurück** (9) (zum Baugruppenbereich)

HINWEIS: Extrudiert werden soll der Kreisring zwischen den Kreisen D1 = 3 mm und D2 = 4 mm, welcher sich **nicht** im Koordinatenursprung, sondern 50 mm oberhalb der X-Achse befindet (3).

14.7 Bearbeiten des Kolbens

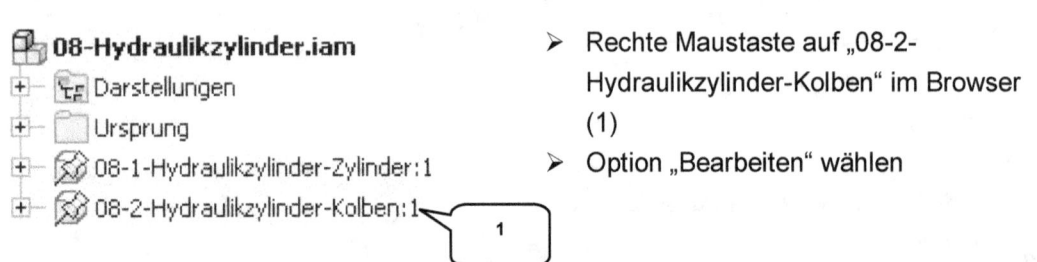

- Rechte Maustaste auf „08-2-Hydraulikzylinder-Kolben" im Browser (1)
- Option „Bearbeiten" wählen

- Unterbaugruppe: Hydraulikzylinder -

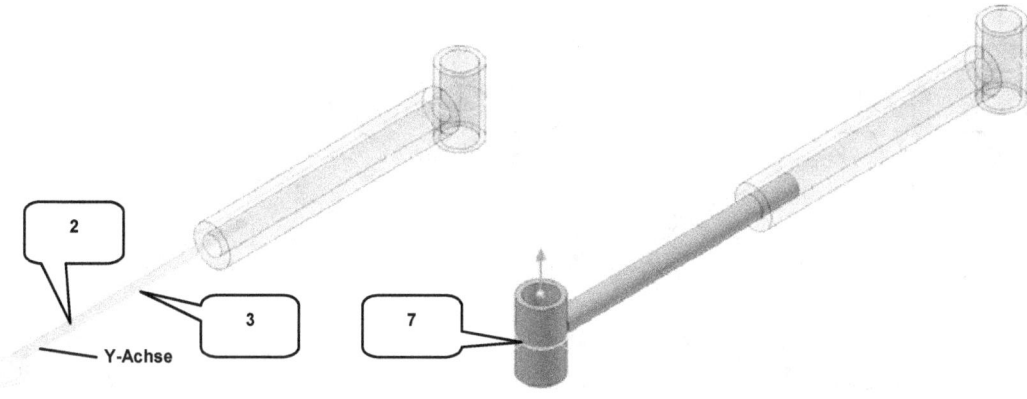

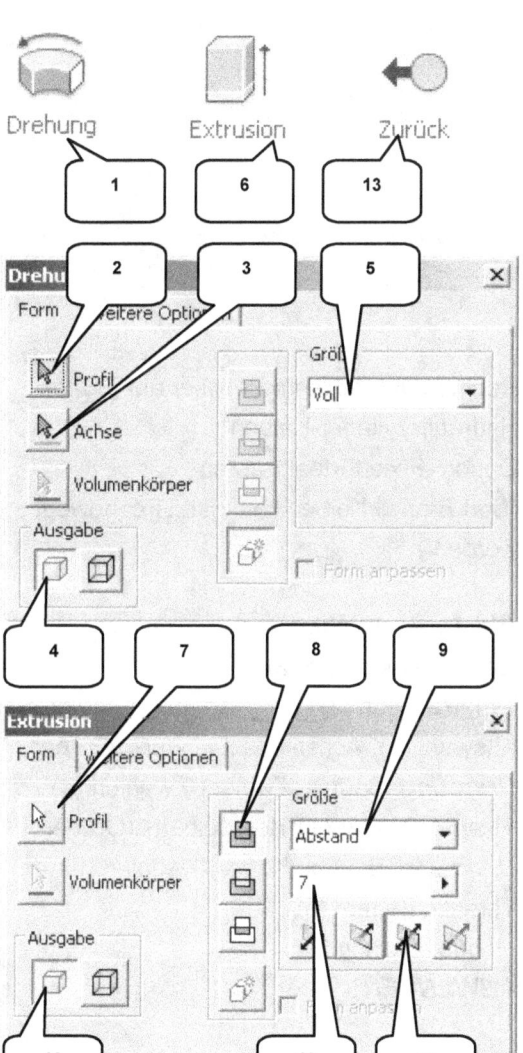

- **Drehung** (1)
- Profil: Unteres Rechteck wählen (2)
- Achse: Projizierte Y-Achse (Skizze) (3)
- Ausgabe: Volumenkörper (4)
- Größe: Voll (5)
- **OK**

- „Umdrehung1" im Browser erweitern
- Rechte Maustaste auf die darin enthaltene Skizze
- Option „Sichtbarkeit" wählen (alternativ „Skizze wieder verwenden")

- **Extrusion** (6)
- Profil: Kreisring (zw. D = 3 mm und D = 4 mm) am Koordinatenursprung (7)
- Verfahren: Vereinigung (8)
- Größe: Abstand (9)
- Wert: [7] mm (10)
- Richtung: Symmetrisch (11)
- Ausgabe: Volumenkörper (12)
- **OK**

- Rechte Maustaste auf die reaktivierte Skizze im Browser
- „Sichtbarkeit" deaktivieren

- **Zurück** (13) (zum Baugruppenbereich)

14.8 Setzen der Abhängigkeiten zwischen Kolben und Zylinder

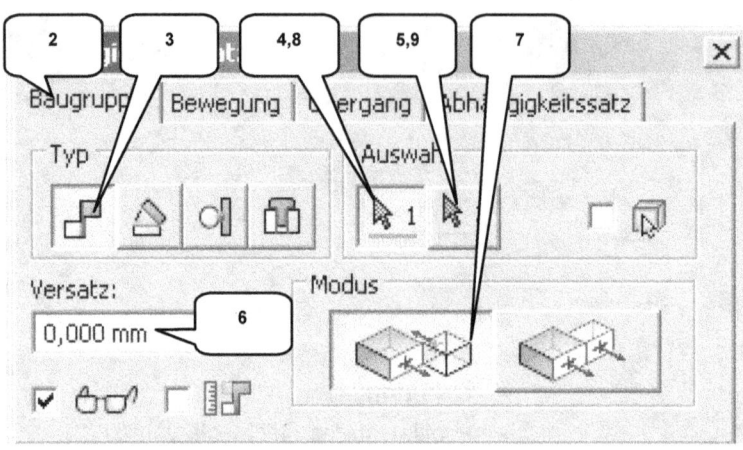

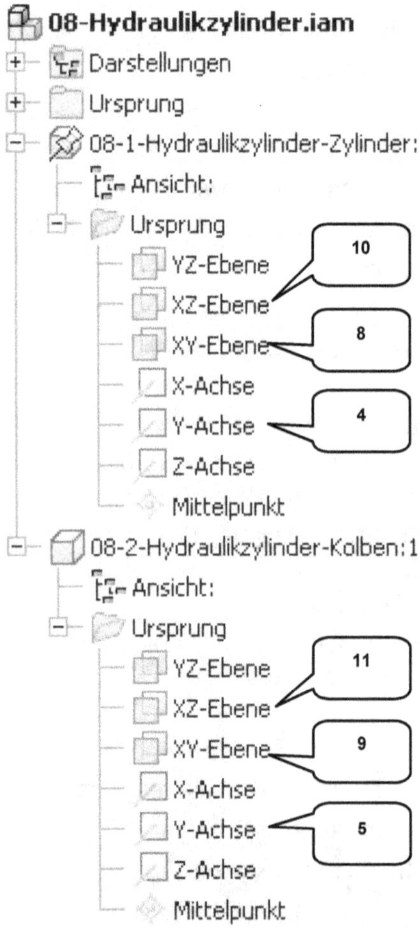

> Rechte Maustaste im Browser auf „08-2-Hydraulikzylinder-Kolben"
> Option „Fixiert" deaktivieren
> (Das Bauteil Kolben kann jetzt frei bewegt werden.)

> ***Abhängig machen*** (1)
> Reiter: Baugruppe (2)
> Typ: Passend (3)
> Auswahl1: Y-Achse des Zylinders (Ordner ***Ursprung***, Bauteil „Zylinder") wählen (4)
> Auswahl2: Y-Achse des Kolbens (Ordner ***Ursprung***, Bauteil „Kolben") wählen (5)
> Versatz: [0] mm (6)
> Modus: Passend (7)
> ***ANWENDEN***

- Unterbaugruppe: Hydraulikzylinder -

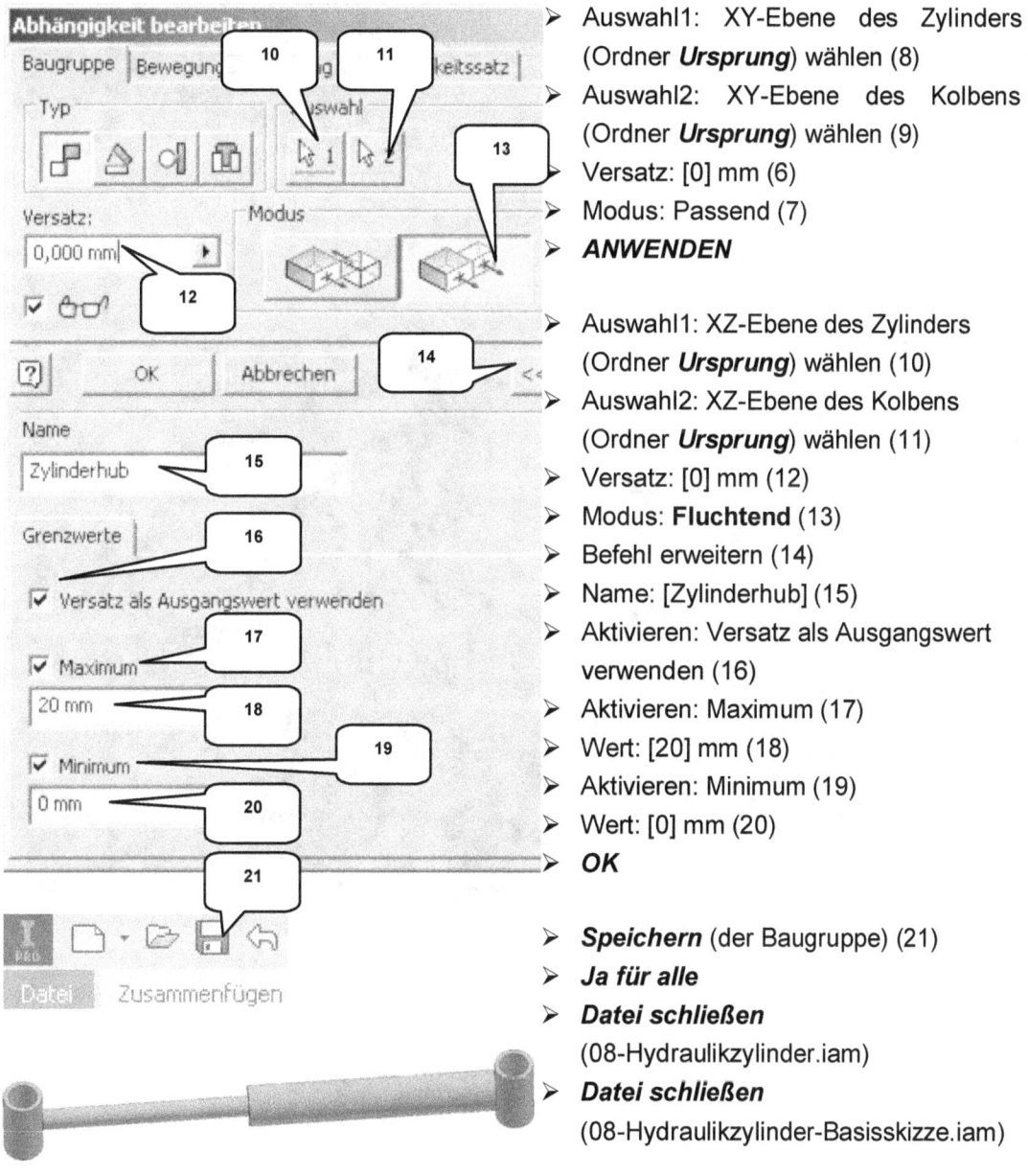

- Auswahl1: XY-Ebene des Zylinders (Ordner *Ursprung*) wählen (8)
- Auswahl2: XY-Ebene des Kolbens (Ordner *Ursprung*) wählen (9)
- Versatz: [0] mm (6)
- Modus: Passend (7)
- *ANWENDEN*

- Auswahl1: XZ-Ebene des Zylinders (Ordner *Ursprung*) wählen (10)
- Auswahl2: XZ-Ebene des Kolbens (Ordner *Ursprung*) wählen (11)
- Versatz: [0] mm (12)
- Modus: **Fluchtend** (13)
- Befehl erweitern (14)
- Name: [Zylinderhub] (15)
- Aktivieren: Versatz als Ausgangswert verwenden (16)
- Aktivieren: Maximum (17)
- Wert: [20] mm (18)
- Aktivieren: Minimum (19)
- Wert: [0] mm (20)
- *OK*

- *Speichern* (der Baugruppe) (21)
- *Ja für alle*
- *Datei schließen* (08-Hydraulikzylinder.iam)
- *Datei schließen* (08-Hydraulikzylinder-Basisskizze.iam)

HINWEIS: Der Kolben kann jetzt bei gedrückter linker Maustaste in den Zylinder geschoben werden. Er springt zurück, sobald die Maustaste wieder losgelassen wird.

15 Hauptbaugruppe: Holzrückmaschine

15.1 Baugruppe „00-Holzrueckmaschine" erstellen

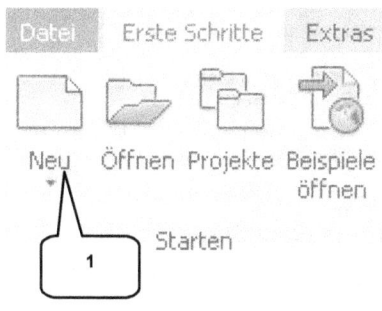

- **Neu** (1)
- Templates (2)
- Bauteil: Norm.iam (3)
- **Erstellen** (4)

- **Speichern** (5)
- Dateiname: [00-Holzrueckmaschine] (6)
- **Speichern** (7)

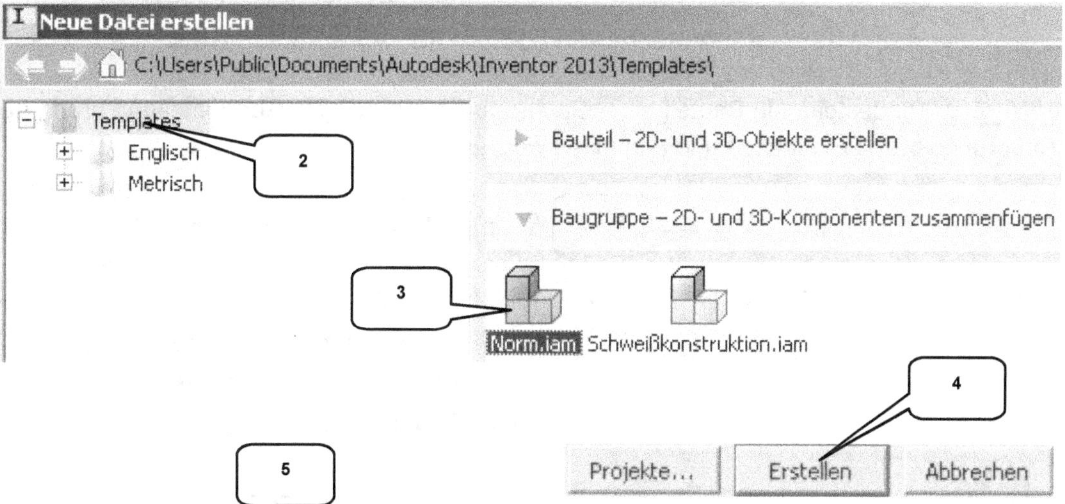

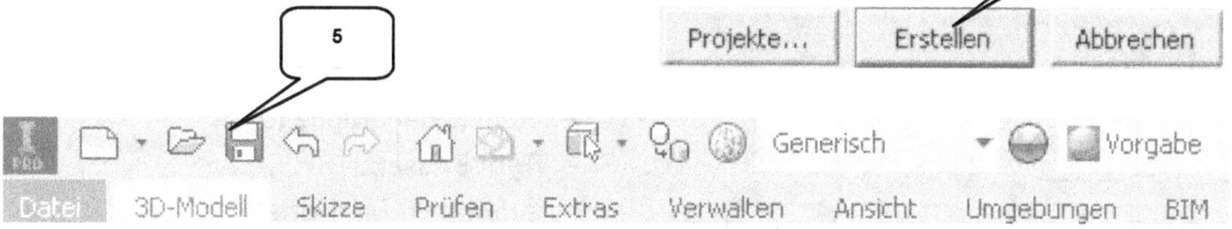

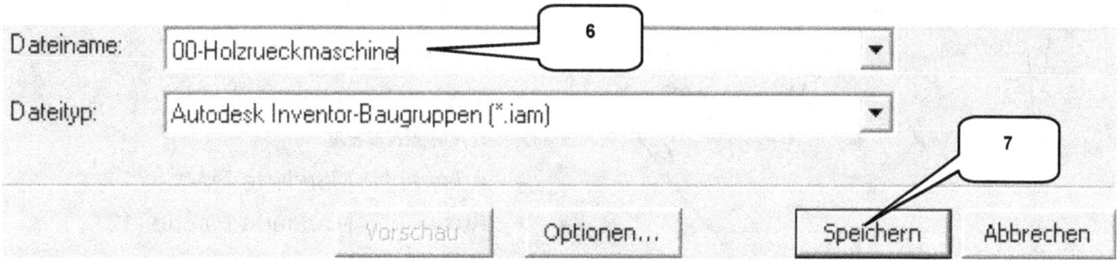

15.2 Platzieren der ersten Bauteile

- **Komponente platzieren** (1)
- Datei „01-Oberwagen.ipt" wählen (2)
- **ÖFFNEN**
- Rechte Maustaste > Option „Am Ursprung platziert fixiert" wählen
- **Taste: ESC**

HINWEIS: Mindestens ein Bauteil einer Baugruppe sollte auf den Koordinatenursprung der Baugruppe bezogen platziert und dort fixiert werden.

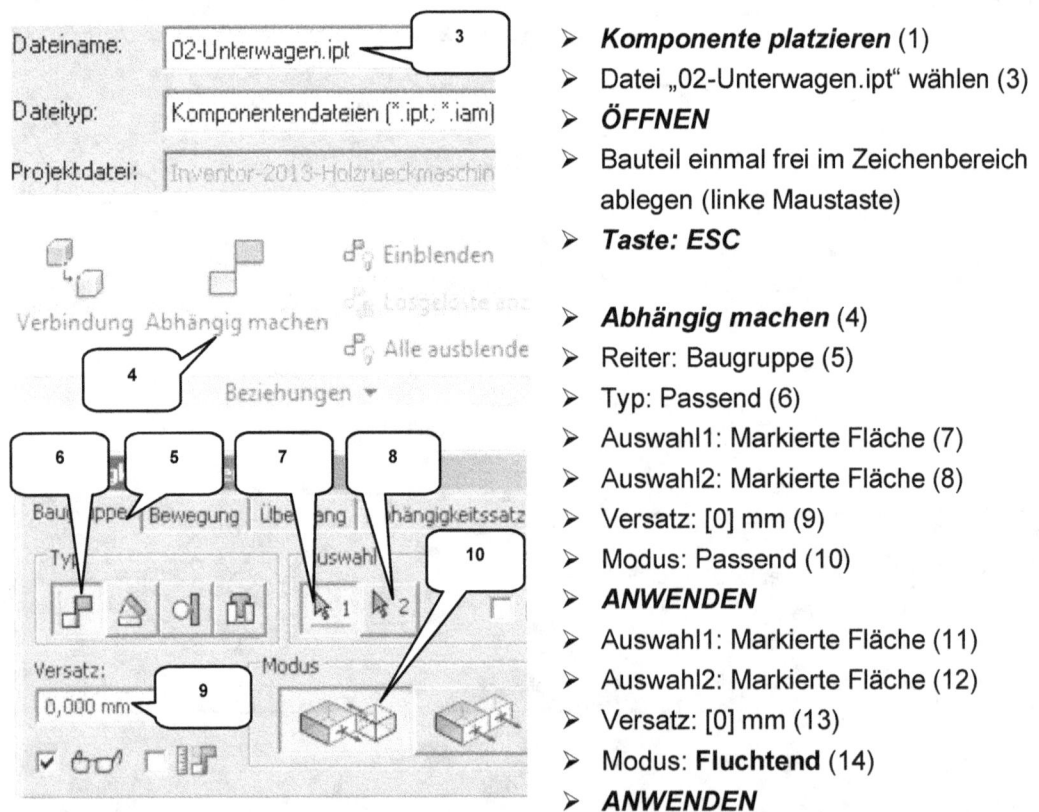

- **Komponente platzieren** (1)
- Datei „02-Unterwagen.ipt" wählen (3)
- **ÖFFNEN**
- Bauteil einmal frei im Zeichenbereich ablegen (linke Maustaste)
- **Taste: ESC**

- **Abhängig machen** (4)
- Reiter: Baugruppe (5)
- Typ: Passend (6)
- Auswahl1: Markierte Fläche (7)
- Auswahl2: Markierte Fläche (8)
- Versatz: [0] mm (9)
- Modus: Passend (10)
- **ANWENDEN**
- Auswahl1: Markierte Fläche (11)
- Auswahl2: Markierte Fläche (12)
- Versatz: [0] mm (13)
- Modus: **Fluchtend** (14)
- **ANWENDEN**

- Hauptbaugruppe: Holzrückmaschine -

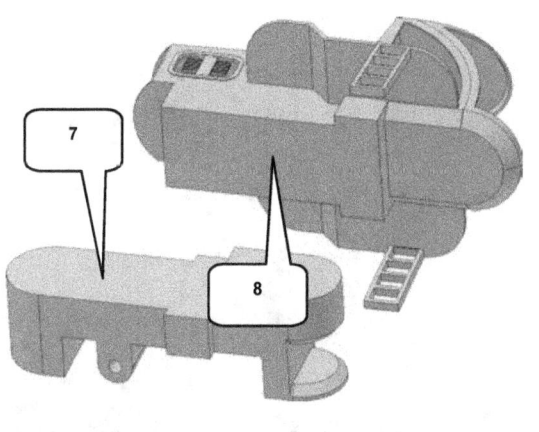
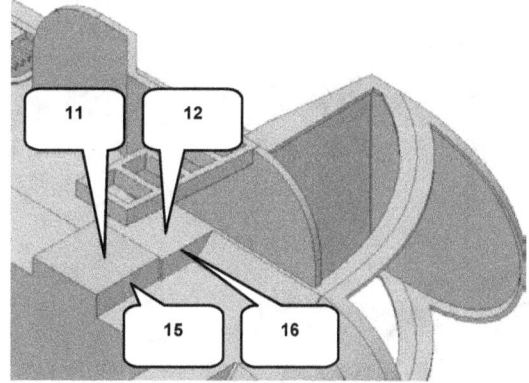

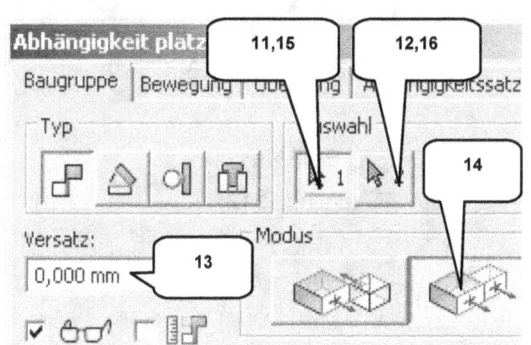

- Auswahl1: Markierte Fläche (15)
- Auswahl2: Markierte Fläche (16)
- Versatz: [0] mm (13)
- Modus: **Fluchtend** (14)
- OK

15.3 Weitere Bauteile in die Baugruppe einfügen

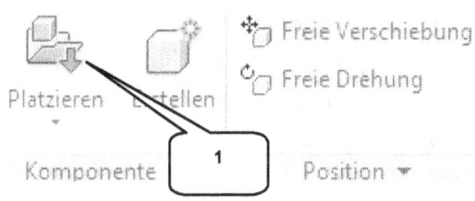

- **Komponente platzieren** (1)
- Bei gedrückter **Taste: STRG** die folgenden vier Bauteile mit der linken Maustaste auswählen:
- 03-Hubgestell.ipt
- 04-Ausleger.ipt
- 05-Greiferstil.ipt
- 06-Greifer.ipt
- **ÖFFNEN**

- Komponenten einmal frei im Zeichenbereich ablegen (linke Maustaste)
- **Taste: ESC**

15.4 Bauteil „03-Hubgestell" mit Abhängigkeiten versehen

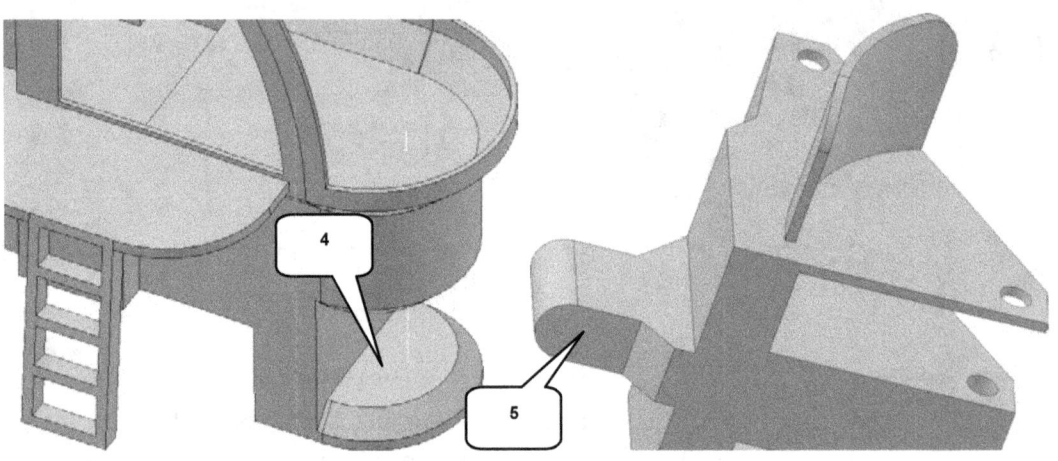

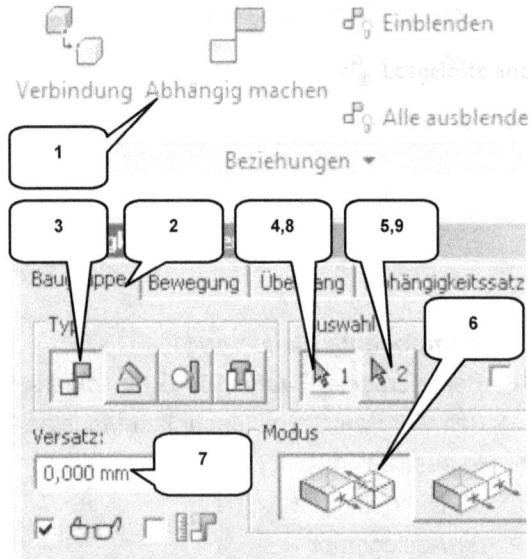

- ➢ **Abhängig machen** (1)
- ➢ Reiter: Baugruppe (2)
- ➢ Typ: Passend (3)
- ➢ Auswahl1: Markierte Fläche (4)
- ➢ Auswahl2: Markierte Fläche (5)
- ➢ Versatz: [0] mm (6)
- ➢ Modus: Passend (7)
- ➢ **ANWENDEN**
- ➢ Auswahl1: Arbeitsachse (8)
- ➢ Auswahl2: Markierte Rundung (9)
- ➢ Versatz: [0] mm (6)
- ➢ Modus: Passend (7)
- ➢ **OK**

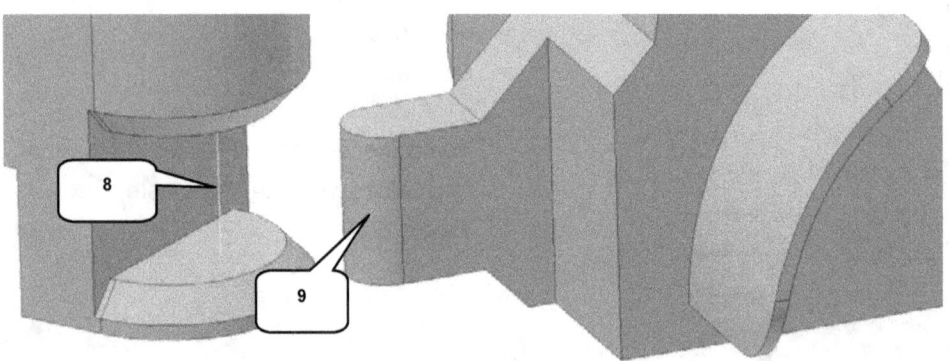

15.5 Schraubenverbindungen einfügen

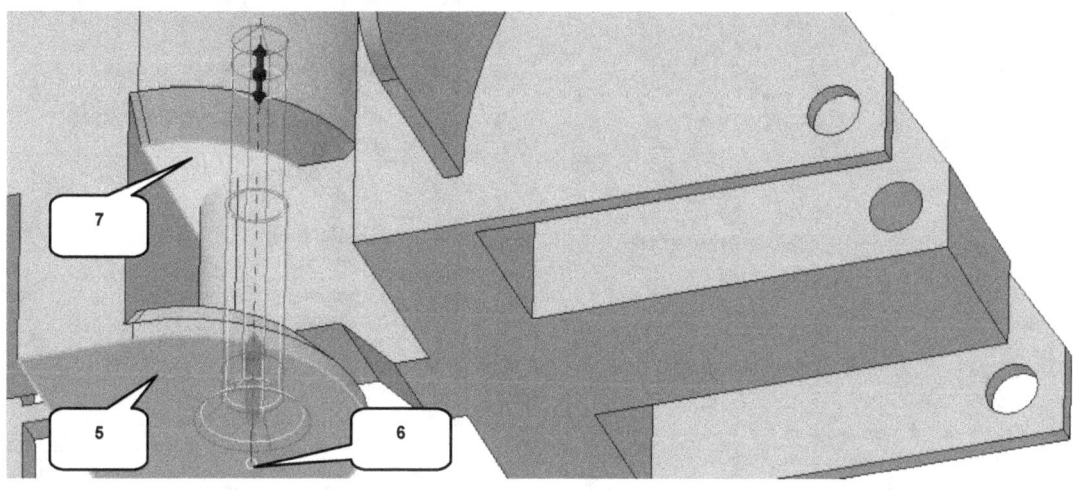

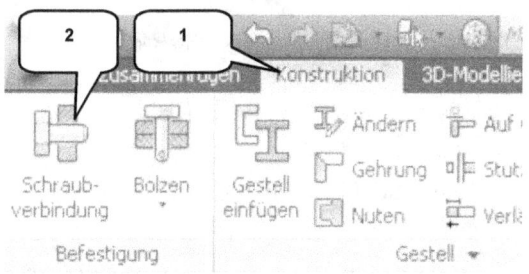

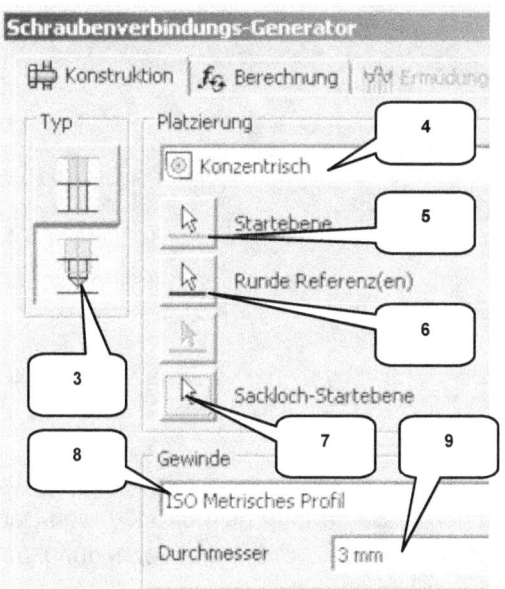

- ➢ Register **Konstruktion** öffnen (1)
- ➢ **Schraubenverbindung** (2)
- ➢ Typ: Nicht durchgehend (3)
- ➢ Platzierung: Konzentrisch (4)
- ➢ Startebene: Markierte Fläche (5)
- ➢ Runde Referenz: Markierte Achse (6)
- ➢ Sackloch-Startebene: Fläche (7)
- ➢ Gewinde: ISO Metrisches Profil (8)
- ➢ Durchmesser: [3] mm (9)
- ➢ Zum Hinzufügen einer Schraube.. (10)
- ➢ Auswahl: DIN EN ISO 10642 (11)
- ➢ **OK > OK**

- ➢ Schraube „DIN EN ISO 10642 M3 x 20" sollte in der Vorschau erscheinen (12)

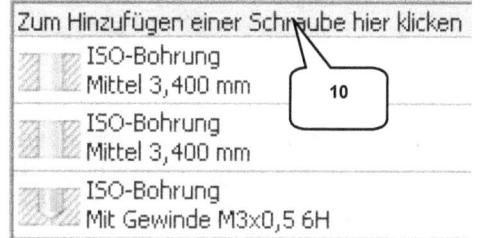

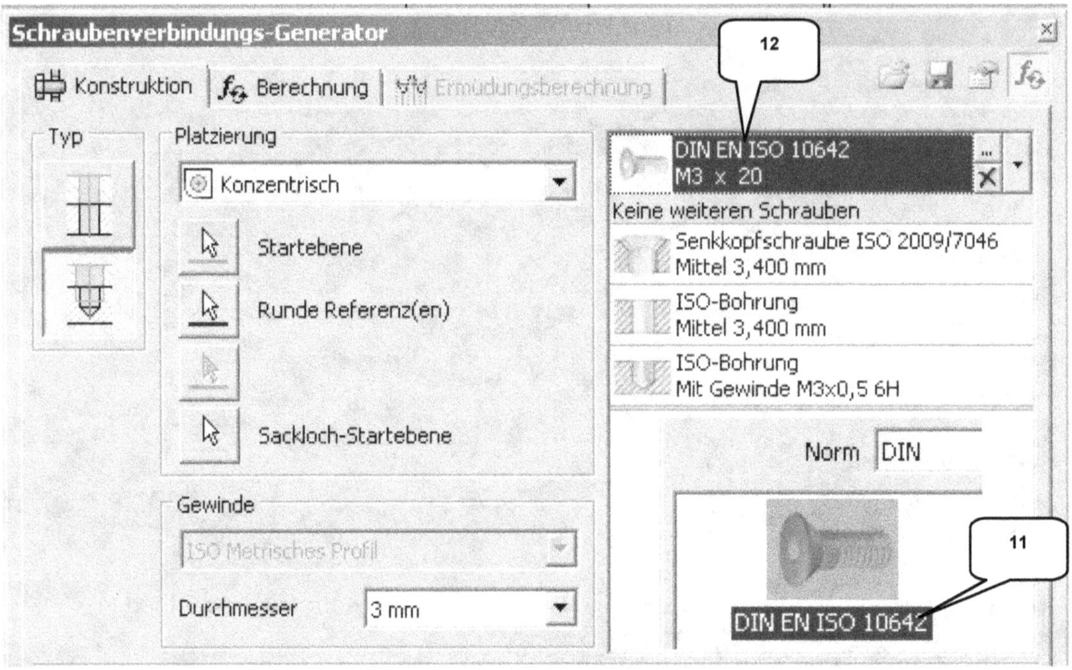

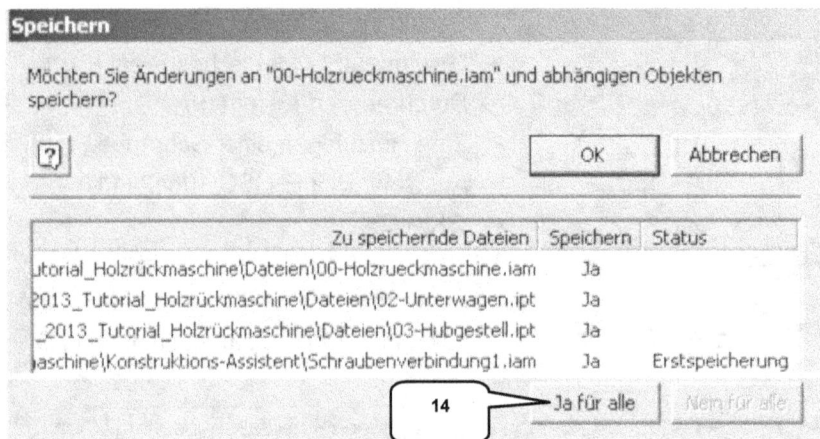

- Hauptbaugruppe: Holzrückmaschine -

➢ **Speichern** (13)
➢ Ja für alle (14)
➢ **OK**

HINWEIS: Dieser Befehl fügt Schraubenverbindungen in Baugruppen ein und fügt den Bauteilen *02-Unterwagen.ipt* und *03-Hubgestellt.ipt* alle für die Schraubenverbindung notwendigen (Gewinde-) Bohrungen hinzu.

15.6 Bauteil „04-Ausleger" mit Abhängigkeiten versehen

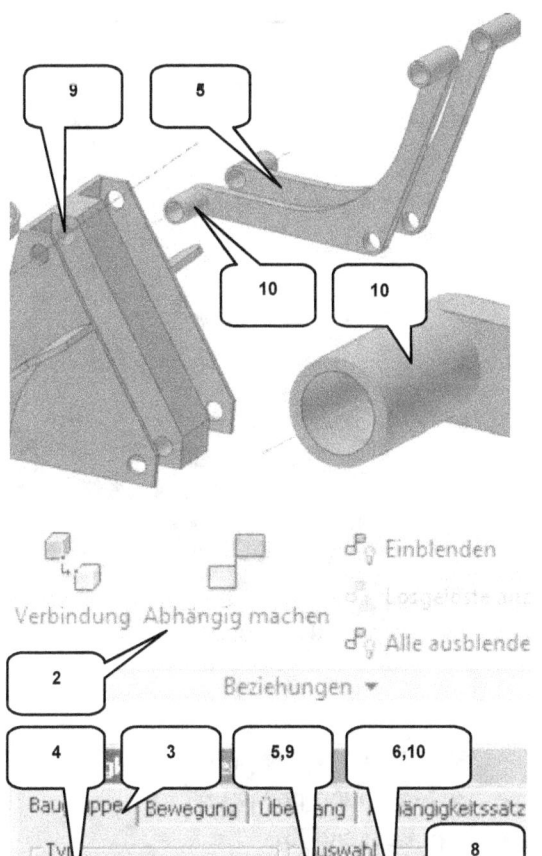

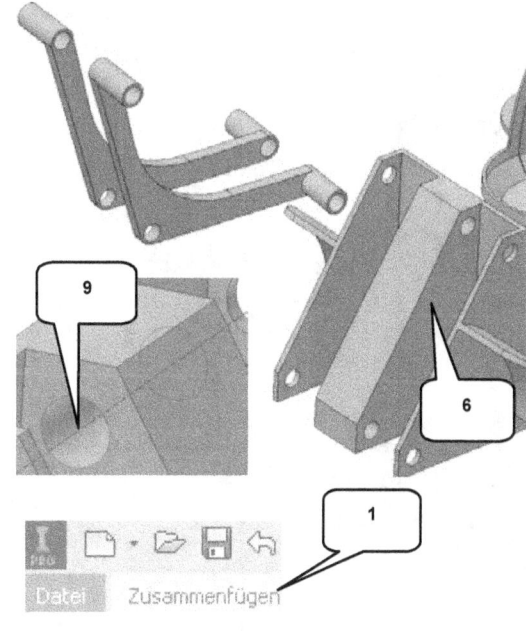

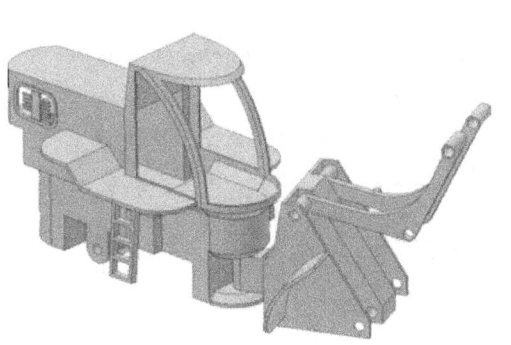

> Register **Zusammenfügen** öffnen (1)

> **Abhängig machen** (2)
> Reiter: Baugruppe (3)
> Typ: Passend (4)
> Auswahl1:
>   Markierte Fläche (Ausleger) (5)
> Auswahl2:
>   Markierte Fläche (Hubgestell) (6)
> Versatz: [0] mm (7)
> Modus: Passend (8)
> **ANWENDEN**

> Auswahl1:
>   Zylinderfläche Bohrung (Hubgestell) (9)
> Auswahl2:
>   Zylinderfläche (Ausleger) (10)
> Versatz: [0] mm (7)
> Modus: Passend (6)
> **OK**

15.7 Bauteil „05-Greiferstiel" mit Abhängigkeiten versehen

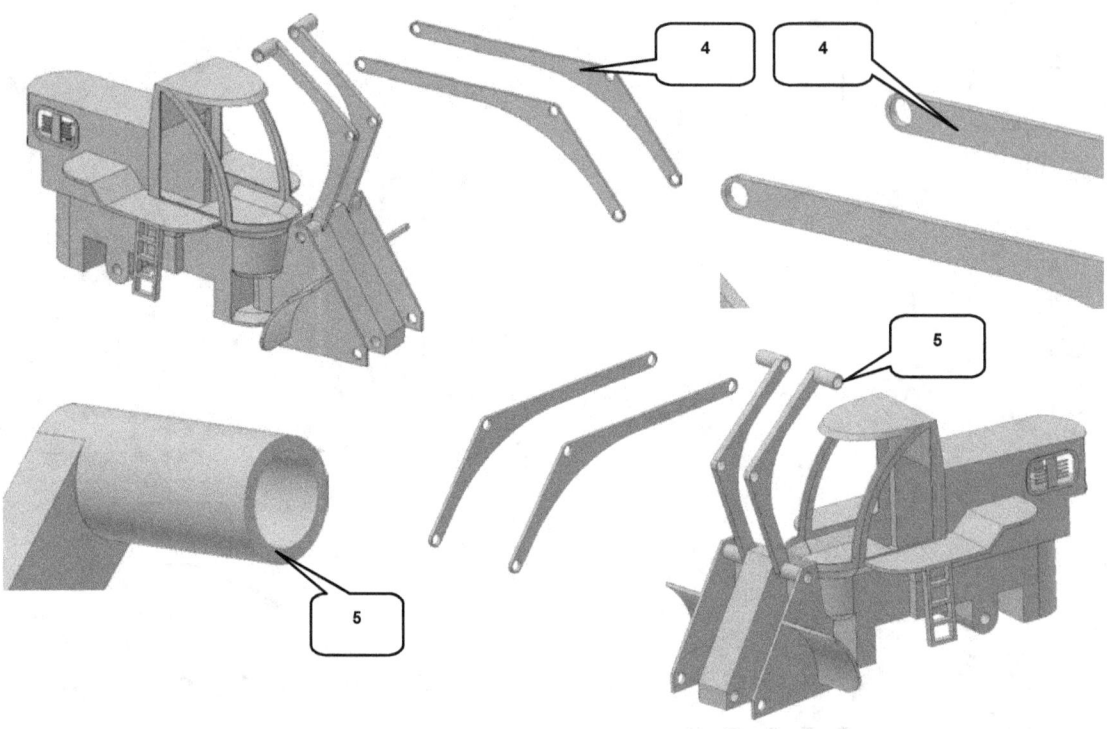

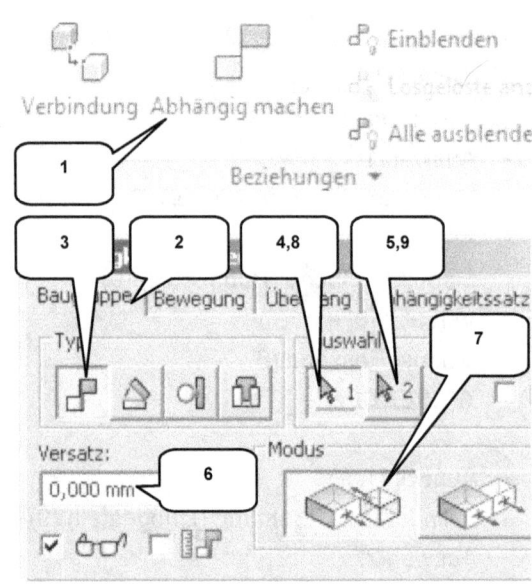

- **Abhängig machen** (1)
- Reiter: Baugruppe (2)
- Typ: Passend (3)
- Auswahl1: Markierte Fläche (innere Fläche Greiferstiel) (4)
- Auswahl2: Markierte Fläche (Stirnfläche Ausleger) (5)
- Versatz: [0] mm (6)
- Modus: Passend (7)
- **ANWENDEN**
- Auswahl1: Zylinderfläche (Ausleger) (Hubgestell) (8)
- Auswahl2: Zylinderfläche Bohrung (Greiferstiel) (9)
- Versatz: [0] mm (6)
- Modus: Passend (7)
- **OK**

- Hauptbaugruppe: Holzrückmaschine -

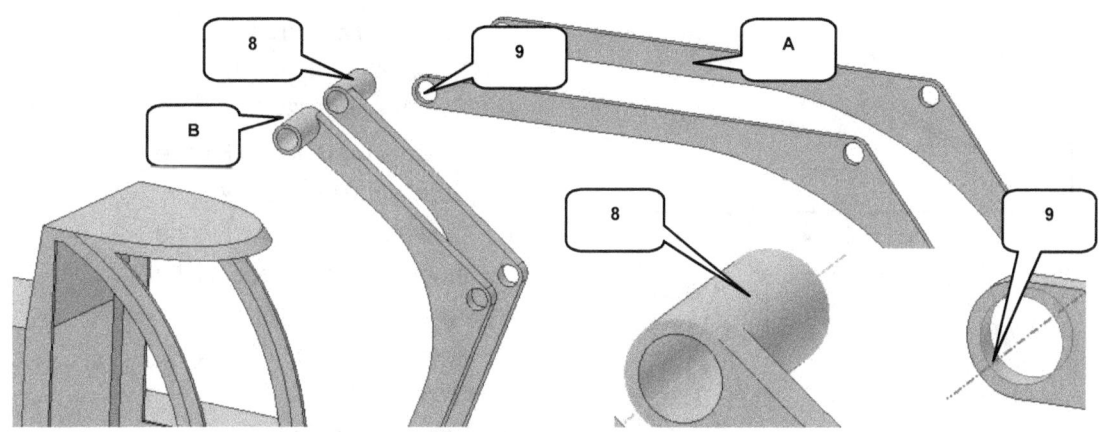

HINWEIS: Der Greiferstiel hat eine lange und eine kurze Seite. Die lange Seite (A) ist mit dem Ausleger (B) zu verbinden (8,9).

15.8 Bauteil „06-Greifer" mit Abhängigkeiten versehen

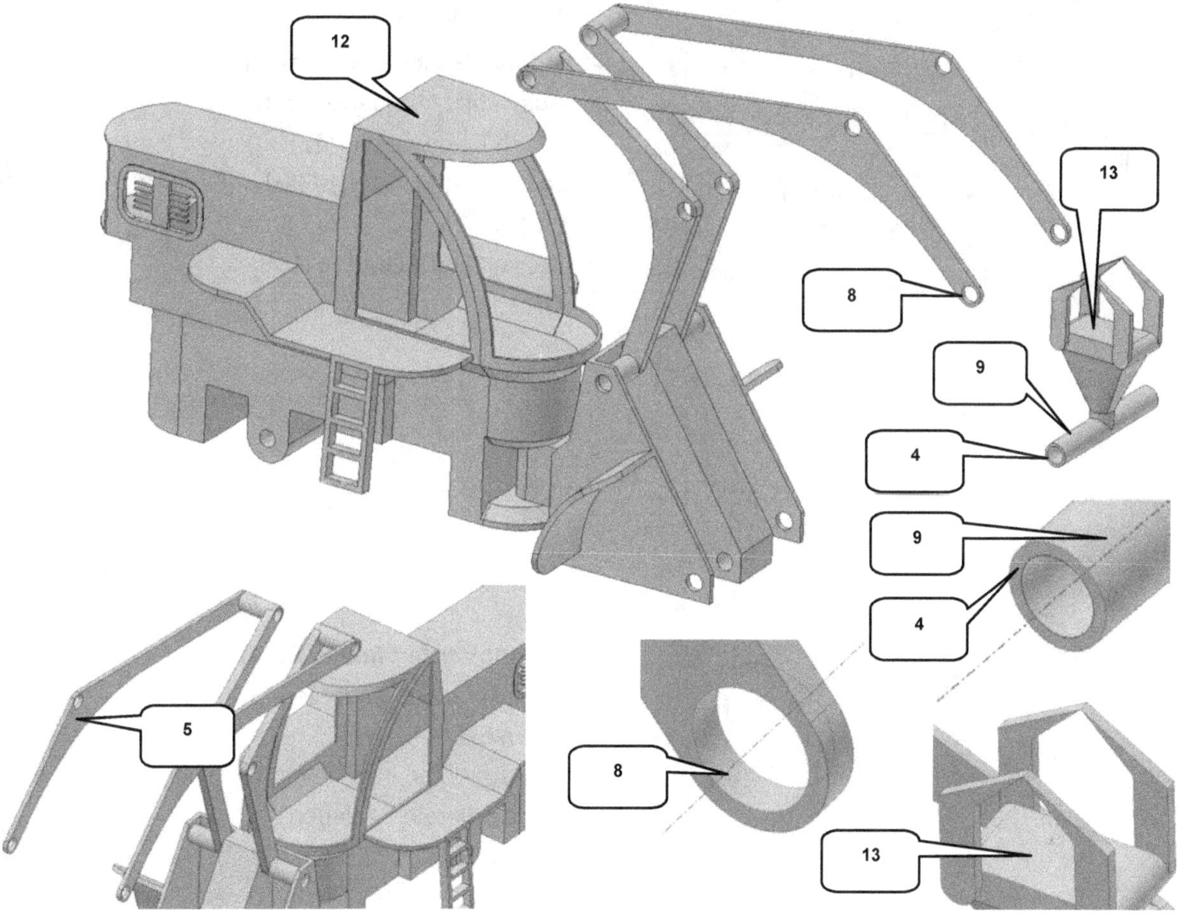

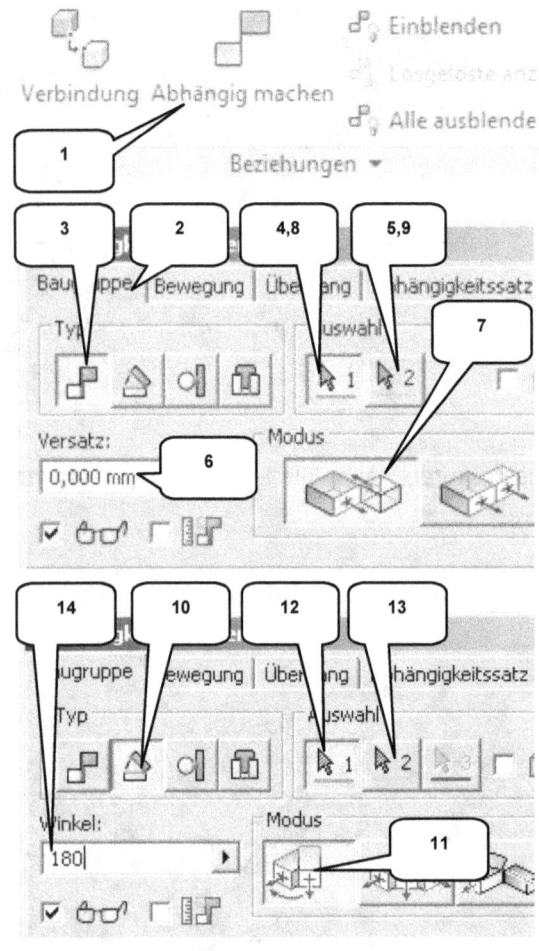

- **Abhängig machen** (1)
- Reiter: Baugruppe (2)
- Typ: Passend (3)
- Auswahl1: Markierte Fläche (Stirnfläche Greifer) (4)
- Auswahl2: Markierte Fläche (innere Fläche Greiferstiel) (5)
- Versatz: [0] mm (6)
- Modus: Passend (7)
- **ANWENDEN**
- Auswahl1: Zylinderfläche (Bohrung Ausleger) (8)
- Auswahl2: Zylinderfläche (Greifer) (9)
- Versatz: [0] mm (6)
- Modus: Passend (7)
- **ANWENDEN**
- Typ: **Winkel** (10)
- Modus: Gerichteter Winkel (11)
- Auswahl1: Markierte Fläche (Dach Oberwagen) (12)
- Auswahl2: Markierte Fläche (Greifer) (13)
- Winkel: [180] Grad (14)
- **OK**

15.9 Unterbaugruppen „08-Hydraulikzylinder" einfügen

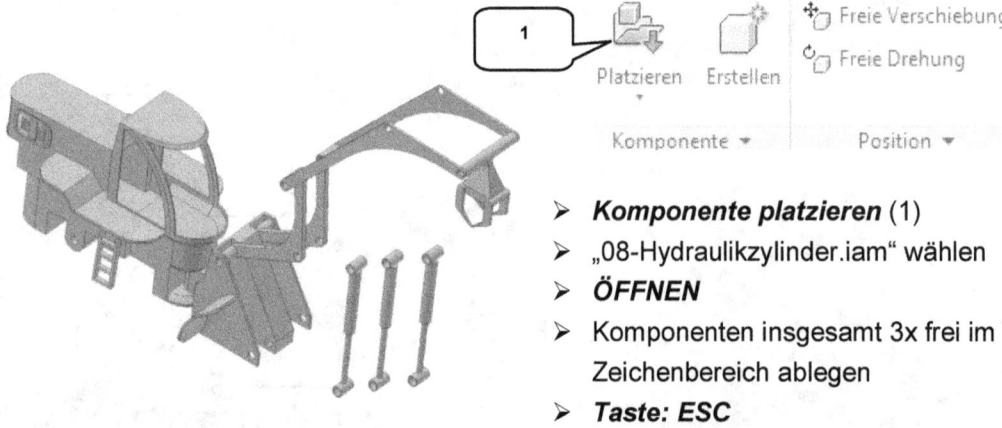

- **Komponente platzieren** (1)
- „08-Hydraulikzylinder.iam" wählen
- **ÖFFNEN**
- Komponenten insgesamt 3x frei im Zeichenbereich ablegen
- **Taste: ESC**

15.10 Befestigen der unteren beiden Hydraulikzylinder

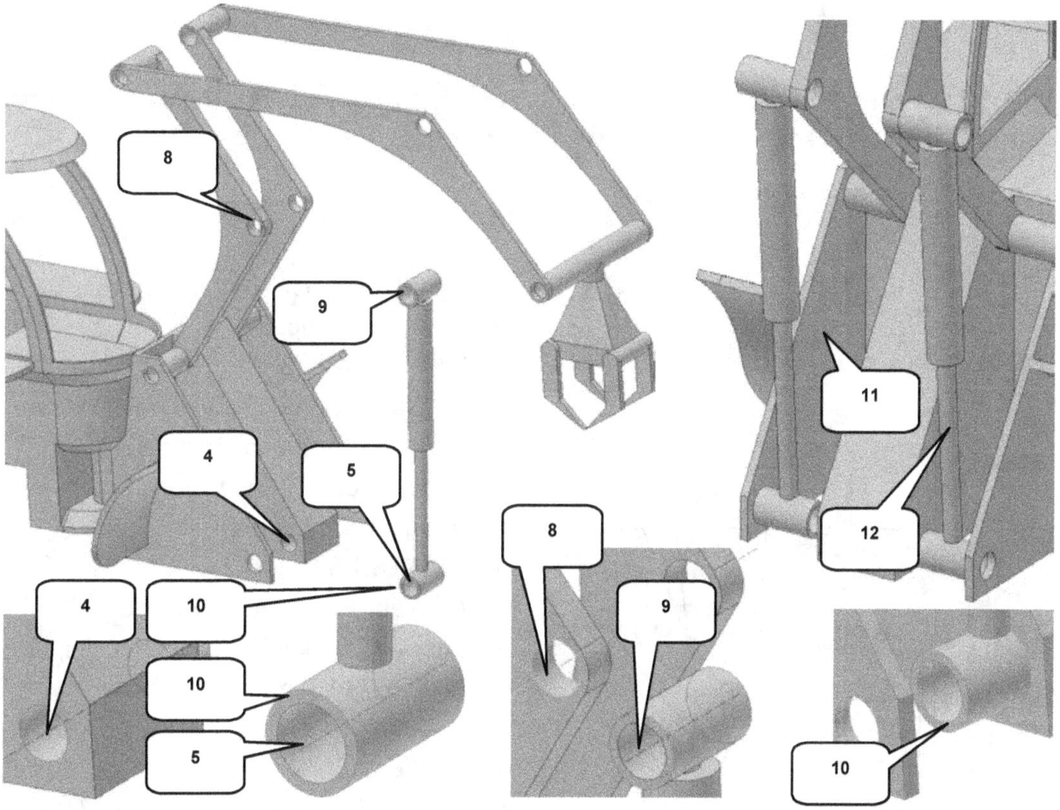

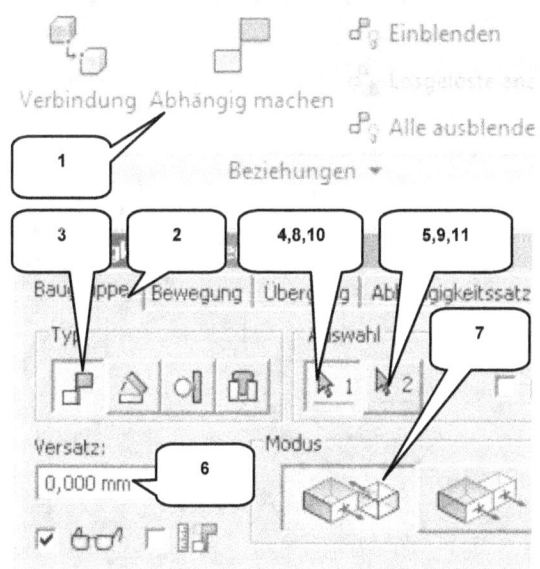

- **Abhängig machen** (1)
- Reiter: Baugruppe (2)
- Typ: Passend (3)
- Auswahl1: Bohrung (Hubgestell) (4)
- Auswahl2: Bohrung (Zylinder) (5)
- Versatz: [0] mm (6)
- Modus: Passend (7)
- **ANWENDEN**
- Auswahl1: Bohrung (Hubgestell) (8)
- Auswahl2: Bohrung (Zylinder) (9)
- Versatz: [0] mm (6)
- Modus: Passend (7)
- **ANWENDEN**

- Auswahl1: Stirnfläche (Zylinder) (10)
- Auswahl2: Innenflä. (Hubgestell) (11)
- Versatz: [0] mm (6)
- Modus: Passend (7)
- **OK**

HINWEIS: Der zweite Hydraulikzylinder kann zwischen Hubgestell und Ausleger befestigt werden. Position (12) zeigt seine Lage und Ausrichtung.

15.11 Befestigen des oberen Hydraulikzylinders

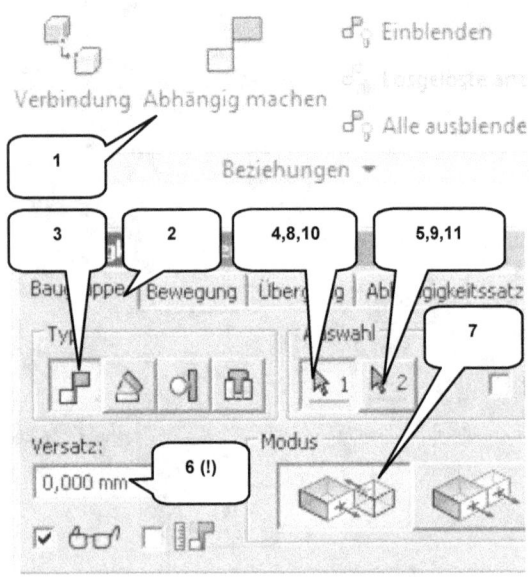

- **Abhängig machen** (1)
- Reiter: Baugruppe (2)
- Typ: Passend (3)
- Auswahl1: Bohrung (Greiferstiel) (4)
- Auswahl2: Bohrung (Zylinder) (5)
- Versatz: [0] mm (6)
- Modus: Passend (7)
- **ANWENDEN**
- Auswahl1: Stirnfläche (Zylinder) (8)
- Auswahl2: Innenfläche (Greiferstiel) (9)
- Versatz: **[10,5]** mm (6) **!!!**
- Modus: Passend (7)
- **ANWENDEN**
- Auswahl1: Bohrung (oberer Zyl.) (10)
- Auswahl2: Bohrung (unterer Zyl.) (11)
- Versatz: [0] mm (6)
- Modus: Passend (7)
- **OK**

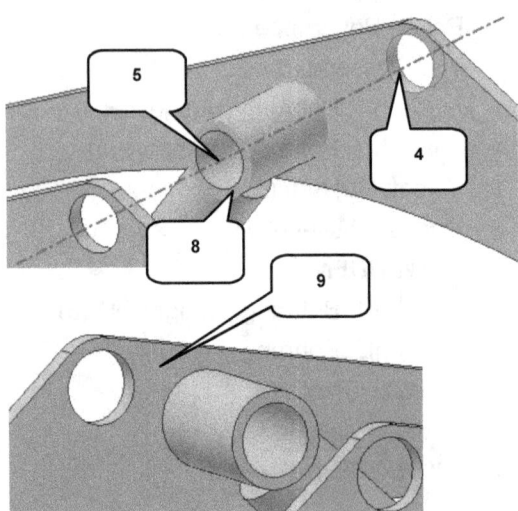

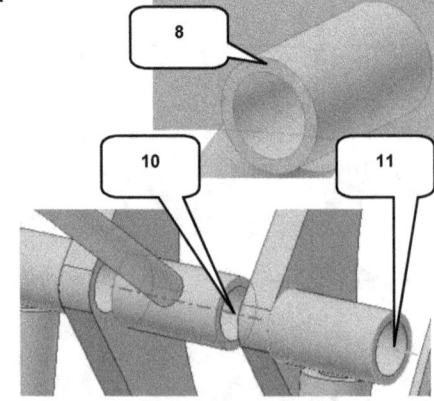

- Hauptbaugruppe: Holzrückmaschine -

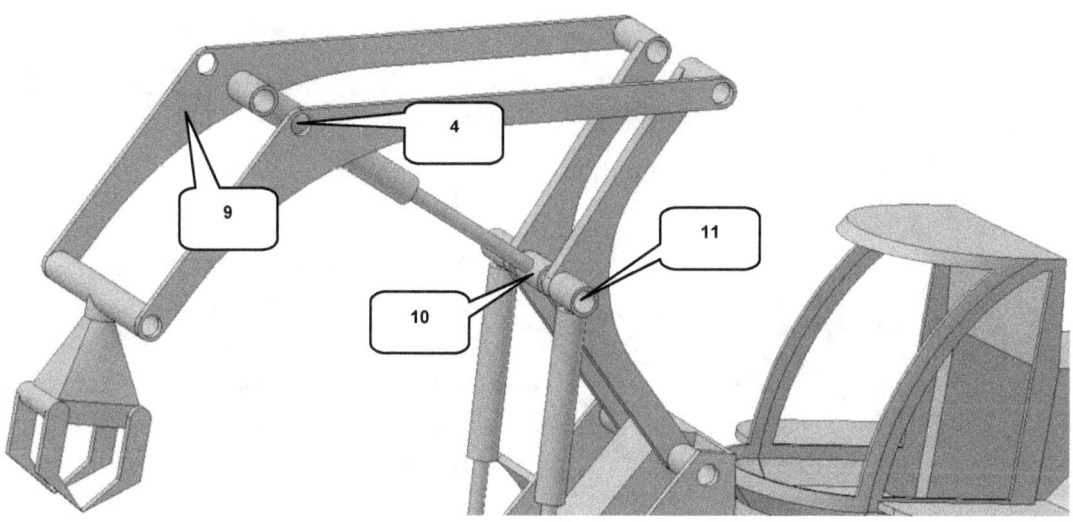

15.12 Alle drei Zylinder flexibel machen

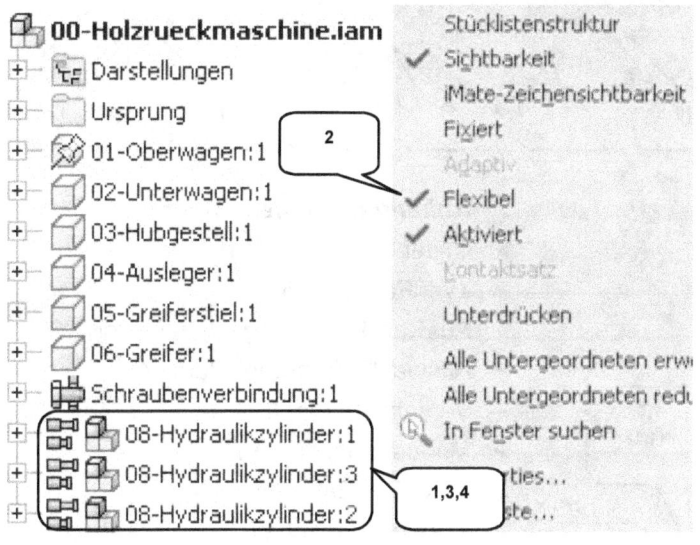

- Rechte Maustaste auf 1. Hydraulikzylinder (1)
- „Flexibel" aktivieren (2)
- Rechte Maustaste auf 2. Hydraulikzylinder (3)
- „Flexibel" aktivieren (2)
- Rechte Maustaste auf 3. Hydraulikzylinder (4)
- „Flexibel" aktivieren (2)

HINWEIS: Wird eine Baugruppe in eine andere Baugruppe importiert, so wird sie als ein starres Objekt behandelt. Soll sie darin ihre Beweglichkeit beibehalten, so muss im Kontextmenü die Option „Flexibel" aktiviert werden. Das Programm kennzeichnet die bewegliche Baugruppe im Browser mit dem ⌸ Symbol.

15.13 Platzieren und Positionieren der Räder

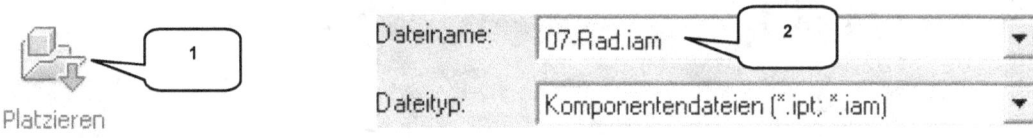

- **Komponente platzieren** (1)
- Dateiname: 07-Rad.iam (2)
- **ÖFFNEN**
- Unterbaugruppe insgesamt 4x frei im Zeichenbereich ablegen
- **Taste: ESC**

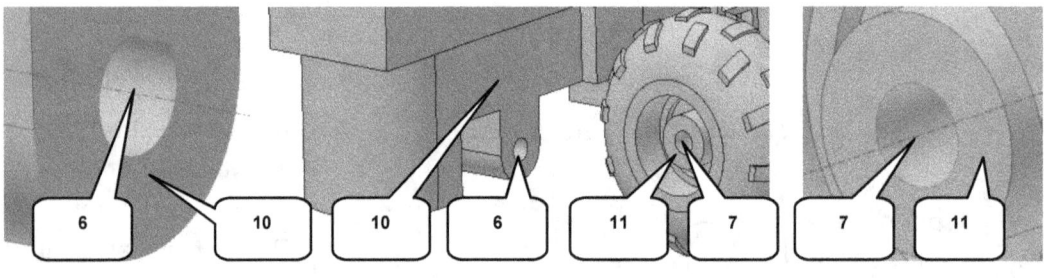

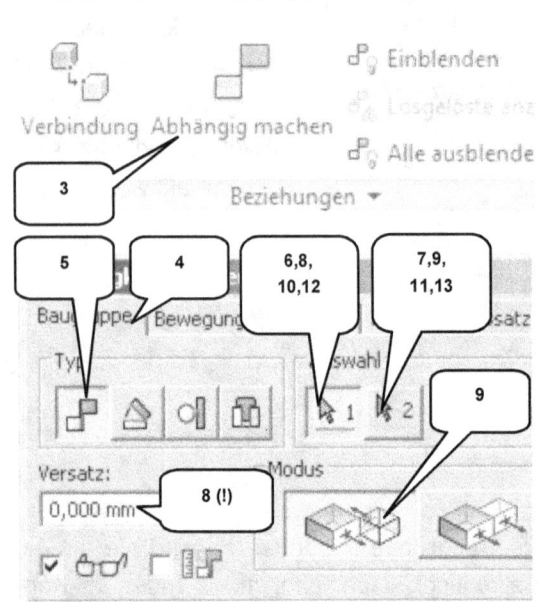

- **Abhängig machen** (3)
- Reiter: Baugruppe (4)
- Typ: Passend (5)
- Auswahl1: Bohrung (Unterwagen) (6)
- Auswahl2: Bohrung (Rad) (7)
- Versatz: [0] mm (8)
- Modus: Passend (9)
- **ANWENDEN**
- Auswahl1: Fläche (Unterwagen) (10)
- Auswahl2: Fläche (Rad) (11)
- Versatz: [5] mm (8) !!!
- Modus: Passend (9)
- **OK**

Dieselben Abhängigkeiten sind auch für das zweite Hinterrad auf der gegenüberliegenden Seite zu wiederholen.

- Hauptbaugruppe: Holzrückmaschine -

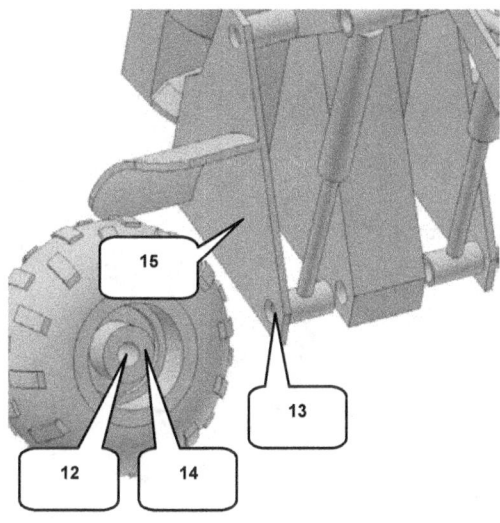

- ➢ **Abhängig machen** (3)
- ➢ Reiter: Baugruppe (4)
- ➢ Typ: Passend (5)
- ➢ Auswahl1: Bohrung (Rad) (12)
- ➢ Auswahl2: Bohrung (Hubgestell) (13)
- ➢ Versatz: [0] mm (8)
- ➢ Modus: Passend (9)
- ➢ **ANWENDEN**
- ➢ Auswahl1: Fläche (Rad) (14)
- ➢ Auswahl2: Fläche (Hubgestell) (15)
- ➢ Versatz: [**5**] mm (8) !!!
- ➢ Modus: Passend (9)
- ➢ **OK**

Dieselben Abhängigkeiten für das zweite Vorderrad auf der gegenüberliegenden Seite wiederholen.

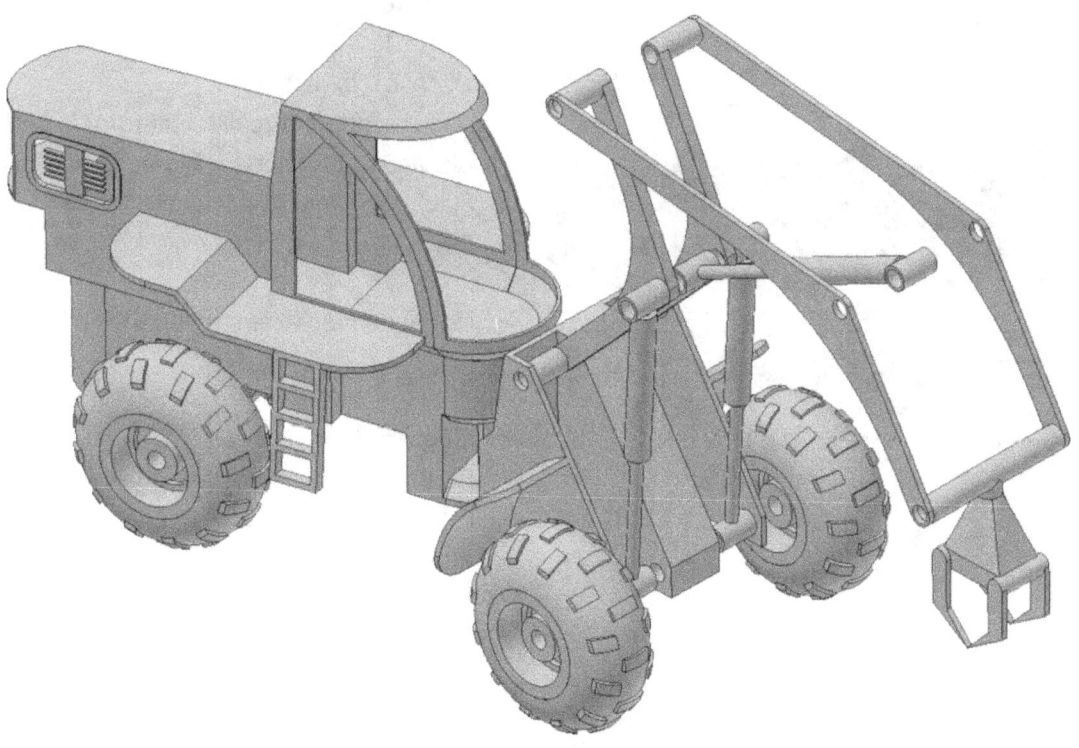

15.14 Radachsen aus der Baugruppe heraus erzeugen

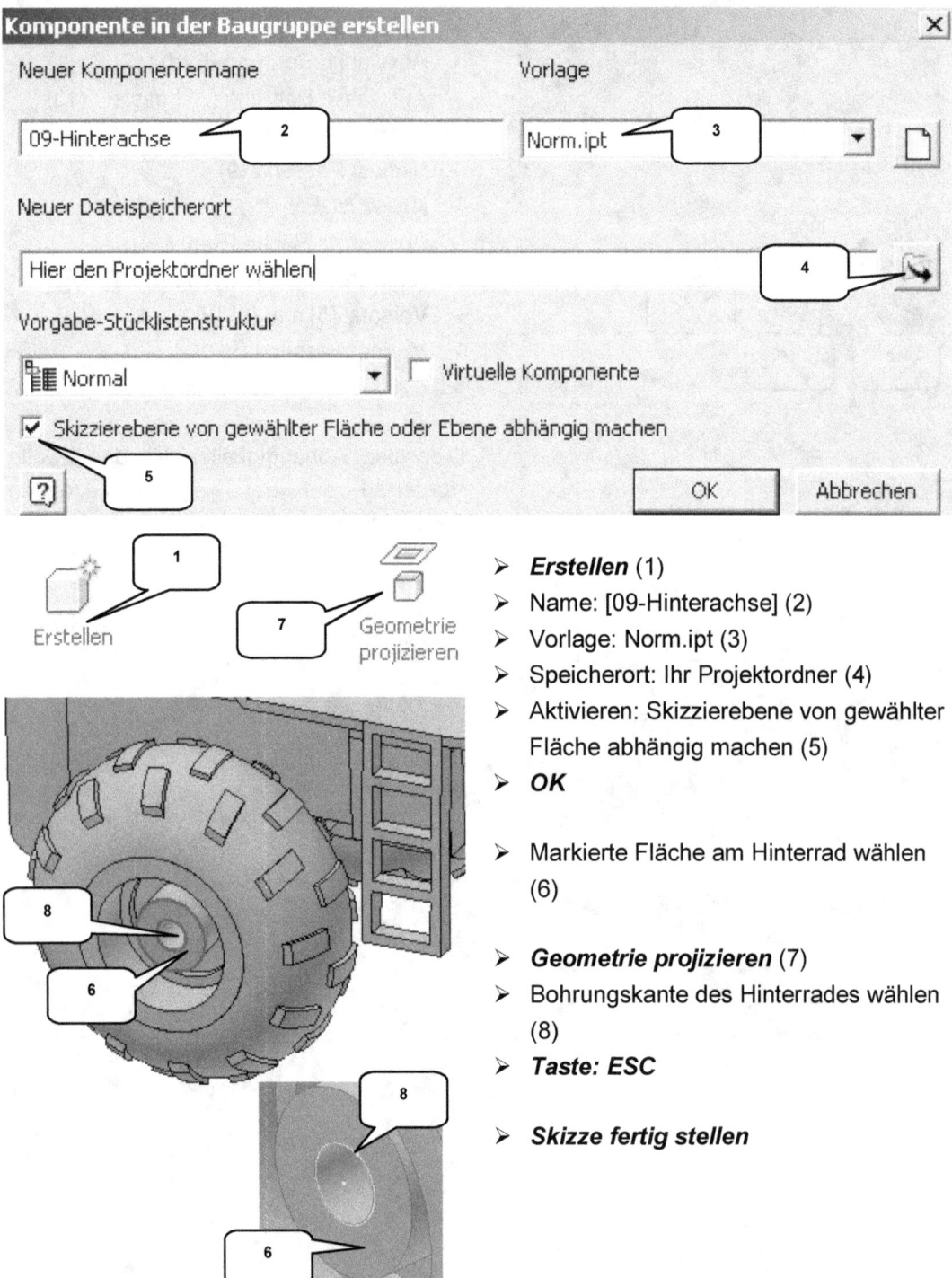

- **Erstellen** (1)
- Name: [09-Hinterachse] (2)
- Vorlage: Norm.ipt (3)
- Speicherort: Ihr Projektordner (4)
- Aktivieren: Skizzierebene von gewählter Fläche abhängig machen (5)
- **OK**

- Markierte Fläche am Hinterrad wählen (6)

- **Geometrie projizieren** (7)
- Bohrungskante des Hinterrades wählen (8)
- **Taste: ESC**

- **Skizze fertig stellen**

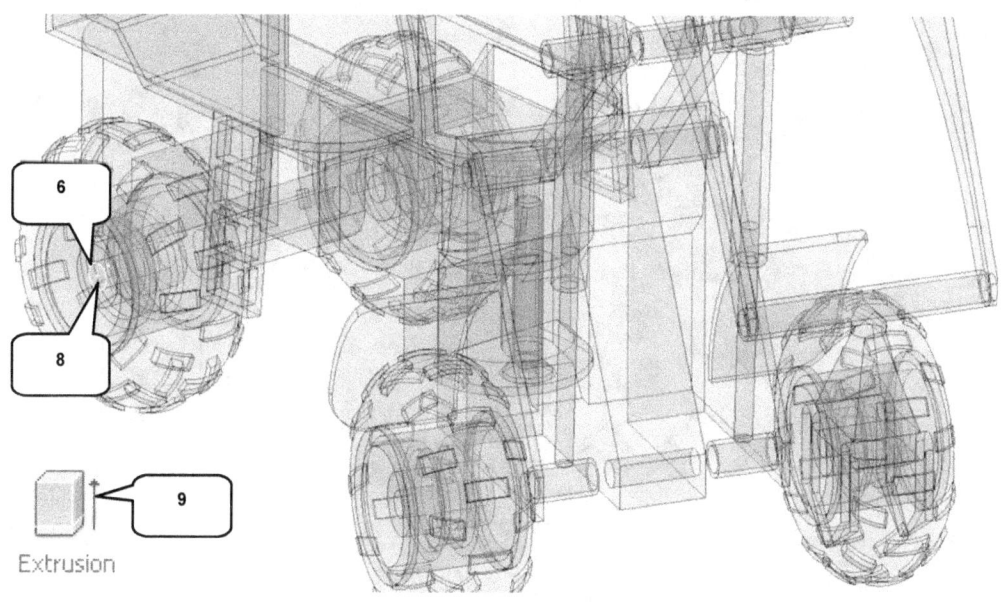

- ➤ **Extrusion** (9)
- ➤ Profil: Projizierte Kreiskante (8)
- ➤ Größe: Bis (10)
- ➤ Endfläche: Fläche am gegenüberliegenden Hinterrad (11)

- ➤ Aktivieren: Element an gedehnter Flächen enden lassen (12)
- ➤ Ausgabe: Volumenkörper (13)
- ➤ **OK**

- ➤ **Zurück** (14)

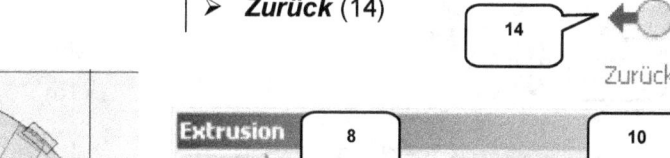

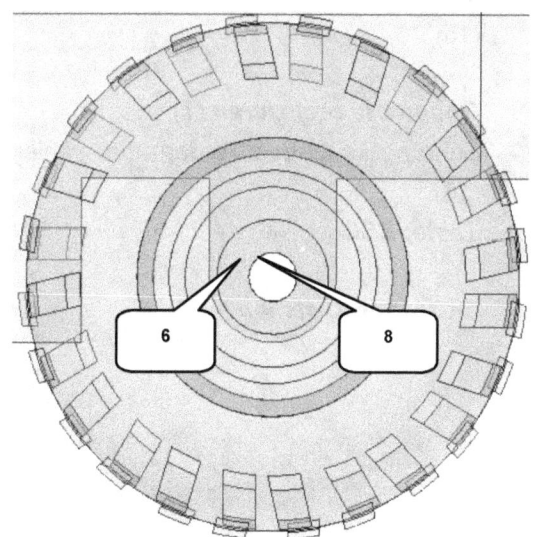

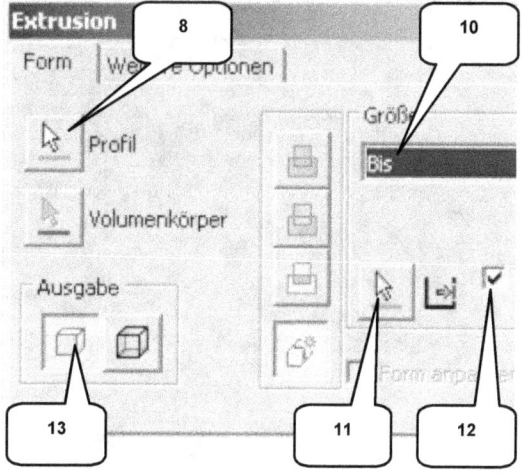

- Hauptbaugruppe: Holzrückmaschine -

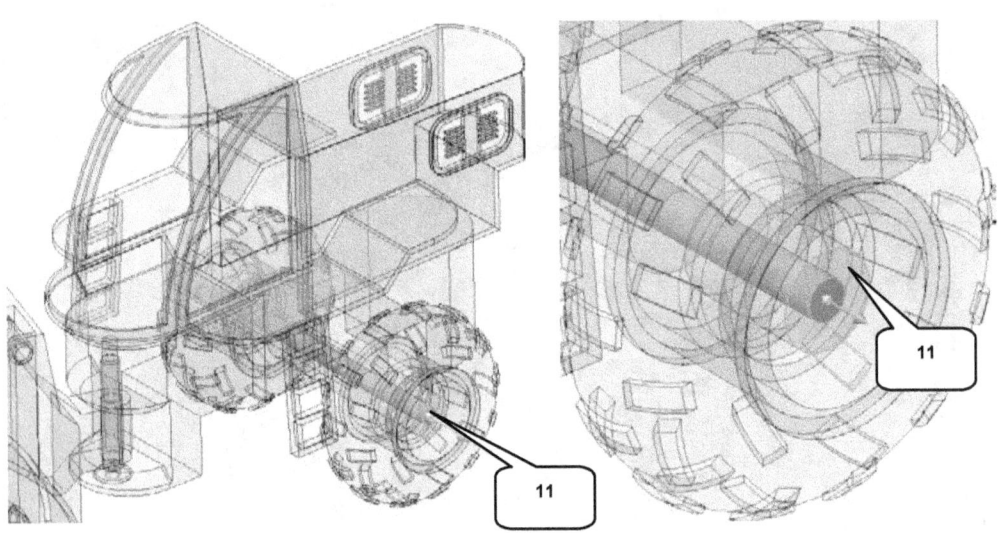

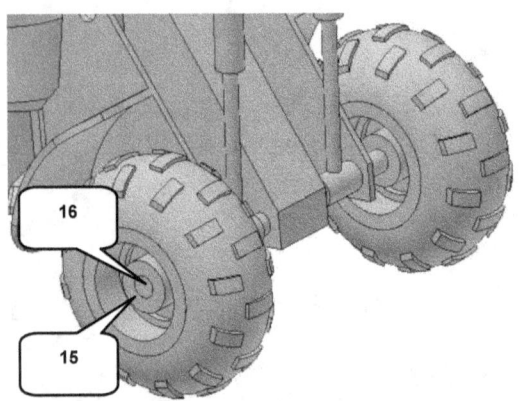

- ➢ *Erstellen* (1)
- ➢ Name: [10-Vorderachse]
- ➢ Vorlage: Norm.ipt (3)
- ➢ Speicherort: Ihr Projektordner (4)
- ➢ Aktivieren: Skizzierebene von gewählter Fläche abhängig machen (5)
- ➢ *OK*

- ➢ Markierte Fläche am Vorderrad wählen (15)

- ➢ *Geometrie projizieren* (7)
- ➢ Bohrungskante des Vorderrades wählen (16)
- ➢ *Taste: ESC*

- ➢ *Skizze fertig stellen*

- Hauptbaugruppe: Holzrückmaschine -

- **Extrusion** (9)
- Profil: Projizierte Kreiskante (16)
- Größe: Bis (10)
- Endfläche: Fläche am gegenüberliegenden Hinterrad (17)

- Aktivieren: Element an gedehnter Flächen enden lassen (12)
- Ausgabe: Volumenkörper (13)
- **OK**

- **Zurück** (14)

HINWEIS: Werden Bauteile aus einer Baugruppe heraus erzeugt (*Erstellen*), dann werden sie automatisch mit einer „Adaptivität" versehen (⟲ Symbol). Sie sind damit von den Komponenten abhängig, auf denen sie erzeugt wurden und Änderungen werden automatisch übernommen. Wird die Adaptivität entfernt, dann besteht zwischen den Komponenten keine Verknüpfung mehr.

15.15 Bolzen für Greifersystem aus der Baugruppe heraus erstellen

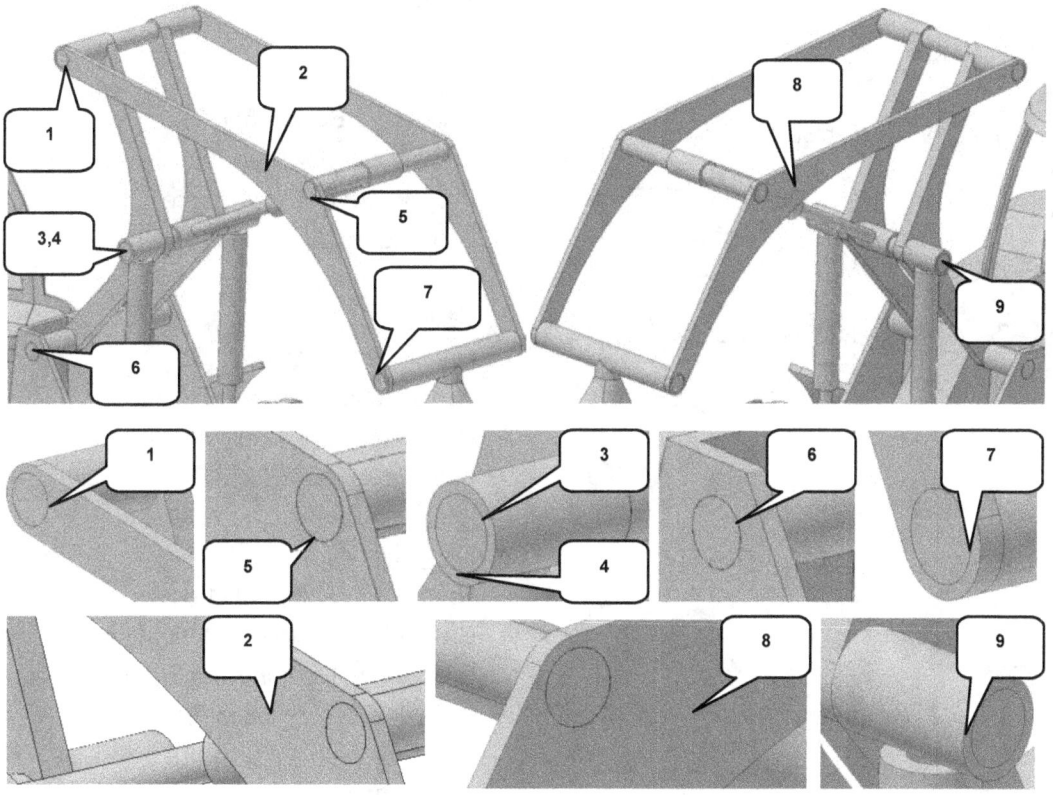

- Hauptbaugruppe: Holzrueckmaschine -

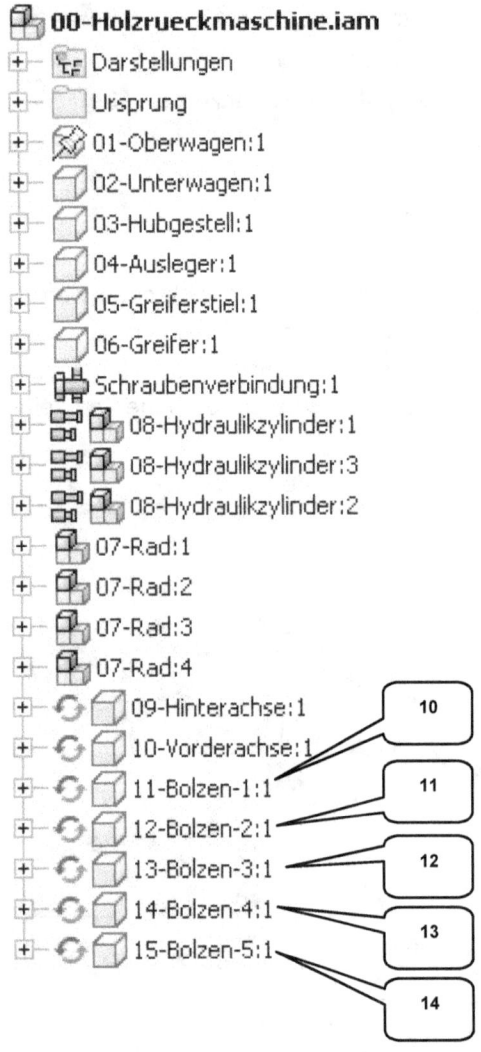

- Fünf weitere Bauteile (Bolzen für Greifersystem) mittels „Erstellen" erzeugen

- Bauteil 1:
- Name: [11-Bolzen-1] (10)
- Basisfläche: Markierte Fläche (2)
- Projizieren: Bohrungskante (6)
- Extrudieren bis Fläche (8)

- Bauteil 2:
- Name: [12-Bolzen-2] (11)
- Basisfläche: Markierte Fläche (2)
- Projizieren: Bohrungskante (1)
- Extrudieren bis Fläche (8)

- Bauteil 3:
- Name: [13-Bolzen-3] (12)
- Basisfläche: Markierte Fläche (2)
- Projizieren: Bohrungskante (5)
- Extrudieren bis Fläche (8)

- Bauteil 4:
- Name: [14-Bolzen-4] (13)
- Basisfläche: Markierte Fläche (2)
- Projizieren: Bohrungskante (7)
- Extrudieren bis Fläche (8)

- Bauteil 5:
- Name: [15-Bolzen-5] (14)
- Basisfläche: Markierte Fläche (4)
- Projizieren: Bohrungskante (3)
- Extrudieren bis Fläche (9)

- **Speichern**
- **Ja für alle**
- **OK**

15.16 Bauteil „01-Oberwagen" aus der Baugruppe heraus bearbeiten

- Rechte Maustaste auf Bauteil „01-Oberwagen" (1)
- Option „Bearbeiten" wählen
- (Bauteilbereich wird geöffnet)

- ***Umgrenzungsfläche*** (2)
- Kante (3) wählen
- Kante (4) wählen
- Kante (5) wählen
- Kante (6) wählen
- Kante (7) wählen
- Kante (8) wählen
- ***ANWENDEN***

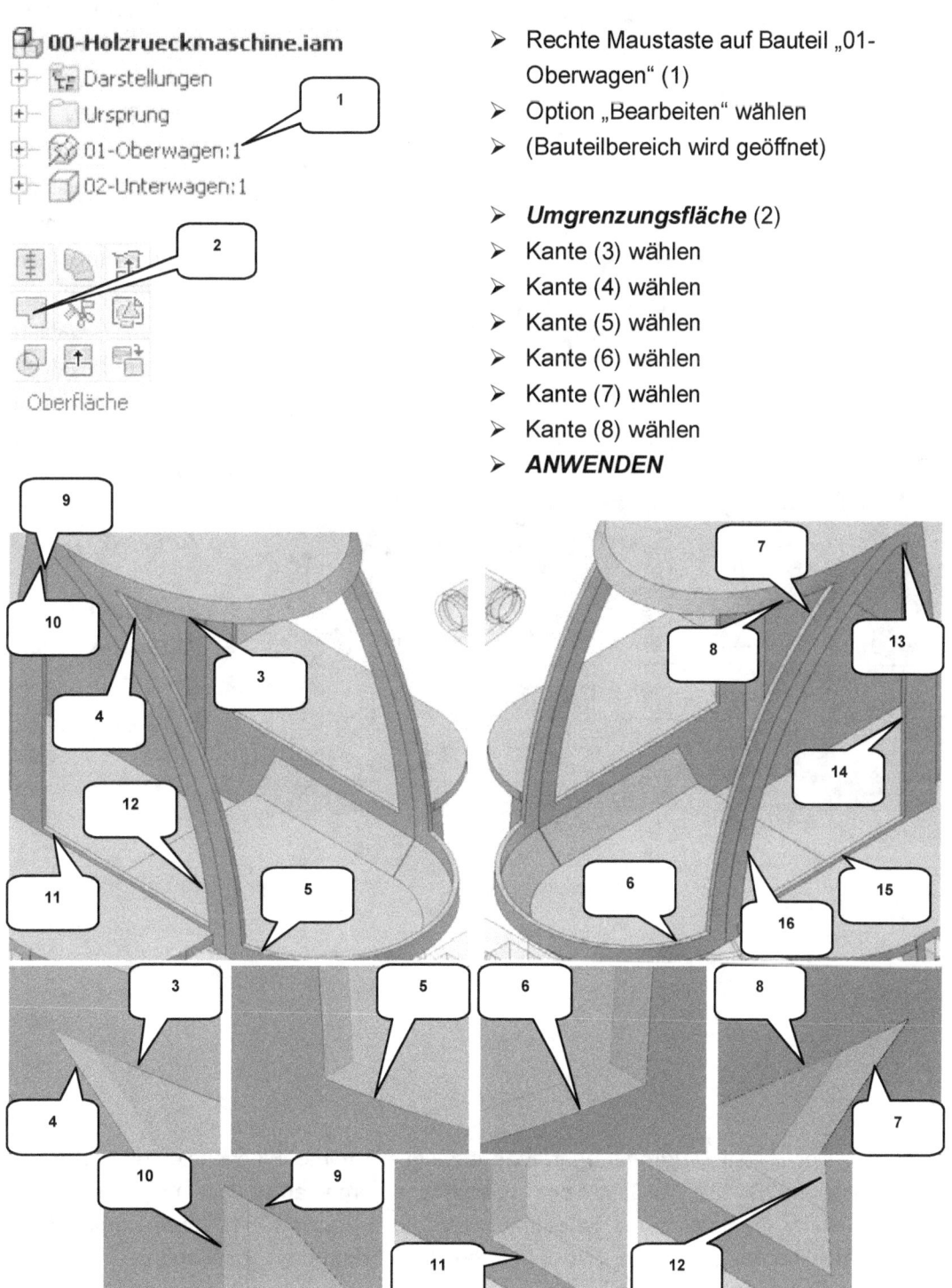

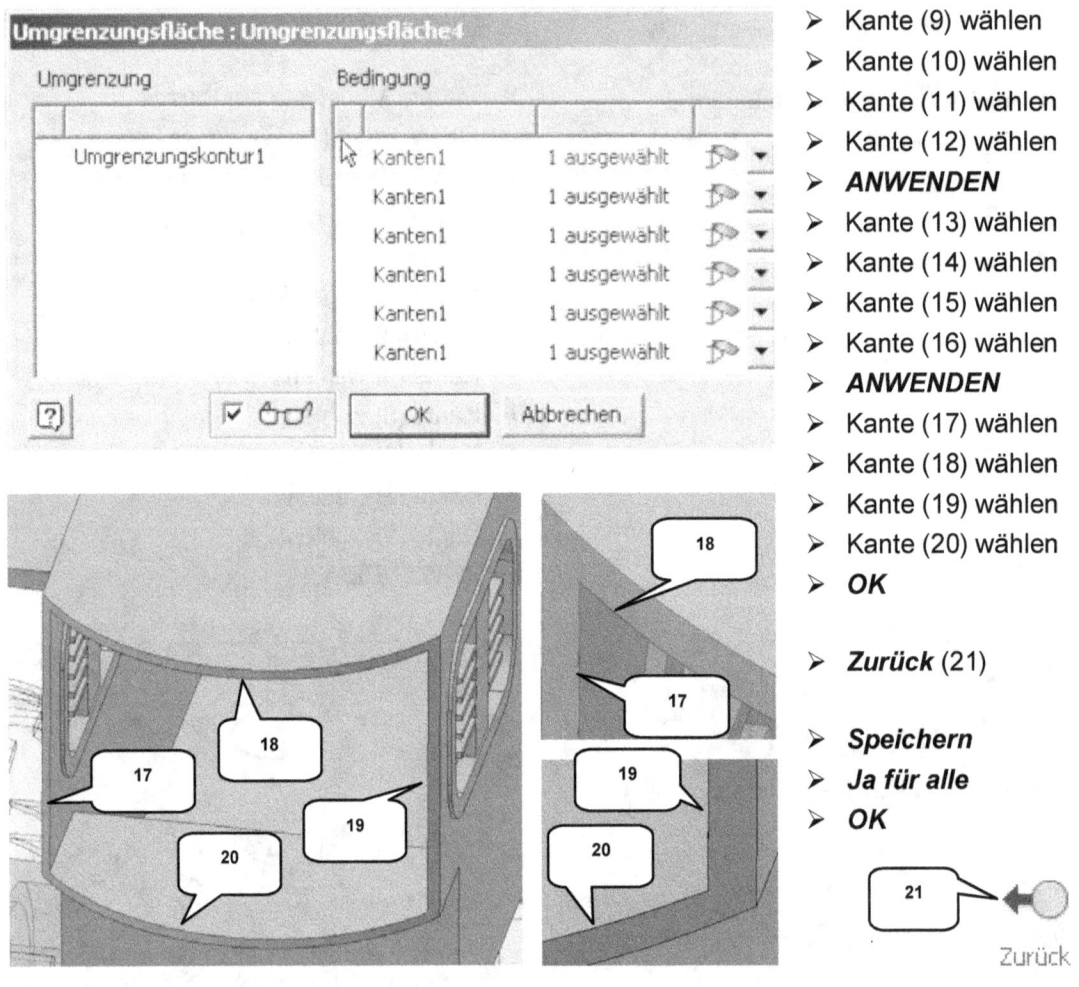

- Kante (9) wählen
- Kante (10) wählen
- Kante (11) wählen
- Kante (12) wählen
- **ANWENDEN**
- Kante (13) wählen
- Kante (14) wählen
- Kante (15) wählen
- Kante (16) wählen
- **ANWENDEN**
- Kante (17) wählen
- Kante (18) wählen
- Kante (19) wählen
- Kante (20) wählen
- **OK**

- **Zurück** (21)

- **Speichern**
- **Ja für alle**
- **OK**

HINWEIS: Der Befehl **Umgrenzungsfläche** erzeugt ein reines Flächenelement. Hier können Linien einer 2D- oder 3D-Skizze oder vorhandene Körperkanten verwendet werden. Für die drei Fenster im Bereich des Fahrerhäuschens sind jeweils die äußeren Körperkanten des Volumenkörpers zu wählen. Für die hintere Abdeckung des Oberwagens sind jeweils die inneren Kanten zu verwenden.

15.17 Farben zuweisen und Browser strukturieren

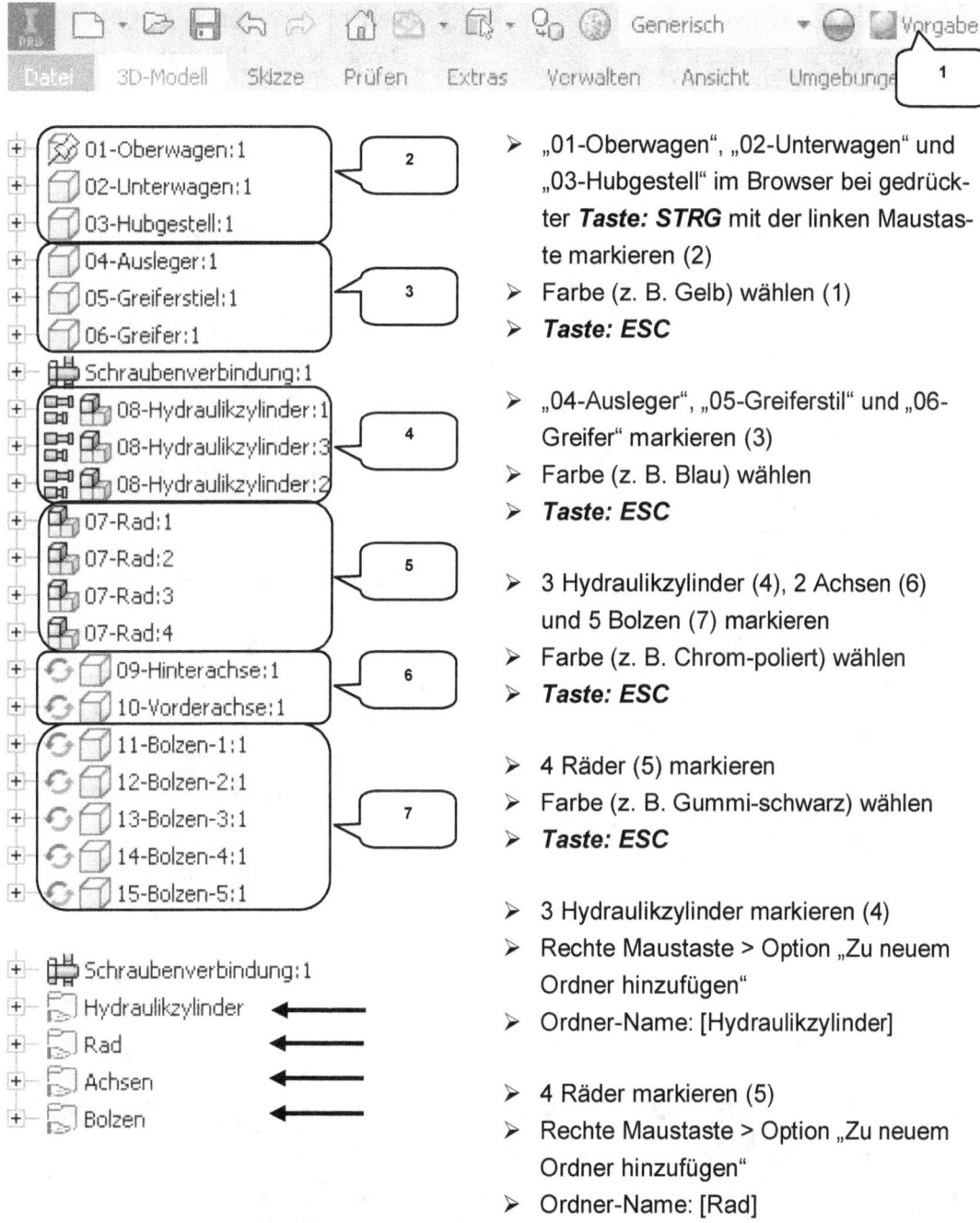

- „01-Oberwagen", „02-Unterwagen" und „03-Hubgestell" im Browser bei gedrückter **Taste: STRG** mit der linken Maustaste markieren (2)
- Farbe (z. B. Gelb) wählen (1)
- **Taste: ESC**

- „04-Ausleger", „05-Greiferstil" und „06-Greifer" markieren (3)
- Farbe (z. B. Blau) wählen
- **Taste: ESC**

- 3 Hydraulikzylinder (4), 2 Achsen (6) und 5 Bolzen (7) markieren
- Farbe (z. B. Chrom-poliert) wählen
- **Taste: ESC**

- 4 Räder (5) markieren
- Farbe (z. B. Gummi-schwarz) wählen
- **Taste: ESC**

- 3 Hydraulikzylinder markieren (4)
- Rechte Maustaste > Option „Zu neuem Ordner hinzufügen"
- Ordner-Name: [Hydraulikzylinder]

- 4 Räder markieren (5)
- Rechte Maustaste > Option „Zu neuem Ordner hinzufügen"
- Ordner-Name: [Rad]

- Hauptbaugruppe: Holzrückmaschine -

- 2 Achsen markieren (6)
- Rechte Maustaste > Option „Zu neuem Ordner hinzufügen"
- Ordner-Name: [Achsen]

- 5 Bolzen markieren (7)
- Rechte Maustaste > Option „Zu neuem Ordner hinzufügen"
- Ordner-Name: [Bolzen]

15.18 Rendern der Hauptbaugruppe

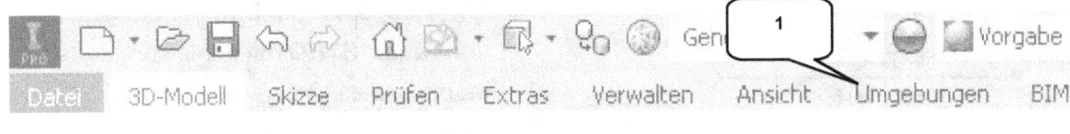

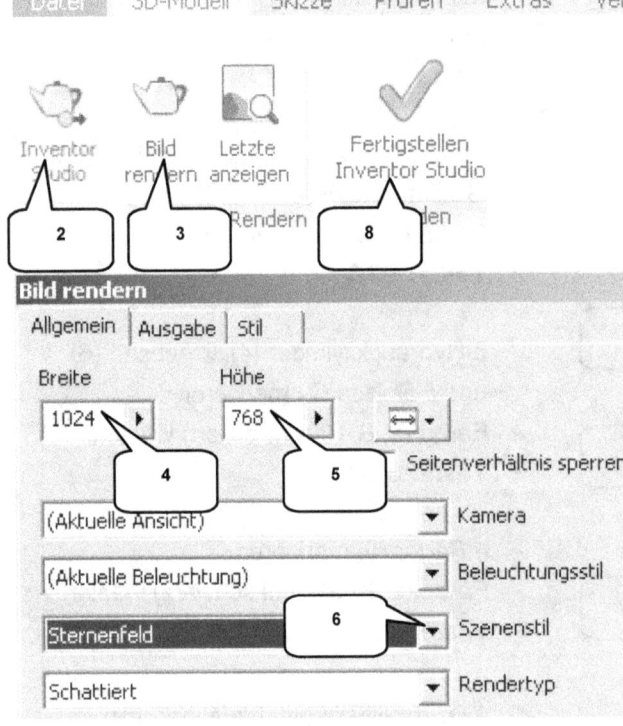

- Hauptbaugruppe drehen und zoomen, bis eine optimale Darstellung der Baugruppe im Zeichenbereich erreicht wurde
- Register **Umgebungen** öffnen (1)

- **Inventor Studio** (2)

- **Bild rendern** (3)
- Breite: [1024] (4)
- Höhe: [768] (5)
- Szenenstil: z. B. Sternenfeld (6)
- **RENDERN**

- **Bild speichern** (7)
- **Inventor Studio beenden** (8)

- **Baugruppe speichern**

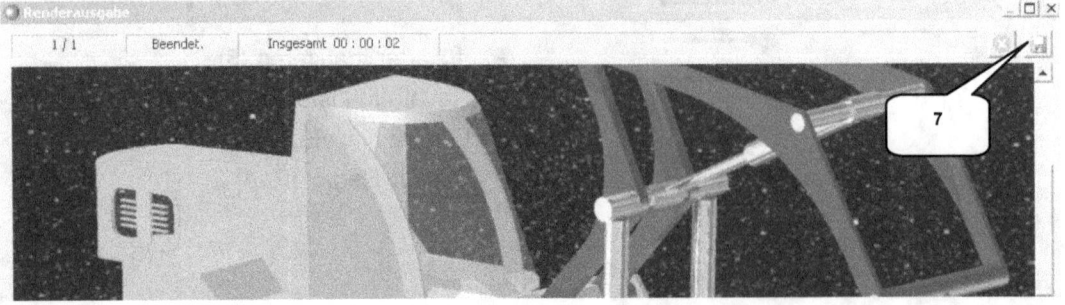

16 Schlusswort

Der Autor des Buches hofft, dass Sie bei der Arbeit mit dem Programm und dem Übungsprojekt viel Spaß hatten.

Der Inhalt des Buches wurde sorgfältig geprüft. Leider können Fehler nicht ausgeschlossen werden.

Wenn Ihnen während der Arbeit mit dem Buch Fehler auffallen sollten, oder wenn Sie Ideen zur Verbesserung des Inhaltes haben, ist Ihnen der Autor für jeden Hinweis per E-Mail dankbar.

Konstruktive Anmerkungen können jederzeit an *schlieder@cad-trainings.de* gesendet werden.

Vielen Dank.

17 Index

*

2D-Skizze auf der neuen Ebene erzeugen	63
2D-Skizze auf der XZ-Ebene erzeugen	104
2D-Skizze auf der XZ-Ebene erzeugen	113
2D-Skizze auf neuer Ebene erstellen	92
2D-Skizze auf neuer Ebene erzeugen	120
2D-Skizze auf XY-Ebene öffnen	37
2D-Skizze auf XY-Ebene öffnen	71
2D-Skizze auf XY-Ebene öffnen	84
2D-Skizze auf XY-Ebene öffnen	99
2D-Skizze auf XY-Ebene öffnen	109
2D-Skizze auf XY-Ebene öffnen	131
2D-Skizze auf XY-Ebene öffnen	141
2D-Skizze auf XZ-Ebene erzeugen	76
2D-Skizze auf XZ-Ebene erzeugen	86
2D-Skizze für den Lüftungsbereich (Maschinenraum) zeichnen	58

A

Abhängigkeiten setzen	39
Achsen projizieren und als Konstruktionsobjekte definieren	37
Achsen projizieren und als Konstruktionsobjekte definieren	45
Achsen projizieren und als Konstruktionsobjekte definieren	71
Achsen projizieren und als Konstruktionsobjekte definieren	76
Achsen projizieren und als Konstruktionsobjekte definieren	84
Achsen projizieren und als Konstruktionsobjekte definieren	87
Achsen projizieren und als Konstruktionsobjekte definieren	99
Achsen projizieren und als Konstruktionsobjekte definieren	104
Achsen projizieren und als Konstruktionsobjekte definieren	109
Achsen projizieren und als Konstruktionsobjekte definieren	120
Achsen projizieren und als Konstruktionsobjekte definieren	131
Achsen projizieren und als Konstruktionsobjekte definieren	142
Achsen und Linienkonturen projizieren	50
Aktivierung von Autodesk® Inventor® 2017	12
Alle drei Zylinder flexibel machen	164
Anforderungen an das Betriebssystem	10

A

Anwendungsoptionen (empfohlene Einstellungen)	22
Arbeitsbereich	18
Aufbau einer Holzrückmaschine	34
Ausgerichtete Bemaßungen erzeugen	41

B

Basiskontur des Schutzblechs zeichnen	55
Basiskontur mittels Zylinder erzeugen	118
Basisskizze für Reifenprofil zeichnen	137
Baugruppe „00-Holzrueckmaschine" erstellen	152
Bauteil „01-Oberwagen" aus der Baugruppe heraus bearbeiten	172
Bauteil „01-Oberwagen" erstellen	36
Bauteil „02-Unterwagen" erstellen	70
Bauteil „03-Hubgestell" erstellen	83
Bauteil „03-Hubgestell" mit Abhängigkeiten versehen	155
Bauteil „04-Ausleger" erstellen	98
Bauteil „04-Ausleger" mit Abhängigkeiten versehen	158
Bauteil „05-Greiferstiel" erstellen	108
Bauteil „05-Greiferstiel" mit Abhängigkeiten versehen	159
Bauteil „06-Greifer" erstellen	117
Bauteil „06-Greifer" mit Abhängigkeiten versehen	160
Bauteil „07-1-Rad-Basisskizze" erstellen	130
Bauteil „08-Hydraulikzylinder-Basisskizze" erstellen	140
Bauteil: Ausleger	97
Bauteil: Greifer	116
Bauteil: Greiferstiel	107
Bauteil: Hubgestell	82
Bauteil: Oberwagen	35
Bauteil: Unterwagen	69
Bauteile aus der Skizze heraus exportieren	133
Bauteile aus der Skizze heraus exportieren	144
Bearbeiten des Kolbens	147
Bearbeiten des Zylinders	146
Befestigen der unteren beiden Hydraulikzylinder	162
Befestigen des oberen Hydraulikzylinders	163
Befestigungsbohrungen für die Zylinderbolzen einfügen	90
Bemaßen der Bogenabstände	52

B

Bemaßen der Linienabstände	74
Bogen aus drei Punkten	43
Bohren der Greiferführung	124
Bohren der hinteren Antriebswellenlagerung	81
Bolzen für Greifersystem aus der Baugruppe heraus erstellen	170
Browser	17

D

Deaktivieren der Arbeitsebene	122
Die ersten Schritte	19
Differenzkörper extrudieren	47
Download des Programms	10
Drehen der Skizzenkontur um die neu erzeugte Arbeitsachse	94

E

Ebene und Skizze für Reifenprofil erzeugen	136
Eine um eine Kante geneigte Ebene erzeugen	62
Erstellen der Lüftungsöffnung	60
Erstellen einer neuen 2D-Skizze	50
Erstellen einer weiteren 2D-Skizze	126
Erstellen eines Einzelbenutzerprojektes	32
Erzeugen des Projektordners	8
Erzeugen einer Achse als Schnittlinie zweier Ebenen	80
Erzeugen einer Arbeitsachse	94
Erzeugen einer Ebene mit Versatz	80
Erzeugen einer Ebene mit Versatz	120
Erzeugen einer Erhebung	125
Erzeugen einer neuen 2D-Skizze auf der XZ-Ebene	44
Erzeugen einer neuen Ebene	55
Erzeugen einer versetzten Ebene	92
Erzeugen eines Hohlkörpers	49
Extrudieren der Basiskontur	44
Extrudieren der Basiskontur	75
Extrudieren der Basiskontur	86
Extrudieren der Basiskontur	112
Extrudieren der beiden äußeren Kreisringe	102

E

Extrudieren der Differenzkontur	106
Extrudieren der Fenster (Differenz)	54
Extrudieren der Schnittmengenkontur	78
Extrudieren der Schnittmengenkontur	90
Extrudieren der Skizzengeometrie	122
Extrudieren der Subtraktionsgeometrie	115
Extrudieren der Zwischenbereiche	103
Extrudieren des ersten Greiferfingers	127
Extrudieren des oberen Leiterbereiches	65
Extrudieren des Schutzblechs	57

F

Farben zuweisen und Browser strukturieren	174
Fasen des unteren Fahrerkabinenbereiches	48
Fasen des vorderen Bereiches	78
Felge und Reifen in Volumenkörper konvertieren	135

G

Grundlegendes zum Buch	8

H

Hauptbaugruppe: Holzrückmaschine	151
Hauptmenü	15
Horizontale und vertikale Bemaßungen setzen	40

I

Installation von Autodesk® Inventor® 2017	9
Installation von Autodesk® Inventor® 2017	12
Installationsvoraussetzungen	11

K

Kanten projizieren, Basiskontur des Schutzblechs zeichnen	93

M

Multifunktionsleiste	16

O

Oberen Bereich der Aufstiegsleiter zeichnen	64
Oberen Leiterbereich mittels rechteckiger Anordnung kopieren	66

P

Platzieren der ersten Bauteile	153
Platzieren und Positionieren der Räder	165
Prägen des Reifenprofils	138
Prägung mittels runder Anordnung kopieren	139
Programmaufbau	14
Programmaufbau und Programmoberfläche	14
Programmhilfe und neue Funktionen	19

R

Radachsen aus der Baugruppe heraus erzeugen	167
Rechteck zeichnen und bemaßen	52
Rendern der Hauptbaugruppe	175
Runden der inneren Kante	103
Runden der inneren Kante	113
Runden des hinteren Bereiches	79
Runden des Schutzblechs	95

S

Schlusswort	176
Schnellzugriff-Werkzeuge	16
Schraubenverbindungen einfügen	156
Schutzblech abrunden	57
Schutzblech spiegeln	96
Setzen der Abhängigkeiten	72
Setzen der Abhängigkeiten zwischen Kolben und Zylinder	149
Skizze wieder verwenden	102
Spiegeln des ersten Greiferfingers	128

S

Spiegeln des Volumenkörpers	68
Startbildschirm	18
Stutzen der Kontur und Schließen der Skizze	53
Systemanforderungen	9

T

Trennen des Volumenkörpers	67

U

Unterbaugruppe: Hydraulikzylinder	139
Unterbaugruppe: Rad	129
Unterbaugruppen „08-Hydraulikzylinder" einfügen	161

V

Videos und Lernprogramme	20
Vollständiges Abrunden der Fahrerkabine	47

W

Weitere Bauteile in die Baugruppe einfügen	154
Winkelmaße erzeugen	42

Z

Zeichnen der Basiskontur	72
Zeichnen der Basiskontur	85
Zeichnen der Basiskontur	100
Zeichnen der Basiskontur	110
Zeichnen der Basiskontur	121
Zeichnen der Basiskontur	131
Zeichnen der Basiskonturen für die Fensteraussparungen	51
Zeichnen der Basisskizze	142
Zeichnen der ersten Linien	38
Zeichnen der Schnittmengengeometrie	87
Zeichnen der Schnittmengenkontur	77

Z

Zeichnen der Subtraktionsgeometrie	105
Zeichnen der Subtraktionsgeometrie	114
Zeichnen und Bemaßen der Skizzenkontur	45
Zielgruppe und Aufbau des Buches	8
Zusatzmodule (empfohlene Einstellungen)	21

www.ingramcontent.com/pod-product-compliance
Lightning Source LLC
Chambersburg PA
CBHW082327220526
45470CB00008B/2430